新世纪普通高等教育基础类课程规划教材

高等应用数学

GAODENG YINGYONG SHUXUE

主　编　黄海英

副主编　刘彦秋　王大川

大连理工大学出版社

图书在版编目(CIP)数据

高等应用数学 / 黄海英主编. -- 大连 : 大连理工大学出版社，2021.11(2024.7 重印)

ISBN 978-7-5685-3496-3

Ⅰ. ①高… Ⅱ. ①黄… Ⅲ. ①应用数学－高等学校－教材 Ⅳ. ①O29

中国版本图书馆 CIP 数据核字(2021)第 252610 号

大连理工大学出版社出版

地址:大连市软件园路 80 号　邮政编码:116023

发行:0411-84708842　邮购:0411-84708943　传真:0411-84701466

E-mail:dutp@dutp.cn　URL:https://www.dutp.cn

辽宁虎驰科技传媒有限公司印刷　　大连理工大学出版社发行

幅面尺寸:170mm×240mm　印张:13.75　字数:254 千字

2021 年 11 月第 1 版　　2024 年 7 月第 5 次印刷

责任编辑:孙兴乐　　责任校对:王晓彤

封面设计:对岸书影

ISBN 978-7-5685-3496-3　　定　价:45.80 元

本书如有印装质量问题,请与我社发行部联系更换。

前言

Preface

随着科学技术的迅速发展，数学的重要性越来越为社会所公认。数学是研究现实世界数量关系和空间形式的一门学科。随着现代科学技术和数学科学的发展，“数量关系”和“空间形式”有了越来越丰富的内涵和更加广泛的外延。马克思说过，一种科学只有在成功地运用数学时，才算达到了真正完善的地步。数学不仅仅是一种工具，而且是一种思维模式；不仅仅是一种知识，而且是一种素养；不仅仅是一门学科，而且是一种文化。数学教育在培养高素质技术技能人才中具有其独特的、不可替代的作用。对于普通高等院校的学生而言，高等应用数学课程是一门非常重要的基础课、工具课，其内容丰富、应用广泛，不仅为学生学习后继课程和进一步扩大数学知识面奠定必要的基础，而且在培养学生抽象思维和逻辑推理能力，综合利用所学知识分析问题、解决问题的能力，较强的自主学习能力，创新意识和创新能力上都具有非常重要的作用。

本教材从普通高等院校的人才培养目标出发，结合编者多年积累的高等数学教学经验编写而成，充分体现了“以应用为目的、以必需够用为度”的教学基本原则。本教材精选大量具有实际背景的例题和习题，旨在启发学生的思维，培养学生的创新意识，以及培养学生运用数学思想解决实际问题的能力。

本教材具有以下几个方面的特点：

1.使用情境真实的问题启发学生的思路，开拓学生的创新思维。

2.选取大量和生活实际相联系的应用案例，让学生切实感受到数学在现实生活中的应用途径和方法。

3. 针对普通高等院校学生的特点，对一些理论知识淡化证明过程，用数学思想方法以及直观的几何证明激发学生的学习兴趣。

4. 典型例题多，广度、深度适中，课后习题挑选了大量与实际生活紧密联系的应用题型，更适合普通高等院校的学生学习和课堂教学。

本教材突出了叙述详尽易懂、逻辑思路清晰、知识结构严密、例题习题较多、注重知识更新、便于读者自学等特点，在遵照教学基本要求的前提下，拓展了知识面和应用性。对超出课程教学基本要求的内容加注了“*”，供学有余力的学生选学。

本教材响应二十大精神，推进教育数字化，建设全民终身学习的学习型社会、学习型大国，及时丰富了思政素材、数字化微课资源，以二维码形式融合纸质教材，使得教材更具及时性、内容的丰富性和环境的可交互性等特征，使读者学习时更轻松、更有趣味，促进了碎片化学习，提高了学习效果和效率。

本教材由山东圣翰财贸职业学院黄海英任主编；山东圣翰财贸职业学院刘彦秋、王大川任副主编；济南港鲁电气设备有限公司许兴刚、济南奥能环保锅炉有限公司陈延刚参与了编写。具体编写分工如下：第一模块由刘彦秋编写；第二模块由王大川编写；第三模块中第一节、第二节由黄海英编写，第三节、第四节由刘彦秋编写，第五节由许兴刚编写；第四模块由黄海英编写；第五模块中第一节到第四节由黄海英编写，第五节由陈延刚编写。全书由黄海英统稿并定稿。

在编写本教材的过程中，编者参考、引用和改编了国内外出版物中的相关资料以及网络资源，在此表示深深的谢意！相关著作权人看到本教材后，请与出版社联系，出版社将按照相关法律的规定支付稿酬。

鉴于我们的经验和水平，书中难免有不足之处，恳请读者批评指正，以便我们进一步修改完善。

编　者

2021 年 11 月

所有意见和建议请发往：dutpbk@163.com
欢迎访问高教数字化服务平台：https://www.dutp.cn/hep/
联系电话：0411-84708445　84708462

微课资源列表

序号	微课名称	页码	序号	微课名称	页码
47	极值定义	93	62	例 1 讲解法 1	132
48	例 4 讲解	96	63	例 1 讲解法 2	132
49	例 5 讲解	97	64	分部积分公式	140
50	例 6 讲解	97	65	定积分历史背景	150
51	例 9 讲解	99	66	定积分实际背景	151
52	定义 3.3.1	102	67	定积分概念的注意事项	156
53	例 1、例 2 讲解	103	68	定积分几何意义	157
54	例 3 讲解	104	69	例 2 讲解	158
55	渐近线定义	104	70	积分上限函数定义	162
56	案例分析 1	122	71	牛顿-莱布尼茨公式	164
57	原函数定义	123	72	例 8 讲解	165
58	例 1、例 2 讲解	124	73	例 10 讲解	166
59	例 8、例 9 讲解	127	74	定积分换元法	168
60	例 10 讲解	128	75	案例分析 2 讲解	171
61	例 12 讲解	128	76	应用案例 1 讲解	171

Contents

目录

模块一

变化趋势分析

——函数、极限与连续

数学史料

初等数学研究的主要是常量及其运算，而高等数学研究的主要是变量及变量之间的依赖关系. 函数正是这种依赖关系的体现，极限方法是研究变量之间依赖关系的基本方法. 本章将在复习高中所学的函数概念的基础上，进一步介绍极限的概念与运算和函数连续性.

学习目标

1. 了解函数性质、函数的间断点的概念；
2. 理解函数、基本初等函数、初等函数、函数极限的概念；
3. 理解无穷大量和无穷小量、函数的连续性概念；
4. 掌握函数定义域计算方法、复合函数分解、重要极限、闭区间上连续性的性质和应用；
5. 熟练掌握初等函数极限的运算、函数连续性的判定.

思政目标

通过学习极限知识，逐步培养学生的综合数学素养，加强逻辑思维能力、推理能力。本章知识点强调数学的基础性和应用性，注重直观描述与实际背景。对函数的重新认知，能够培养学生一切从根源出发的思维；无穷小量和无穷大量的拓展知识可以增强学生的民族自豪感；极限的运算和连续性的认知让学生能够运用所学数学知识分析和解决实际问题，强化工程伦理教育；重要极限的引入让学生学会诚信做人。本模块内容通过严谨的数学思维培养学生精益求精的大国工匠精神，激发学生科技报国的家国情怀和使命担当。

第一节 函数

一、案例分析

自然界中的各种事物，不仅在运动、变化和发展着，而且它们的运动变化是有一定规律的，它们之间是相互依赖、相互制约的，如果用数量来表示实物的运动变化，那么这些数量是变化的，称为变量，它们之间的相互依赖、相互制约的关系就称为函数关系.

引例 1 利润的预算.

某服装厂生产衬衫的可变成本是每件 15 元，每天的固定成本是 2000 元，若每件衬衫的售价为 20 元，则该厂每天生产衬衫的利润 y 与生产数量 x 之间的关系是什么样的？

解　利润 = 收入 − 成本，$y=20x-15x-2000=5x-2000$.

引例 2 水池的造价预算.

要建造一个容积为 v 的无盖长方体水池，它的底为正方形，如果池底的单位面积造价为侧面积造价的 3 倍，试建立总造价与底面边长之间的关系.

解　设底面边长为 x，总造价为 y，侧面单位面积造价为 a，由已知可得水池深为 $\frac{v}{x^2}$，侧面积为 $4x\cdot\frac{v}{x^2}=\frac{4v}{x}$，从而得出 $y=3ax^2+4a\frac{v}{x}$ $(0<x<+\infty)$.

在这里，总利润 y 随着生产数量 x 的变化而变化；总造价 y 随着底面边长 x 的变化而变化，它们之间的关系就称为函数关系. 下面我们先复习以下两个常见的概念.

二、区间、邻域

定义 1.1.1 设 $a,b \in \mathbf{R}$，且 $a < b$.

满足 $a \leqslant x \leqslant b$ 的全体实数 x 的集合叫作闭区间，记作 $[a,b]$，如图 1-1-1(a) 所示；

满足 $a < x < b$ 的全体实数 x 的集合叫作开区间，记作 (a,b)，如图 1-1-1(b) 所示；

满足 $a \leqslant x < b$ 或 $a < x \leqslant b$ 的全体实数 x 的集合叫作半开半闭区间，分别记作 $[a,b)$ 或 $(a,b]$，如图 1-1-1(c) 和图 1-1-1(d) 所示；

分别满足 $x \geqslant a$、$x > a$、$x \leqslant a$、$x < a$ 的全体实数的集合分别记为 $[a,+\infty)$、$(a,+\infty)$、$(-\infty,a]$、$(-\infty,a)$，如图 1-1-1(e)、图 1-1-1(f)、图 1-1-1(g)、图 1-1-1(h) 所示；

a 与 b 叫作区间的端点，在数轴上表示区间时，属于这个区间端点的实数，用实心点表示，不属于这个区间端点的实数，用空心点表示.

实数集 R，也可以用区间 $(-\infty,+\infty)$ 表示，符号"$+\infty$"读作"正无穷大"，"$-\infty$"读作"负无穷大".

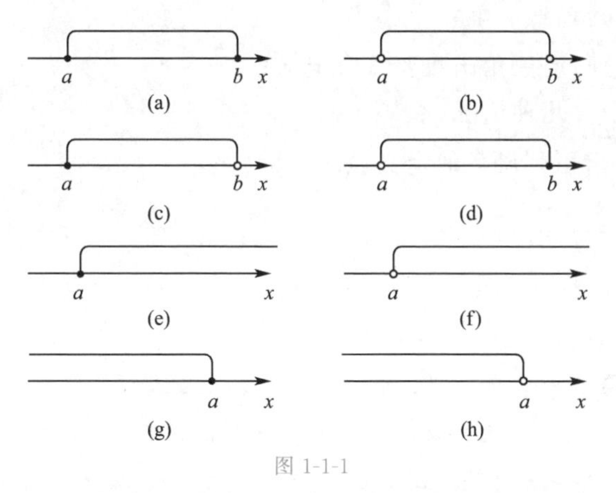

图 1-1-1

定义 1.1.2 一般地，以 a 为中心的任何开区间称为点 a 的邻域，记作 $U(a)$.

区间 $(2,3)$ 和 $(1,4)$ 都关于 2.5 对称，故都可称为 2.5 的邻域，而显然 $(1,4) \neq (2,3)$，它们的区间长度不一样. 我们规定：设 $m > 0$，开区间 $(a-m,a+m)$ 是点 a 的一个邻域，这个邻域称为点 a 的 m 邻域，记作 $U(a,m)$，其中点 a 称为该邻域的中心，m 称为该邻域的半径.

上述中(1,4) 称为以 2.5 为中心、半径为 1.5 的邻域，(2,3) 称为以 2.5 为中心、半径为 0.5 的邻域.

可见邻域、区间、集合的关系如下：

$$U(a,m)=(a-m,a+m)=\{x\,|\,a-m<x<a+m\}$$

三、函数的定义

定义 1.1.3 设 x 和 y 是两个变量，D 是实数集的某个子集，若对于 D 中的每个值 x，按照一定的法则有唯一一个确定的值 y 与之对应，称变量 y 为变量 x 的函数，记作 $y=f(x)$. 实数集 D 称为函数的定义域，由函数对应法则或实际问题的要求来确定. 相应的函数值的全体称为函数的值域，对应法则和定义域是函数的两个重要因素.

对于函数的概念有以下三点需要注意：

(1) 三要素：定义域、对应法则、值域 ——(x,f,y)；

(2) 值域：$M=\{y\mid y=f(x),x\in D\}$；

(3) 定义域：使得对应法则成立的自变量 x 的取值范围.

对自变量有要求的对应法则有以下几类：

① 分式：分母不等于 0；

② 偶次根式：根号内的数大于等于 0；

③ 对数函数：真数大于 0；

④ 三角函数与反三角函数要符合定义；

⑤ 表达式中含几种情况，取其交集.

例 1 求下列函数的定义域.

(1)$y=\dfrac{1}{1-x^2}+\sqrt{x+2}$；

(2)$f(x)=\dfrac{1}{\sqrt{3-x}}+\ln(2x+4)$.

(1) 解　要使函数有意义，须，

$$\begin{cases}x^2\neq 1\\ x+2\geqslant 0\end{cases},\quad 即\quad \begin{cases}x\neq\pm 1\\ x\geqslant -2\end{cases}$$

所以，定义域为 $D=[-2,-1)\cup(-1,1)\cup(1,+\infty)$

(2) 解　要使函数有意义，须，

$$\begin{cases}3-x>0\\ 2x+4>0\end{cases}\quad 得\quad -2<x<3$$

所以,定义域为 $D=(-2,3)$

例 2 $f(x)=x^3$,求 $f(1),f(-1),f\left(\frac{1}{x}\right),f(x+1)$.

解
$$f(1)=1^3=1$$
$$f(-1)=(-1)^3=-1$$
$$f\left(\frac{1}{x}\right)=\left(\frac{1}{x}\right)^3=\frac{1}{x^3}$$
$$f(x+1)=(x+1)^3$$

例 3 $f(x+1)=\frac{3x}{1-x}$,求 $f(1),f(-1),f(x),f[f(x)]$.

解　令 $x+1=1$,则 $x=0$
$$\therefore f(1)=f(0+1)=\frac{0}{1-0}=0$$
令 $x+1=-1$,则 $x=-2$
$$\therefore f(-1)=f(-2+1)=\frac{3\cdot(-2)}{1-(-2)}=-2$$
令 $x+1=t$,则 $x=t-1$
$$\therefore f(t)=f(t-1+1)=\frac{3(t-1)}{1-(t-1)}=\frac{3(t-1)}{2-t}$$
$$\therefore f(x)=\frac{3(x-1)}{2-x}$$
$$f[f(x)]=\frac{3[f(x)-1]}{2-f(x)}=\frac{3\left[\frac{3(x-1)}{2-x}-1\right]}{2-\frac{3(x-1)}{2-x}}=\frac{3(4x-5)}{7-5x}$$

注意:对应法则即由自变量 x 得到因变量 y 的过程中自变量 x 所经过的运算.

四、函数的性质

1.有界性

若存在正数 M,对 $\forall x\in I$,恒有 $|f(x)|\leqslant M$,则称函数 $y=f(x)$ 在 I 上为有界函数.

例如,函数 $y=\sin x$ 和 $y=\cos x$,存在正数 $M=1$,使得对于任意的 $x\in\mathbf{R}$,均有 $|\sin x|\leqslant 1$,$|\cos x|\leqslant 1$,所以函数 $y=\sin x$ 和 $y=\cos x$ 在其定义域 $\mathbf{R}$ 内都是有界的;易知函数 $y=\tan x$,$y=\cot x$ 在定义域内都是无界的.

2. 单调性

(1) 增函数：$\forall x_1, x_2 \in [a,b]$，若 $x_1 < x_2$，都有 $f(x_1) < f(x_2)$，则 $y = f(x)$ 在区间 $[a,b]$ 上是增函数.

(2) 减函数：$\forall x_1, x_2 \in [a,b]$，若 $x_1 < x_2$，都有 $f(x_1) > f(x_2)$，则 $y = f(x)$ 在区间 $[a,b]$ 上是减函数.

例 4 如图 1-1-2 是定义在闭区间 $[-5,5]$ 上的函数 $y=f(x)$ 的图象，根据图象说出函数的单调区间，以及在每一单调区间上，函数是增函数还是减函数？

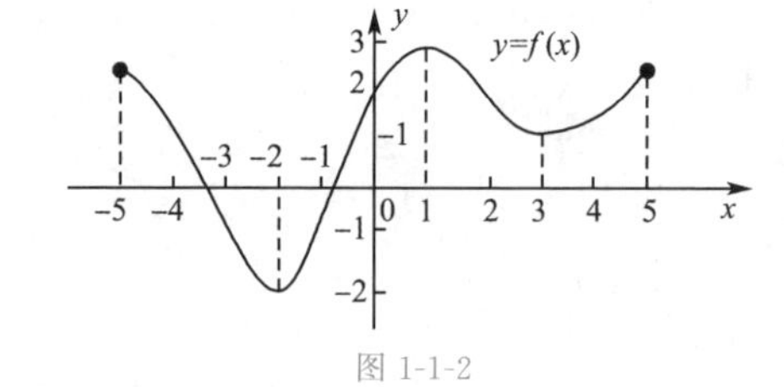

图 1-1-2

解　函数 $y=f(x)$ 的单调区间有 $[-5,-2)$，$[-2,1)$，$[1,3)$，$[3,5]$.

其中 $y=f(x)$ 在区间 $[-2,1)$，$[3,5]$ 上是增函数；在区间 $[-5,-2)$，$[1,3)$ 上是减函数.

3. 奇偶性

已知函数 $y=f(x)$ 的定义域关于原点对称. 若对于定义域中的任何一个 x 都满足 $f(-x)=f(x)$，则称 $f(x)$ 为偶函数，例如 $f(x)=x^2$，如图 1-1-3 所示.

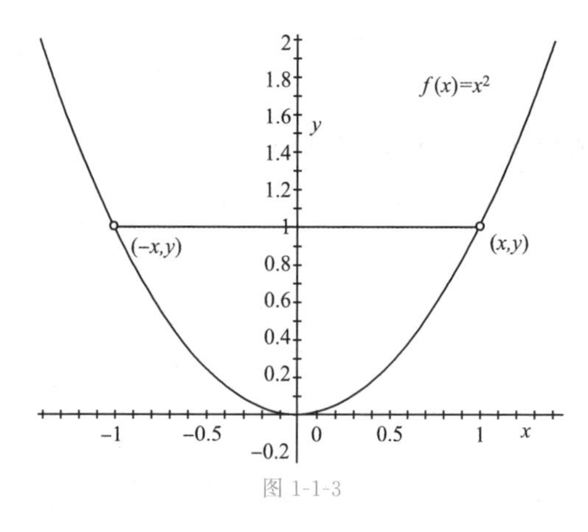

图 1-1-3

若对于定义域中的任何一个 x 都满足 $f(-x)=-f(x)$，则称 $f(x)$ 为奇函数，例如 $f(x)=x^3$，如图 1-1-4 所示.

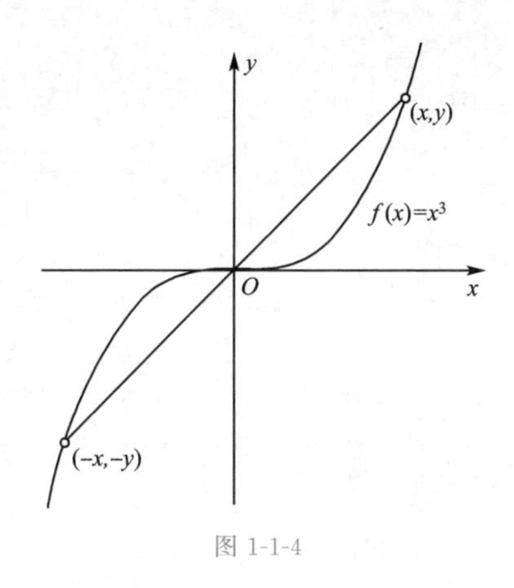

图 1-1-4

注意:

① 首先确定函数的定义域,看它是否关于原点对称;若不对称,则既不是奇函数又不是偶函数.

② 若奇函数 $f(x)$ 在原点有定义,则 $f(0)=0$;

③ $f(x)$ 是奇函数 $\Leftrightarrow f(-x)+f(x)=0$;

$f(x)$ 是偶函数 $\Leftrightarrow f(-x)-f(x)=0$

④ 在关于原点对称的单调区间内:奇函数有相同的单调性,偶函数有相反的单调性.

4. 周期性

对定义域 D 内的任意 x,$x+T\in D$,若有 $f(x+T)=f(x)$(其中 T 为非零常数),则称函数 $f(x)$ 为周期函数,T 为它的一个周期. 所有正周期中最小的称为函数的最小正周期. 如没有特别说明,遇到的周期都指最小正周期.

例如三角函数 $y=\sin x$ 和 $y=\cos x$ 的周期都为 2π;$y=\tan x$,$y=\cot x$ 的周期都是 π.

五、基本初等函数

我们学过的常数函数、幂函数、指数函数、对数函数、三角函数和反三角函数统称为基本初等函数.

下面对这些基本初等函数的定义域、值域和特性给出具体描述.

1. 常数函数

常数函数：$y=C$，如图 1-1-5 所示.

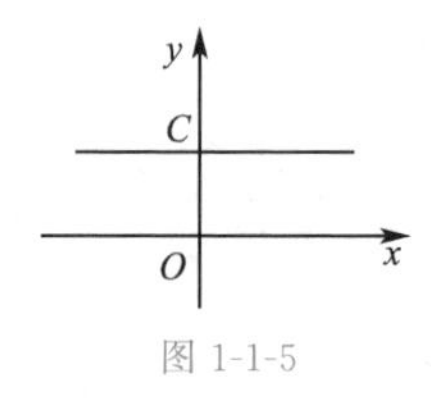

图 1-1-5

2. 幂函数

幂函数：$y=x^{\alpha}$（α 为常数）.

常见的几个幂函数的图形如图 1-1-6 所示.

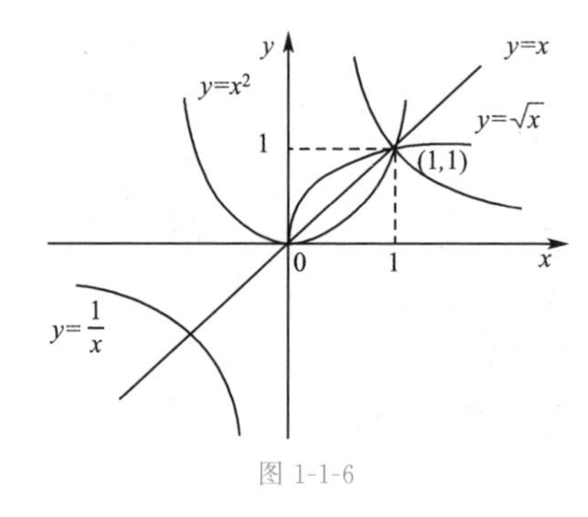

图 1-1-6

常用的幂函数有 $y=x^{-1}$、$y=x$、$y=x^{2}$、$y=x^{3}$、$y=\sqrt{x}$.

3. 指数函数

指数函数：$y=a^{x}$（a 是常数且 $a>0, a\neq 1$），$x\in(-\infty,+\infty)$.

如图 1-1-7 所示，图形过点$(0,1)$，$a>1$ 时，单调增加；$0<a<1$ 时，单调减少. 指数函数 $y=\mathrm{e}^{x}$ 用得较多.

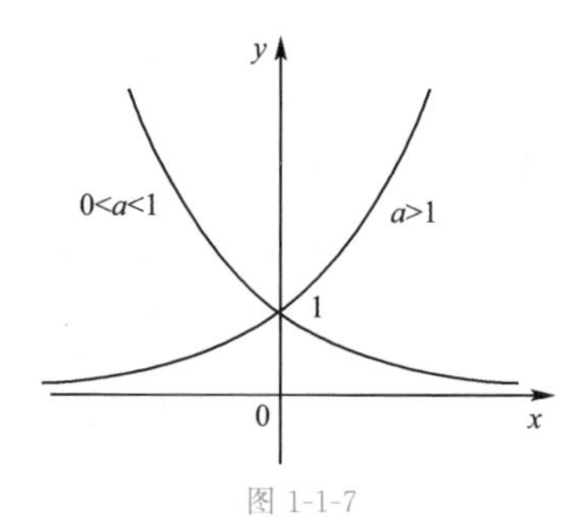

图 1-1-7

4. 对数函数

对数函数：$y = \log_a x$（a 是常数且 $a > 0, a \neq 1$），$x \in (0, +\infty)$，如图 1-1-8 所示.

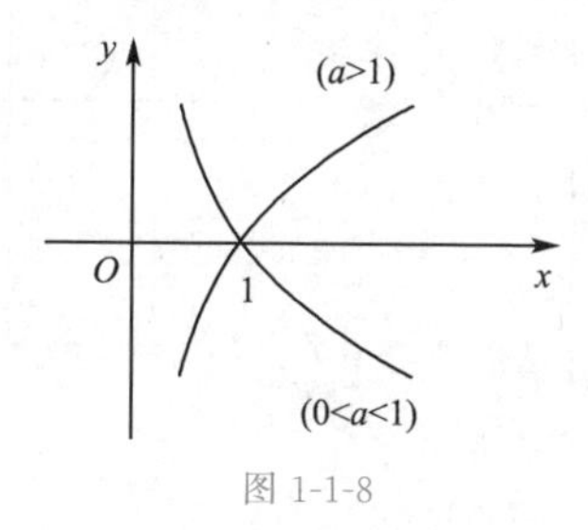

图 1-1-8

5. 三角函数

正弦函数：$y = \sin x$，$x \in (-\infty, +\infty)$，$y \in [-1, 1]$，如图 1-1-9(a) 所示；

余弦函数：$y = \cos x$，$x \in (-\infty, +\infty)$，$y \in [-1, 1]$，如图 1-1-9(b) 所示；

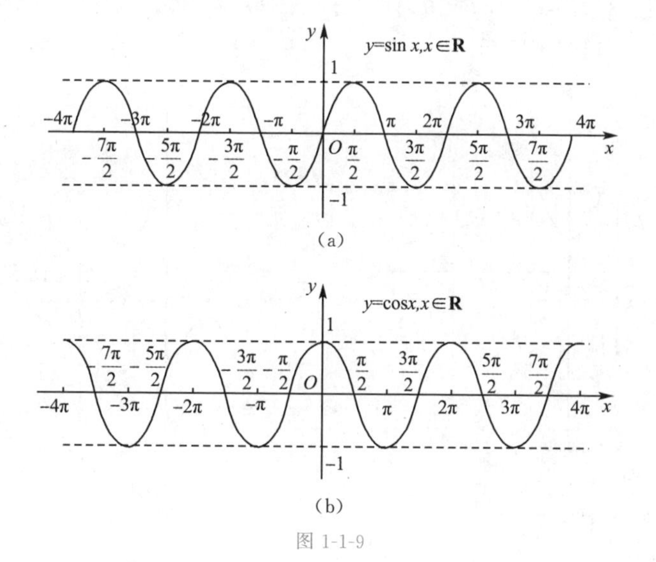

(a)

(b)

图 1-1-9

正切函数：$y = \tan x$，$x \in \mathbf{R}$，且 $x \neq k\pi + \frac{\pi}{2}$，$(k \in \mathbf{Z})$，$y \in (-\infty, +\infty)$，如图 1-1-10(a) 所示；

余切函数：$y = \cot x$，$x \in \mathbf{R}$，且 $x \neq k\pi$，$(k \in \mathbf{Z})$，$y \in (-\infty, +\infty)$，如图 1-1-10(b) 所示；

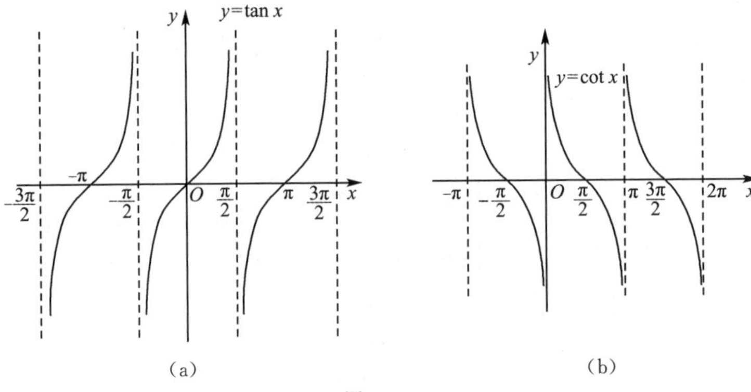

图 1-1-10

正割函数：$y=\sec x$，$x\in\mathbf{R}$，且 $x\neq k\pi+\frac{\pi}{2}$，$(k\in\mathbf{Z})$，$y\in(-\infty,-1]\cup[1,+\infty)$，如图 1-1-11(a) 所示；

余割函数：$y=\csc x$，$x\in\mathbf{R}$，且 $x\neq k\pi$，$(k\in\mathbf{Z})$，$y\in(-\infty,-1]\cup[1,+\infty)$，如图 1-1-11(b) 所示.

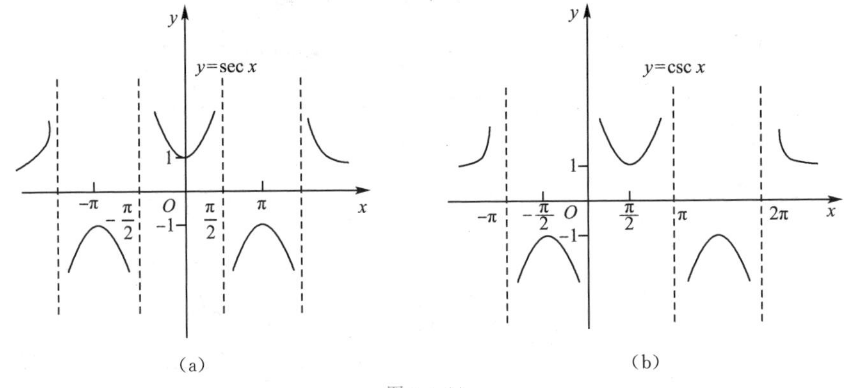

图 1-1-11

6. 反三角函数

反正弦函数：$y=\arcsin x$，$x\in[-1,1]$，$y\in\left[-\frac{\pi}{2},\frac{\pi}{2}\right]$，如图 1-1-12(a) 所示；

反余弦函数：$y=\arccos x$，$x\in[-1,1]$，$y\in[0,\pi]$，如图 1-1-12(b) 所示；

反正切函数：$y=\arctan x$，$x\in(-\infty,+\infty)$，$y\in\left(-\frac{\pi}{2},\frac{\pi}{2}\right)$，如图 1-1-12(c) 所示；

反余切函数：$y=\operatorname{arccot} x$，$x\in(-\infty,+\infty)$，$y\in(0,\pi)$. 如图 1-1-12(d)

所示；

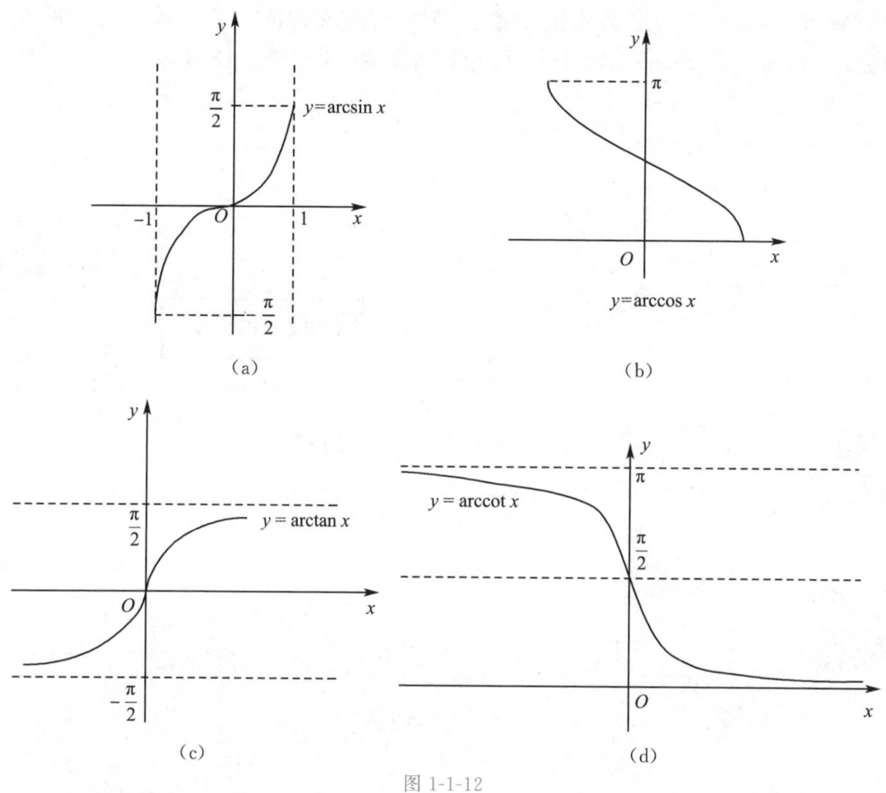

图 1-1-12

注：基本初等函数共六类：

(1) 常数函数 $y=C$（C 为常数）；

(2) 幂函数 $y=x^{\alpha}$（α 为常数）；

(3) 指数函数 $y=a^{x}$（$a>0, a\neq 1$）；

(4) 对数函数 $y=\log_{a}x$（$a>0, a\neq 1$）；

(5) 三角函数 $y=\sin x$；$y=\cos x$；$y=\tan x$；$y=\cot x$；$y=\sec x$；$y=\csc x$；

(6) 反三角函数 $y=\arcsin x$；$y=\arccos x$；$y=\arctan x$；$y=\operatorname{arccot} x$.

六、初等函数

1. 复合函数

给定一个 x_0，通过函数 $u=\sin x$ 可以计算出 $u_0=\sin x_0$，再通过函数 $y=e^{u}$，可以计算出 $y_0=e^{u_0}$，于是由 x_0，可以算出 y_0. 这种计算方式是通过两个函数 $u=\sin x$ 与 $y=e^{u}$ 得来的，我们把这种合成的新函数 $y=e^{\sin x}$ 称为复合函数.

定义 1.1.4 设 $y=f(u)$ 是 u 的函数，$u=\varphi(x)$ 是 x 的函数. 如果 $u=\varphi(x)$ 的值域与 $y=f(u)$ 的定义域相交非空，则 y 通过 u 构成 x 的函数称为 x 的复合函数，记为 $y=f[\varphi(x)]$，其中 u 称为中间变量. 如图 1-1-13 所示.

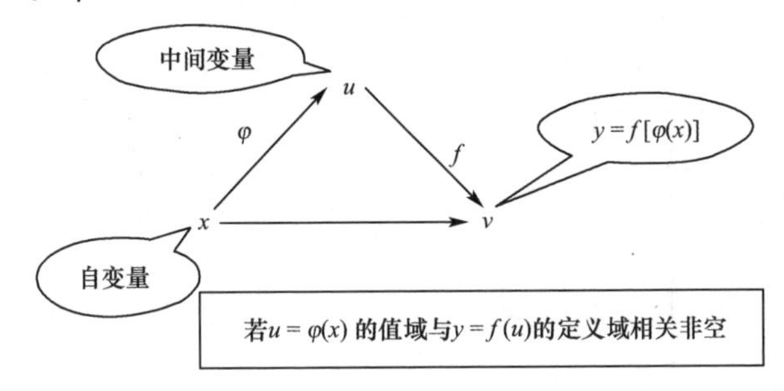

图 1-1-13

例5讲解

例 5 将下列函数复合成新的函数.

(1) $y=\ln u, u=\cos x$　　(2) $y=u^2, u=\sin v, v=e^x$

解　(1) $y=\ln(\cos x)$　　(2) $y=\sin^2(e^x)$

例6讲解

例 6 将下列复合函数分解.

(1) $y=\ln^2(\cos x)$　　(2) $y=\sin(3x+2)^2$

(3) $y=e^{\ln^2(\cos x+\tan x)}$　　(4) $y=\sqrt{e^{\ln^2(\cos x+\tan x)}}$

解　(1) $y=u^2$　$u=\ln(\cos x)$

$u=\ln v$　$v=\cos x$

∴ 函数 $y=\ln^2(\cos x)$ 是由 $y=u^2$、$u=\ln v$、$v=\cos x$ 复合而成的.

(2) $y=\sin u$　$u=(3x+2)^2$

$u=v^2$　$v=3x+2$

∴ 函数 $y=\sin(3x+2)^2$ 是由 $y=\sin u$、$u=v^2$、$v=3x+2$ 复合而成的.

(3) $y=e^u$　$u=\ln^2(\cos x+\tan x)$

$u=v^2$　$v=\ln(\cos x+\tan x)$

$v=\ln t$　$t=\cos x+\tan x$

∴ 函数 $y=e^{\ln^2(\cos x+\tan x)}$ 是由 $y=e^u$、$u=v^2$、$v=\ln t$、$t=\cos x+\tan x$ 复合而成的.

(4) $y=\sqrt{u}$　$u=e^{\ln^2(\cos x+\tan x)}$

$u=e^v$　$v=\ln^2(\cos x+\tan x)$

$v=t^2$　$t=\ln(\cos x+\tan x)$

$t=\ln p$　$p=\cos x+\tan x$

∴ 函数 $y=\sqrt{e^{\ln^2(\cos x+\tan x)}}$ 是由 $y=\sqrt{u}$、$u=e^v$、$v=t^2$、$t=\ln p$、$p=\cos x+$

$\tan x$ 复合而成的.

注意:分层从最外层开始,离等号最近的是最外层,一个基本初等函数或有限个基本初等函数的四则运算是一层.

2. 初等函数的定义

定义 1.1.5 由基本初等函数经过有限次加、减、乘、除或有限次复合运算而构成的,并且只能用一个式子表示的函数称为初等函数. 不是初等函数的函数称为非初等函数.

例 7 判断下列函数是否为初等函数.

(1) $y=\begin{cases}3x+2 & x\geqslant 0\\ e^x & x<0\end{cases}$ (2) $y=\begin{cases}x & x\geqslant 0\\ -x & x<0\end{cases}$

解 (1) 不能用一个式子表示,所以该函数不是初等函数.

(2) $y=\begin{cases}x & x\geqslant 0\\ -x & x<0\end{cases}=|x|=\sqrt{x^2}$,所以该函数是初等函数.

注意:如例 7 关系中,定义域分成若干部分,函数关系由不同的式子分段表达,这样的函数称为分段函数,可以看出分段函数不一定为初等函数.

七、函数经济应用举例

运用数学工具解决实际问题时,往往需要先把变量之间的函数关系表示出来,才方便进行计算和分析.

例 8 [一致性存储模型] 某工厂平均每月需要某种原料 20 吨,已知每吨原料每天的保管费用为 0.75 元,每次的订货费用为 75 元,如果工厂不允许缺货并且每次订货均可立即补充,试确定一月中该原料的库存费、进货费与批量的关系.

解 设批量为 x 吨,库存费为 $C_1(x)$ 元,进货费为 $C_2(x)$ 元,则

$$C_1(x)=\frac{x}{2}\times 0.75\times 30=11.25x$$

$$C_2(x)=\frac{20}{x}\times 75=\frac{1500}{x}$$

注:[一致性存储模型] 是在"一致需求,均匀消耗,瞬间入库,不许缺货"的假设下建立的模型.

例 9 [需求函数与供给函数] 设某商品的需求函数与供给函数分别为 $D(P)=\dfrac{5600}{P}$ 和 $S(P)=P-10$.

(1) 找出均衡价格(单位:元),并求此时的供给量与需求量;

(2) 在同一坐标中画出供给与需求曲线;

(3) 何时供给曲线过 P 轴,这一点的经济意义是什么?

解 (1) 令 $D(P)=S(P)$,则 $\dfrac{5600}{P}=P-10$,解得:$P=80$

故均衡价格为 80 元,此时供给量与需求量为:$\dfrac{5600}{80}=70$

(2) 供给与需求曲线如图 1-1-14 所示

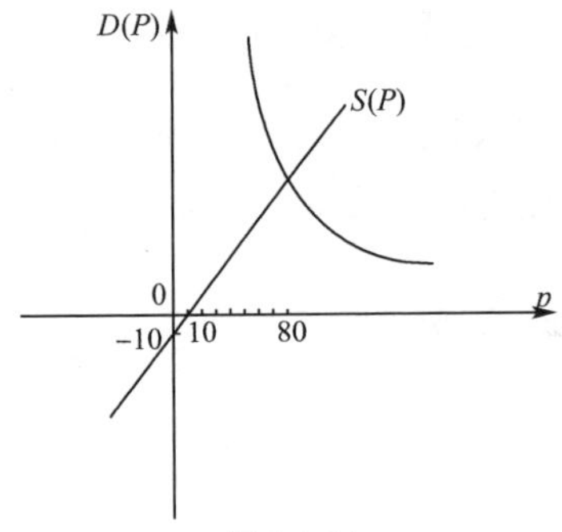

图 1-1-14

(3) 令 $S(P)=0$,即 $P-10=0$,$P=10$,故价格 $P=10$ 元时,供给曲线过 P 轴,这一点的经济意义是当价格低于 10 元时,无人供货.

注意:(1) 需求是指市场主体在某一特定时期内,在每一价格水平上愿意并且能够购买的某种商品的数量的对应关系.

(2) 供给是指厂商在某一特定时期内,在每一价格水平上愿意并能够提供的某种商品的数量的对应关系.

(3) 需求等于供给,即达到均衡,此时的价格称为均衡价格.

例 10 [收入、成本、利润] 某厂生产的手掌游戏机每台可卖 110 元,固定成本为 7500 元,可变成本为每台 60 元. 试问:

(1) 要卖多少台手掌游戏机,厂家才可保本(收回投资);

(2) 卖掉 100 台的话,厂家赢利或亏损了多少?

(3) 要获得 1250 元利润,需要卖多少台?

解 (1) 设厂家生产的手掌游戏机台数为 x,则总成本 $c(x)=7500+60x$

总收益 $R(x)=110x$，令 $R(x)=c(x)$，$110x=7500+60x$

解得：$x=150$

故要卖150台，厂家才可保本.

(2) $c(100)=7500+60\times100=13500$(元)，$R(100)=11000$(元)

$c(100)-R(100)=2500$(元)

故卖掉100台的话，厂家亏损2500元.

(3) $L(x)=R(x)-c(x)=110x-7500-60x=50x-7500$

$L(x)=1250$，则 $50x-7500=1250$，解得 $x=175$

故要获得1250元利润，需卖175台.

注意：利润＝收入－成本.

思考与练习 1.1

1. 判断

(1) 两个函数是同一函数指的是解析式相同. (　)

(2) 对号函数是基本初等函数. (　)

(3) 函数 $y=x^2$ 在 $\mathbf{R}$ 内是偶函数. (　)

(4) 函数 $y=e^{2x}$ 是基本初等函数. (　)

(5) 反三角函数 $y=\arcsin x$ 不是基本初等函数. (　)

(6) 复合函数 $y=\ln\sin x$ 是由 $y=\ln u$，$u=\sin x$ 复合而成的. (　)

(7) 函数 $y=x^3+3x^2+4$ 为基本初等函数. (　)

(8) $y=\ln^2 x$ 是由 $y=\ln u$，$u=x^2$ 复合而成的. (　)

(9) 由基本初等函数经过运算所得到的函数都是初等函数. (　)

(10) 函数 $y=\ln u$ 与函数 $u=-x^2-2$ 的复合函数为 $y=\ln(-x^2-2)$. (　)

2. 求下列函数的定义域

(1) $y=\sqrt{3-x}+\ln x$

(2) $y=\ln(x-2)+\sqrt{3-x}$

(3) $y=\sqrt{4-x}+\dfrac{\ln x}{x-1}$

(4) $y=\dfrac{2}{\lg(2x-1)}+\sqrt{6-x}$

(5) $y=\arcsin(x^2-1)$

(6) $y=\arctan(x^2+1)$

3. 分解下列复合函数

(1) $y=e^{(5-x)}$

(2) $y=\ln\sqrt{x^2+1}$

(3) $y=\ln^2(\sin x)$

(4) $y=e^{(x^2-1)^2}$

(5) $y=\tan(x^2+1)$

(6) $y=\sqrt{\sqrt{\sqrt{\sqrt{6-x}}}}$

第二节 函数极限

一、案例分析

引例 1 刘徽割圆术:“割之弥细,所失弥少,割之又割,以至于不可割,则与圆合体,而无所失矣.”

直径为 1 的圆内接正多边形的数据见表 1-2-1.

表 1-2-1

内接正多边形边数	正多边形周长
6	3.00000000
12	3.10582854
24	3.13262861
48	3.13935020
96	3.14103194
192	3.14145247
384	3.14155761
768	3.14158389
1536	3.14159046
3072	3.141592106

引例 2 曲边三角形面积.求由 $y=x^2$,$x=1$ 和 x 轴所围图形面积.

分析:将[0,1]平分为 n 份,曲边三角形分割如图 1-2-1 所示,每个矩形面积可求 $s_i=\frac{1}{n}\cdot\frac{i^2}{n^2}=\frac{i^2}{n^3}$

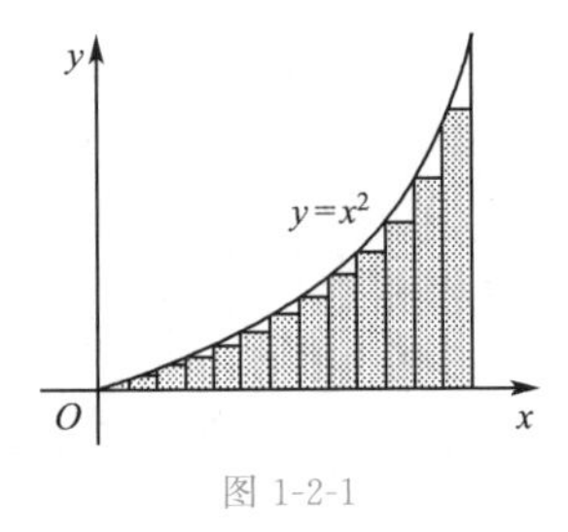

图 1-2-1

$$S \approx \sum_{i=1}^{n} \frac{i^2}{n^3} = \frac{\frac{n(n+1)(2n+1)}{6}}{n^3} = \frac{n(n+1)(2n+1)}{6n^3}$$

当 n 越大时，近似度越好，故当 $n \to \infty$ 时，$S \approx \frac{1}{3}$.

数列极限的定义

二、数列极限

定义 1.2.1　对于数列$\{x_n\}$，当项数 n 无限增大时，数列的相应项 x_n 无限逼近一个确定常数 A，则称 A 是数列$\{x_n\}$的极限，记为$\lim\limits_{n \to \infty} x_n = A$ 或 $x_n \to A(n \to \infty)$，并称数列$\{x_n\}$收敛于 A，若数列$\{x_n\}$没有极限，则称数列$\{x_n\}$是发散的.

例如数列 $x_n = \frac{1}{n}$，当 $n \to \infty$ 时，$x_n \to 0$. 因此$\lim\limits_{n \to \infty} \frac{1}{n} = 0$，也称数列 $x_n = \frac{1}{n}$ 是收敛的.

又例如数列 $x_n = 2^n$，当 $n \to \infty$ 时，$x_n \to \infty$，从而$\lim\limits_{n \to \infty} 2^n$ 不存在，即数列 $x_n = 2^n$ 是发散的.

三、函数极限

下面我们研究函数的极限，主要讨论函数 $y = f(x)$ 当自变量趋于无穷大$(x \to \infty)$时和自变量趋于有限值$(x \to x_0)$时两种情况的极限.

1. 当 $x \to \infty$ 时，函数 $f(x)$ 的极限

$x \to \infty$ 表示自变量 x 的绝对值无限增大，为区别起见，把 $x > 0$ 且无限增大记为 $x \to +\infty$；把 $x < 0$ 且其绝对值无限增大记为 $x \to -\infty$.

反比例函数 $y = \frac{1}{x}$ 的图象如图 1-2-2 所示，当自变量 x 的绝对值无限增大时，相应的函数值 y 无限逼近常数 0，像这种当 $x \to \infty$ 时，函数 $f(x)$ 的变化趋势，我们有如下定义：

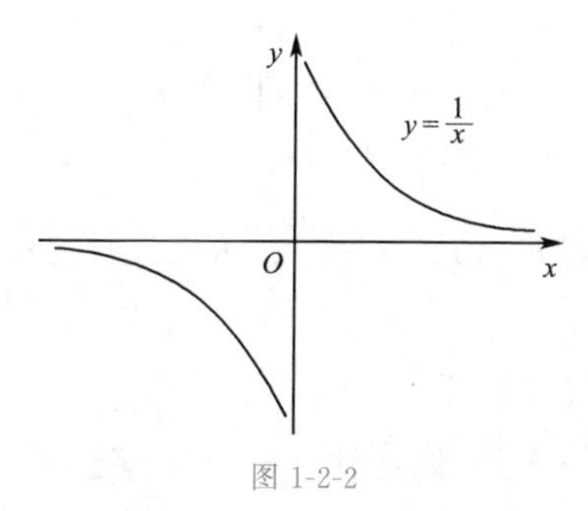

图 1-2-2

定义 1.2.2 如果 $|x|$ 无限增大时，函数 $f(x)$ 的值无限趋近于一个确定的常数 A，则称 A 是函数 $f(x)$ 当 $x \to \infty$ 时的极限，记作

$$\lim_{x \to \infty} f(x) = A,$$

或者
$$f(x) \to A(x \to \infty).$$

注意：如果当 $x \to +\infty(x \to -\infty)$ 时，函数 $f(x)$ 无限趋近于一个常数 A，则称 A 为函数 $f(x)$ 当 $x \to +\infty(x \to -\infty)$ 时的极限，记为

$$\lim_{x \to +\infty} f(x) = A \quad (\lim_{x \to -\infty} f(x) = A),$$

或
$$f(x) \to A, \text{当 } x \to +\infty \quad (x \to -\infty) \text{ 时}.$$

由定义，我们有 $\lim\limits_{x \to \infty} \dfrac{1}{x} = 0$，$\lim\limits_{x \to +\infty} \dfrac{1}{x} = 0$，$\lim\limits_{x \to -\infty} \dfrac{1}{x} = 0$.

例如，对于函数 $y = \arctan x$，从反正切函数的图象(图 1-2-3)中可以看出：

$$\lim_{x \to +\infty} \arctan x = \frac{\pi}{2}, \quad \lim_{x \to -\infty} \arctan x = -\frac{\pi}{2}$$

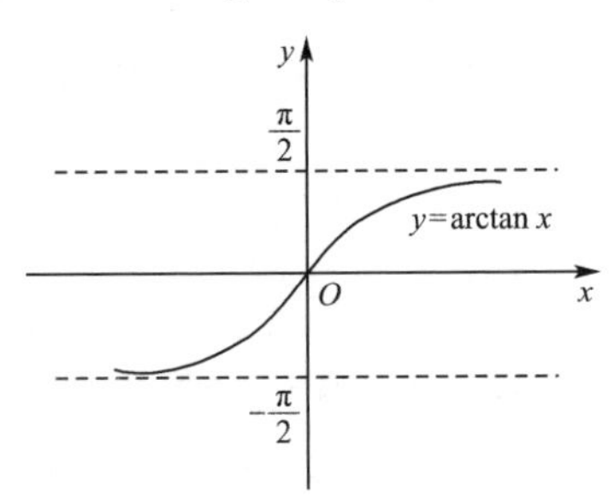

图 1-2-3

显然，$\lim\limits_{x \to \infty} f(x) = A$ 的充分必要条件是 $\lim\limits_{x \to +\infty} f(x) = \lim\limits_{x \to -\infty} f(x) = A$. 对于上面的函数 $f(x) = \arctan x$，由于 $\lim\limits_{x \to +\infty} f(x) \neq \lim\limits_{x \to -\infty} f(x)$，所以 $\lim\limits_{x \to \infty} f(x)$ 不存在.

2. $x \to x_0$ 时，函数 $f(x)$ 的极限

与 $x \to \infty$ 的情形类似，$x \to x_0$ 表示 x 无限趋近于 x_0，它包含以下两种情况：

(1) x 是从大于 x_0 的方向趋近于 x_0，记作 $x \to x_0^+$(或 $x \to x_0 + 0$)；

(2) x 是从小于 x_0 的方向趋近于 x_0，记作 $x \to x_0^-$(或 $x \to x_0 - 0$).

显然 $x \to x_0$ 是指以上两种情况同时存在.

考察当 $x \to 1$ 时，函数 $f(x) = \dfrac{x^2 - 1}{x - 1}$ 的变化趋势.

注意到当 $x \neq 1$ 时，函数 $f(x) = \dfrac{x^2 - 1}{x - 1} = x + 1$，所以当 $x \to 1$ 时，$f(x)$ 的值无限接近于常数 2(图 1-2-4)，像这种当 $x \to x_0$ 时，函数 $f(x)$ 的变化趋势，我

们有如下定义：

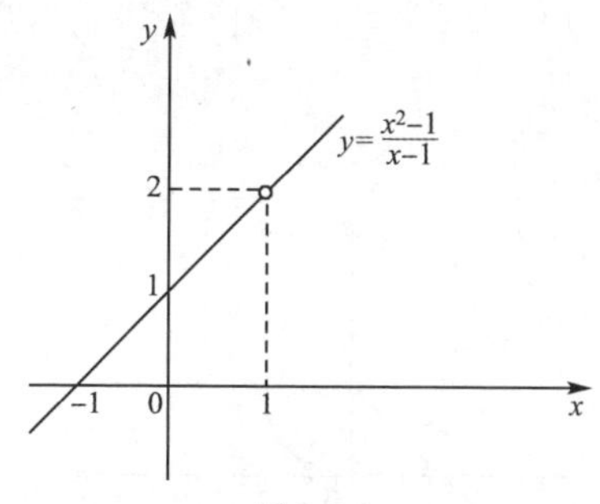

图 1-2-4

定义 1.2.3 设函数 $f(x)$ 在点 x_0 的邻域内有定义（x_0 点可以除外），如果当自变量 x 趋近于 $x_0(x \neq x_0)$ 时，函数 $f(x)$ 的值无限趋近于一个确定的常数 A，则称 A 为函数 $f(x)$ 当 $x \to x_0$ 时的极限，记作

$$\lim_{x \to x_0} f(x)=A \quad \text{或者} \quad f(x) \to A(x \to x_0).$$

从上面的例子还可以看出，虽然 $f(x)=\dfrac{x^2-1}{x-1}$ 在 $x=1$ 处没有定义，但当 $x \to 1$ 时函数 $f(x)$ 的极限却是存在的，$\lim\limits_{x \to 1} f(x)=2$，所以当 $x \to x_0$ 时函数 $f(x)$ 的极限与函数在 $x=x_0$ 处是否有定义无关.

注意：由定义，不难得出：

(1) $\lim\limits_{x \to x_0} C=C$（$C$ 是常数）；

(2) $\lim\limits_{x \to x_0} x=x_0$.

$x \to x_0$时函数 $f(x)$的极限

上面讨论了 $x \to x_0$ 时函数 $f(x)$ 的极限，对于 $x \to x_0^+$ 或 $x \to x_0^-$ 时的情形，有如下定义：

定义 1.2.4 如果当 $x \to x_0^+(x \to x_0^-)$ 时，函数 $f(x)$ 的值无限趋近于一个确定的常数 A，则称 A 为函数 $f(x)$ 当 $x \to x_0^+(x \to x_0^-)$ 时的右(左)极限，记作

$$\lim_{x \to x_0^+} f(x)=A\left(\lim_{x \to x_0^-} f(x)=A\right),$$

或

$$f(x_0+0)=A(f(x_0-0)=A).$$

函数单侧极限

左极限和右极限统称为单侧极限.

显然，函数的极限与左右极限有如下关系：

定理 1.2.1 $\lim\limits_{x \to x_0} f(x)=A$ 成立的充分必要条件是 $\lim\limits_{x \to x_0^+} f(x)=\lim\limits_{x \to x_0^-} f(x)=A$.

注意：这个定理常用来判断分段函数在分段点处的极限是否存在.

例 讨论函数 $f(x)=\begin{cases}x+1 & x<0\\ x^2 & 0\leqslant x<1\\ 1 & x\geqslant 1\end{cases}$，当 $x\to 0$ 时的极限，图象如图 1-2-5 所示.

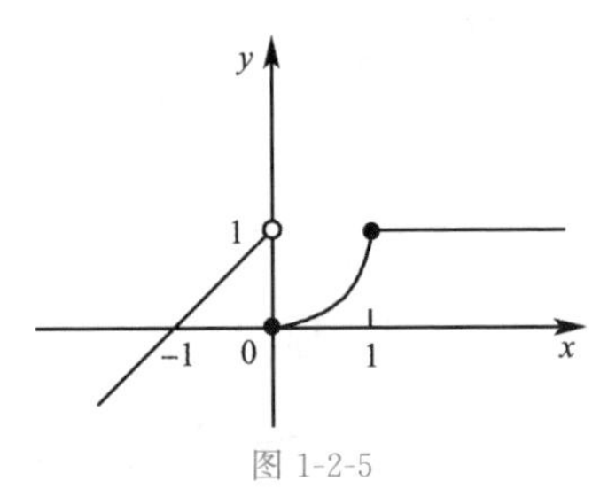

图 1-2-5

解 $\lim\limits_{x\to 0^-}f(x)=\lim\limits_{x\to 0^-}(x+1)=1$,

$\lim\limits_{x\to 0^+}f(x)=\lim\limits_{x\to 0^+}x^2=0$,

由于 $\lim\limits_{x\to 0^+}f(x)\neq\lim\limits_{x\to 0^-}f(x)$，因此 $\lim\limits_{x\to 0}f(x)$ 不存在.

注：(1) 此例表明，求分段函数在分界点的极限通常要分别考察其左右极限.

(2) 特别指出，本书中凡不标明自变量变化过程的极限号 lim，均表示变化过程适用于 $x\to x_0$，$x\to\infty$ 等所有情形.

思考与练习 1.2

1. 根据函数的图象，讨论下列各函数的极限：

(1) $\lim\limits_{x\to\infty}\dfrac{1}{1+x}$；　(2) $\lim\limits_{x\to+\infty}\left(\dfrac{1}{3}\right)^x$；　(3) $\lim\limits_{x\to-\infty}5^x$；　(4) $\lim\limits_{x\to\infty}C$；

(5) $\lim\limits_{x\to\infty}\cos x$；　(6) $\lim\limits_{x\to\infty}\operatorname{arccot}x$；　(7) $\lim\limits_{x\to 1}(2+x^2)$；　(8) $\lim\limits_{x\to 2}\dfrac{x^2-4}{x+2}$；

(9) $\lim\limits_{x\to 0^+}\sqrt{x}$；　(10) $\lim\limits_{x\to 0}\sin x$；　(11) $\lim\limits_{x\to 0}\cos\dfrac{1}{x}$；　(12) $\lim\limits_{x\to 0^+}\lg x$.

2. 做出函数 $f(x)=\begin{cases}x^2 & 0<x\leqslant 3\\ 2x-1 & 3<x<5\end{cases}$ 的图象，并求出当 $x\to 3$ 时 $f(x)$ 的左、右极限.

3. 设 $f(x)=\dfrac{x}{x}$，$\varphi(x)=\dfrac{|x|}{x}$，当 $x\to 0$ 时分别求 $f(x)$ 与 $\varphi(x)$ 的左、右极限，并讨论 $\lim\limits_{x\to 0}f(x)$，$\lim\limits_{x\to 0}\varphi(x)$ 是否存在？

第三节 无穷小量与无穷大量

一、无穷小量

在实际问题中,我们经常遇到极限为零的变量,例如,单摆离开垂直位置摆动时,由于受到空气阻力和机械摩擦力的作用,它的振幅随着时间的增加而逐渐减少并逐渐趋于零.对于这类变量有如下定义:

定义 1.3.1 当 $x \to x_0(x \to \infty)$ 时,如果函数 $f(x)$ 的极限为零,则称 $f(x)$ 为当 $x \to x_0(x \to \infty)$ 时的无穷小量,简称无穷小,记为 $\lim\limits_{x \to x_0} f(x) = 0(\lim\limits_{x \to \infty} f(x) = 0)$(或 $f(x) \to 0$,当 $x \to x_0(x \to \infty)$ 时).

例如 $\lim\limits_{x \to \infty} \frac{1}{x} = 0$. 所以函数 $f(x) = \frac{1}{x}$ 为当 $x \to \infty$ 时的无穷小,但当 $x \to 1$ 时,$\frac{1}{x} \to 1$,$f(x) = \frac{1}{x}$ 就不是无穷小.

注意:(1) 当一个函数 $f(x)$ 是无穷小时,必须指出自变量 x 的变化趋势;

(2)"0"作为函数时是无穷小;

(3) 一个很小的数不是无穷小量;

(4) 无穷小量 $\neq 0$.

二、无穷小量的性质

性质 1 有限个无穷小的代数和是无穷小.

性质 2 有限个无穷小的乘积是无穷小.

性质 3 有界函数与无穷小的乘积为无穷小.

性质 4 常数与无穷小的乘积为无穷小.

无穷小量的定义

例 1 求 $\lim\limits_{x \to \infty} \frac{\arctan x}{x}$.

解 由于 $\lim\limits_{x \to \infty} \frac{1}{x} = 0$,$|\arctan x| < \frac{\pi}{2}$,由性质 3 得

$$\lim_{x \to \infty} \frac{\arctan x}{x} = 0$$

三、无穷大量

与无穷小量相对应的是无穷大量.

定义 1.3.2 如果当 $x \to x_0(x \to \infty)$ 时,函数 $f(x)$ 的绝对值无限增大,则称 $f(x)$ 为当 $x \to x_0(x \to \infty)$ 时的无穷大量,简称无穷大,记为 $\lim\limits_{x \to x_0} f(x) = \infty (\lim\limits_{x \to \infty} f(x) = \infty)$,(或 $f(x) \to \infty$,当 $x \to x_0(x \to \infty)$ 时),如果当 $x \to x_0(x \to \infty)$ 时,函数 $f(x) > 0$ 且 $f(x)$ 无限增大,则称 $f(x)$ 为当 $x \to x_0(x \to \infty)$ 时的正无穷大,记为 $\lim\limits_{x \to x_0} f(x) = +\infty (\lim\limits_{x \to \infty} f(x) = +\infty)$,或 $f(x) \to +\infty$,当 $x \to x_0(x \to \infty)$ 时.

类似地,可以定义 $\lim\limits_{x \to x_0} f(x) = -\infty$.

例如,当 $a > 1$ 时,有

$$\lim_{x \to 0^+} \log_a x = -\infty, \lim_{x \to +\infty} \log_a x = +\infty, \lim_{x \to +\infty} a^x = +\infty.$$

注意:(1) 当一个函数是无穷大时,必须要指明自变量的变化趋势;

(2) 任何一个不论多大的常数,都不是无穷大;

(3)“极限为 ∞”说明这个极限不存在,只是借用记号“∞”来表示 $|f(x)|$ 无限增大的这种趋势,虽然用等式表示,但并不是“真正的”相等.

四、无穷大与无穷小的关系

定理 1.3.1 如果 $\lim f(x) = \infty$,则 $\lim \dfrac{1}{f(x)} = 0$;反之,如果 $\lim f(x) = 0$,且 $f(x) \neq 0$,则 $\lim \dfrac{1}{f(x)} = \infty$.

显然 $\lim\limits_{x \to +\infty} a^{-x} = \lim\limits_{x \to +\infty} \dfrac{1}{a^x} = 0 (a > 1)$.

例 2 求 $\lim\limits_{x \to 1} \dfrac{2x-1}{x-1}$.

解 因为当 $x \to 1$ 时,分母的极限为 0,所以不能运用极限运算法则,而极限 $\lim\limits_{x \to 1} \dfrac{x-1}{2x-1} = 0$

即当 $x \to 1$ 时,$\dfrac{1}{f(x)} = \dfrac{x-1}{2x-1}$ 是无穷小,那么 $f(x) = \dfrac{2x-1}{x-1}$ 是 $x \to 1$ 时的无穷大,因此 $\lim\limits_{x \to 1} \dfrac{2x-1}{x-1} = \infty$.

思考与练习1.3

1. 判断题

(1) 无穷小是一个很小的数. ( )

(2) 无穷大是一个很大的数. ( )

(3) 无穷小和无穷大是互为倒数的量. ( )

(4) 一个函数乘以无穷小后为无穷小. ( )

(5) 若函数在变化过程中的极限为0,则称函数在该变化过程中为无穷小量. ( )

(6) 10^{-100} 是无穷小量. ( )

(7) 两个无穷小量的乘积是无穷小量. ( )

(8) 无穷小量之和仍是无穷小量. ( )

(9) $y=\frac{1}{x}$ 是无穷小量. ( )

(10) 有界函数与无穷小量的乘积是无穷小量. ( )

2. 在下列试题中,哪些是无穷小?哪些是无穷大?

(1) $y_n=(-1)^{n+1}\frac{1}{2^n}\quad(n\to\infty)$;

(2) $y=5^{-x}\quad(x\to+\infty)$;

(3) $y=\ln x\quad(x>0,x\to 0)$;

(4) $y=\frac{x+1}{x^2-4}\quad(x\to 2)$;

(5) $y=2^{\frac{1}{x}}\quad(x\to-\infty)$;

(6) $y=\frac{x^2}{3x}\quad(x\to 0)$.

3. 求下列各函数的极限

(1) $\lim\limits_{x\to\infty}\frac{\sin x}{x^2}$;

(2) $\lim\limits_{x\to 0}x\cos\frac{1}{x}$;

(3) $\lim\limits_{x\to 0}\frac{\arcsin x}{\frac{1}{x^2}}$;

(4) $\lim\limits_{x\to\infty}\frac{1}{x}\arctan x$;

第四节 极限的运算法则

为了寻求比较复杂的函数极限,往往要用到极限的运算法则.现叙述如下:

极限的四则运算法则

设$\lim f(x)=A$, $\lim g(x)=B$,则

(1)$\lim[f(x)\pm g(x)]=\lim f(x)\pm\lim g(x)=A\pm B$;

(2)$\lim[f(x)\cdot g(x)]=\lim f(x)\cdot\lim g(x)=A\cdot B$;

特别有 $\lim C\cdot f(x)=C\lim f(x)=C\cdot A$;

(3)$\lim\dfrac{f(x)}{g(x)}=\dfrac{\lim f(x)}{\lim g(x)}=\dfrac{A}{B}\quad(B\neq 0)$.

法则(1)、(2)可以推广到有限个函数的情形,这些法则通常叫作极限的四则运算法则,特别地,若 n 为正整数,则有

推论 1 $\lim[f(x)]^n=[\lim f(x)]^n=A^n$;

推论 2 $\lim\sqrt[n]{f(x)}=\sqrt[n]{\lim f(x)}=\sqrt[n]{A}$($n$ 为偶数时,需要假设 $\lim f(x)>0$).

一、代入法

例 1 求$\lim\limits_{x\to 2}(4x^2+3)$.

解 $\lim\limits_{x\to 2}(4x^2+3)=\lim\limits_{x\to 2}4x^2+\lim\limits_{x\to 2}3=4(\lim\limits_{x\to 2}x)^2+3=4\times 2^2+3=19$.

注意:一般地,如果函数 $f(x)$ 为多项式,则 $\lim\limits_{x\to x_0}f(x)=f(x_0)$.

例 2 求$\lim\limits_{x\to 0}\dfrac{2x^2+3}{4-x}$.

解 由于$\lim\limits_{x\to 0}(4-x)=\lim\limits_{x\to 0}4-\lim\limits_{x\to 0}x=4-0=4\neq 0$,

$$\lim_{x\to 0}(2x^2+3)=2(\lim_{x\to 0}x)^2+\lim_{x\to 0}3=3,$$

因此$\lim\limits_{x\to 0}\dfrac{2x^2+3}{4-x}=\dfrac{3}{4}$.

注意:如果$\dfrac{f(x)}{g(x)}$为有理分式函数,且 $g(x)\neq 0$ 时,则有 $\lim\limits_{x\to x_0}\dfrac{f(x)}{g(x)}=\dfrac{f(x_0)}{g(x_0)}$.

二、分母为0型极限

1. 不含三角函数的分母为0型极限

例3讲解

例 3 求$\lim\limits_{x \to 3} \dfrac{x+3}{x^2-9}$.

解　由于$\lim\limits_{x \to 3}(x^2-9)=0$,所以不能直接用法则(3),

又
$$\lim_{x \to 3}(x+3) \neq 0,$$
因此求此分式极限时,应首先求其倒数的极限
$$\lim_{x \to 3} \frac{x^2-9}{x+3}=0$$

所以$\lim\limits_{x \to 3} \dfrac{x+3}{x^2-9}=\infty$,极限不存在.

例4讲解

例 4 求$\lim\limits_{x \to 3} \dfrac{x-3}{x^2-9}$.

解　由于$\lim\limits_{x \to 3}(x^2-9)=0$,所以不能直接用法则(3),

又
$$\lim_{x \to 3}(x-3)=0$$

因此求此分式极限时,应首先约去非零因子$(x-3)$,于是
$$\lim_{x \to 3} \frac{x-3}{x^2-9}=\lim_{x \to 3} \frac{1}{x+3}=\frac{1}{6}.$$

例 5 求$\lim\limits_{x \to 4} \dfrac{x^2-7x+12}{x^2-5x+4}$.

解
$$\lim_{x \to 4} \frac{x^2-7x+12}{x^2-5x+4}=\lim_{x \to 4} \frac{(x-3)(x-4)}{(x-1)(x-4)}$$
$$=\lim_{x \to 4} \frac{(x-3)}{(x-1)}=\frac{4-3}{4-1}=\frac{1}{3}.$$

例 6 $\lim\limits_{x \to 0} \dfrac{x}{2-\sqrt{4+x}}$.

解　由于分母的极限为零,不能直接用法则(3),用初等代数方法使分母有理化.
$$\lim_{x \to 0} \frac{x}{2-\sqrt{4+x}}=\lim_{x \to 0} \frac{x(2+\sqrt{4+x})}{(2-\sqrt{4+x})(2+\sqrt{4+x})}=\lim_{x \to 0} \frac{x(2+\sqrt{4+x})}{-x}$$
$$=\lim_{x \to 0}(-2-\sqrt{4+x})=-4.$$

注意：

(1) 例4的变形只能在求极限的过程中进行，不要误认为函数$\frac{x-3}{x^2-9}$与函数$\frac{1}{x+3}$是同一函数.

(2) 分式求极限先看分母，分母极限不为零用法则(3)；分母为零型再看其分子，分子极限不为零则转而求其倒数的极限；

(3) $\frac{0}{0}$型的极限，需要先找出零因子(因式分解)，消去零因子，对于含有无理式而不能因式分解的函数用平方差公式先将其无理式有理化.

2. 含有三角函数的$\frac{0}{0}$型极限(第一个重要极限)

$$\lim_{x\to 0}\frac{\sin x}{x}=1(x\text{ 取弧度单位})$$

取$|x|$的一系列趋于零的数值时，得到$\frac{\sin x}{x}$的一系列对应值，见表1-4-1.

表 1-4-1

x	$\pm\frac{\pi}{9}$	$\pm\frac{\pi}{18}$	$\pm\frac{\pi}{36}$	$\pm\frac{\pi}{72}$	$\pm\frac{\pi}{144}$	$\pm\frac{\pi}{288}$	…
$\frac{\sin x}{x}$	0.97982	0.99493	0.99873	0.99968	0.99992	0.99998	…

从表中可见，当$|x|$愈来愈接近于零时，$\frac{\sin x}{x}$的值愈来愈接近于1，可以证明：

$$\lim_{x\to 0}\frac{\sin x}{x}=1(\text{证略}).$$

此重要极限有两个特征：

(1) 当$x\to 0$时，分子、分母均为无穷小，简记为“$\frac{0}{0}$”型；

(2) 正弦符号后面的变量与分母的变量完全相同，即$\lim\limits_{\nabla\to 0}\frac{\sin\nabla}{\nabla}=1$.

例 7 求$\lim\limits_{x\to 0}\frac{\sin 3x}{2x}$.

解 $\lim\limits_{x\to 0}\frac{\sin 3x}{2x}=\lim\limits_{x\to 0}\frac{\sin 3x}{3x}\cdot\frac{3}{2}=\frac{3}{2}\lim\limits_{x\to 0}\frac{\sin 3x}{3x}=\frac{3}{2}$.

例 8 求$\lim\limits_{x\to 0}\frac{\tan x}{x}$.

解 $\lim\limits_{x\to 0}\dfrac{\tan x}{x}=\lim\limits_{x\to 0}\left(\dfrac{\sin x}{x}\cdot\dfrac{1}{\cos x}\right)=\lim\limits_{x\to 0}\dfrac{\sin x}{x}\lim\limits_{x\to 0}\dfrac{1}{\cos x}=1.$

例 9 求$\lim\limits_{x\to 0}\dfrac{1-\cos x}{x^2}$.

解 $\lim\limits_{x\to 0}\dfrac{1-\cos x}{x^2}=\lim\limits_{x\to 0}\dfrac{2\sin^2\dfrac{x}{2}}{4\left(\dfrac{x}{2}\right)^2}=\dfrac{1}{2}\lim\limits_{x\to 0}\left(\dfrac{\sin\dfrac{x}{2}}{\dfrac{x}{2}}\right)^2=\dfrac{1}{2}\left(\lim\limits_{\frac{x}{2}\to 0}\dfrac{\sin\dfrac{x}{2}}{\dfrac{x}{2}}\right)^2=\dfrac{1}{2}.$

例 10 求$\lim\limits_{x\to \pi}\dfrac{\sin x}{\pi-x}$.

解 令 $\pi-x=t$，则 $x=\pi-t$，当 $x\to\pi$ 时，$t\to 0$，

于是$\lim\limits_{x\to \pi}\dfrac{\sin x}{\pi-x}=\lim\limits_{t\to 0}\dfrac{\sin(\pi-t)}{t}=\lim\limits_{t\to 0}\dfrac{\sin t}{t}=1.$

无穷小的比较

三、无穷小的比较

无穷小虽然都是以零为极限的量，但不同的无穷小趋近于零的“速度”却不一定相同，有时可能差别很大，例如：当 $x\to 0$ 时，x，$2x$，x^2 都是无穷小，但它们趋向于零的速度不一样，见表 1-4-2.

表 1-4-2

x	1	0.5	0.1	0.01	0.001	…
$2x$	2	1	0.2	0.02	0.002	…
x^2	1	0.25	0.01	0.0001	0.000001	…

从表中可以看出 x^2 比 x、$2x$ 趋于零的速度都快得多，x 和 $2x$ 趋于零的速度大致相仿.

定义 1.4.1 设 α 和 β 都是当 $x\to x_0$（或 $x\to\infty$）时的无穷小，

(1) 如果 $\lim\dfrac{\beta}{\alpha}=0$，则称 β 是比 α 高阶的无穷小；

(2) 如果 $\lim\dfrac{\beta}{\alpha}=\infty$，则称 β 是比 α 低阶的无穷小；

(3) 如果 $\lim\dfrac{\beta}{\alpha}=c$（$c$ 为非零常数），则称 α 与 β 为同阶无穷小；特别当 $c=1$ 时，称 α 与 β 为等价无穷小，记为 $\alpha\sim\beta$.

例如,由于$\lim\limits_{x\to 0}\dfrac{x^2}{2x}=0$,$\lim\limits_{x\to 0}\dfrac{x}{x^2}=\infty$,$\lim\limits_{x\to 0}\dfrac{x}{2x}=\dfrac{1}{2}$,因此,当$x\to 0$时,$x^2$是比$2x$高阶的无穷小,$x$是比$x^2$低阶的无穷小,$x$和$2x$是同阶无穷小.

等价的无穷小必然是同阶的无穷小,但同阶的无穷小不一定是等价的无穷小,关于等价的无穷小有下面重要的定理.

定理 1.4.1(等价无穷小的代换定理)

若$\alpha\sim\alpha'$,$\beta\sim\beta'$,且$\lim\dfrac{\beta'}{\alpha'}$存在,则有$\lim\dfrac{\beta}{\alpha}=\lim\dfrac{\beta'}{\alpha'}$.

例 11 求$\lim\limits_{x\to 0}\dfrac{x\tan x}{1-\cos x}$.

解 $\lim\limits_{x\to 0}\dfrac{x\tan x}{1-\cos x}=\lim\limits_{x\to 0}\dfrac{x^2}{\dfrac{x^2}{2}}=2$.

例 12 求$\lim\limits_{x\to 0}\dfrac{\arctan x}{x}$.

解 令$\arctan x=t$,则$x=\tan t$,当$x\to 0$时有$t\to 0$,于是

$$\lim_{x\to 0}\frac{\arctan x}{x}=\lim_{t\to 0}\frac{t}{\tan t}=\lim_{t\to 0}\frac{t}{t}=1.$$

例 13 求$\lim\limits_{x\to 0}\dfrac{\tan x-\sin x}{x^3}$.

解 因为$\tan x-\sin x=\tan x(1-\cos x)$,当$x\to 0$时,$\tan x\sim x$,$1-\cos x\sim\dfrac{x^2}{2}$,所以$\lim\limits_{x\to 0}\dfrac{\tan x-\sin x}{x^3}=\lim\limits_{x\to 0}\dfrac{\tan x(1-\cos x)}{x^3}=\lim\limits_{x\to 0}\dfrac{x\cdot\dfrac{x^2}{2}}{x^3}=\dfrac{1}{2}$.

应用等价的无穷小求极限时,要注意以下两点:

(1) 分子分母都是无穷小;

(2) 用等价的无穷小代替时,只能替换整个分子或者分母中的乘积因子,而不能替换分子或分母中的项.

下面是几个常用的等价无穷小,当$x\to 0$时,

$\sin kx\sim kx$,$\tan kx\sim kx$,$\arcsin kx\sim kx$,$\arctan kx\sim kx$,$(1-\cos kx)\sim\dfrac{(kx)^2}{2}$,$\ln(1+x)\sim x$,$(e^x-1)\sim x$,$(\sqrt[n]{1+x}-1)\sim\dfrac{1}{n}x$.

四、$\frac{\infty}{\infty}$ 型极限

例 14 求(1)$\lim\limits_{x\to\infty}\dfrac{3x^3-5x^2+1}{8x^3+4x-3}$；(2)$\lim\limits_{x\to\infty}\dfrac{3x^3-5x^2+1}{8x^2+4x-3}$；

(3)$\lim\limits_{x\to\infty}\dfrac{3x^2-5x+1}{8x^3+4x-3}$.

解 因分子、分母都是无穷大，所以不能用法则(3)，此时可以用分子、分母中 x 的最高次幂 x^3 同除分子、分母，然后再求极限.

(1)$$\lim_{x\to\infty}\frac{3x^3-5x^2+1}{8x^3+4x-3}=\lim_{x\to\infty}\frac{3-\frac{5}{x}+\frac{1}{x^3}}{8+\frac{4}{x^2}-\frac{3}{x^3}}=\frac{3}{8}.$$

例14（1）讲解

(2)$$\lim_{x\to\infty}\frac{3x^3-5x^2+1}{8x^2+4x-3}=\lim_{x\to\infty}\frac{3-\frac{5}{x}+\frac{1}{x^3}}{\frac{8}{x}+\frac{4}{x^2}-\frac{3}{x^3}}=\infty.$$

例14（2）讲解

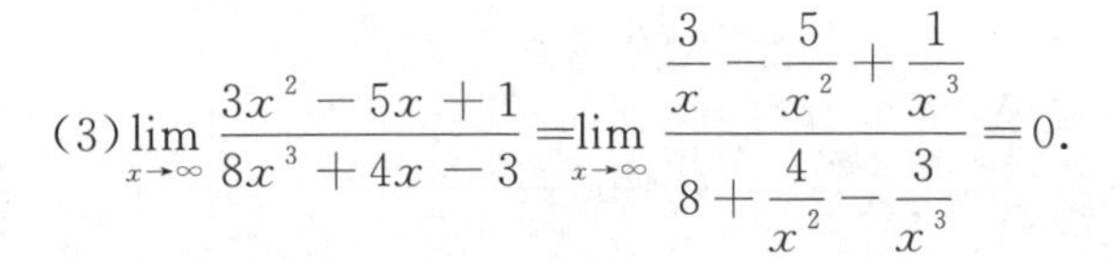

(3)$$\lim_{x\to\infty}\frac{3x^2-5x+1}{8x^3+4x-3}=\lim_{x\to\infty}\frac{\frac{3}{x}-\frac{5}{x^2}+\frac{1}{x^3}}{8+\frac{4}{x^2}-\frac{3}{x^3}}=0.$$

例14（3）讲解

注意：

$\frac{\infty}{\infty}$ 型的极限求解方法：分子分母同除以 x 的最高次幂，以消去 ∞；

一般地，设 $a_0\neq 0,b_0\neq 0,m,n$ 为正整数，则有

$$\lim_{x\to\infty}\frac{a_0x^n+a_1x^{n-1}+\cdots+a_n}{b_0x^m+b_1x^{m-1}+\cdots+b_m}=\begin{cases}\frac{a_0}{b_0}, & 当\ m=n\ 时\\ 0, & 当\ m>n\ 时\\ \infty, & 当\ m<n\ 时\end{cases}$$

五、$\infty-\infty$ 型极限

例 15 求极限$\lim\limits_{x\to 1}\left(\dfrac{2}{x^2-1}-\dfrac{1}{x-1}\right)$.

例15讲解

解 由于不能直接用法则(3)，所以应先通分.

原式$$=\lim_{x\to 1}\frac{2-(x+1)}{x^2-1}=\lim_{x\to 1}\frac{-(x-1)}{(x-1)(x+1)}=\lim_{x\to 1}\frac{-1}{x+1}=-\frac{1}{2}.$$

思考与练习 1.4

1. 填空题

(1) $\lim\limits_{x \to 5}(4x^2 + x - 3) =$ ________.

(2) $\lim\limits_{x \to 2} \dfrac{x^2 + x - 3}{x + 1} =$ ________.

(3) $\lim\limits_{x \to 1} \dfrac{x^2 + 2x + 3}{x - 1} =$ ________.

(4) $\lim\limits_{x \to 1} \dfrac{x^2 + 2x - 3}{x - 1} =$ ________.

(5) $\lim\limits_{x \to \infty} \dfrac{5x^2 + 2x - 3}{4x^2 - 1} =$ ________.

2. 计算下列极限

(1) $\lim\limits_{x \to -2}(2x^2 - 5x + 3)$；

(2) $\lim\limits_{x \to 0}\left(2 - \dfrac{3}{x - 1}\right)$；

(3) $\lim\limits_{x \to 2} \dfrac{x - 2}{x^2 - x - 2}$；

(4) $\lim\limits_{x \to 0} \dfrac{5x^3 - 2x^2 + x}{4x^2 + 2x}$；

(5) $\lim\limits_{x \to 0} \dfrac{\sin 2x \tan 3x}{1 - \cos 2x}$；

(6) $\lim\limits_{x \to 0} \dfrac{1 - \cos x}{\tan 2x^2}$；

(7) $\lim\limits_{x \to 0} \dfrac{\sin 4x}{\tan 5x}$；

(8) $\lim\limits_{x \to 0} \dfrac{\sin mx}{\sin nx}$；

(9) $\lim\limits_{x \to 0} \dfrac{e^x - 1}{2x}$；

(10) $\lim\limits_{x \to 0} \dfrac{2(1 - \cos x)}{x \sin x}$；

(11) $\lim\limits_{x \to \infty} \dfrac{3x^2 + 5x + 1}{4x^2 - 2x + 5}$；

(12) $\lim\limits_{x \to \infty} \dfrac{3x^2 + x + 6}{x^4 - 3x^2 + 3}$；

(13) $\lim\limits_{n \to \infty} \dfrac{1 + 2 + \cdots + n}{n^2}$；

(14) $\lim\limits_{x \to 0} \dfrac{x^2}{1 - \sqrt{1 + x^2}}$；

(15) $\lim\limits_{x \to 4} \dfrac{\sqrt{2x + 1} - 3}{\sqrt{x - 2} - \sqrt{2}}$；

(16) $\lim\limits_{x \to 2}\left(\dfrac{1}{x - 2} - \dfrac{4}{x^2 - 4}\right)$；

3. 若 $\lim\limits_{x \to 3} \dfrac{x^2 - 2x + k}{x - 3} = 4$，求 k 的值.

4. 若 $\lim\limits_{x \to \infty}\left(\dfrac{x^2 + 1}{x + 1} - ax - b\right) = 0$，求 a, b 的值.

第4题讲解

第3题讲解

第五节 复利的奥秘

案例分析

一、案例分析

引例 银行储蓄问题：若银行年利率为6%，某储户存入10万元，如果银行一年内客人依次结算利息，随着结算次数的无限增加，一年后该储户是否会成为百万富翁？

解 假设一年内结算 n 次，则第一次结息后储户的资金为 $10+10\cdot\frac{6\%}{n}=10\left(1+\frac{6\%}{n}\right)$；第二次结算后储户的资金为 $10\left(1+\frac{6\%}{n}\right)^2$，……，第 n 次结算后储户的资金为 $10\left(1+\frac{6\%}{n}\right)^n$；当结算次数无限增加时，储户的资金为 $\lim\limits_{n\to\infty}10\left(1+\frac{6\%}{n}\right)^n$.

在求函数极限时，经常要用到一个重要极限.

二、$\lim\limits_{x\to\infty}\left(1+\frac{1}{x}\right)^x=e$（$e=2.7182818\cdots$ 是无理数）（第二个重要极限）

我们先列表观察 $\left(1+\frac{1}{x}\right)^x$ 的变化趋势，见表1-5-1.

表 1-5-1

x	10	10^2	10^3	10^4	10^5	10^6	$\cdots\to+\infty$
$\left(1+\frac{1}{x}\right)^x$	2.59374	2.70481	2.71692	2.71815	2.71827	2.71828	$\cdots\to e$
x	-10	-10^2	-10^3	-10^4	-10^5	-10^6	$\cdots\to-\infty$
$\left(1+\frac{1}{x}\right)^x$	2.86792	2.73200	2.71964	2.71841	2.71830	2.71828	$\cdots\to e$

由上表可以看出，当 $|x|\to\infty$ 时，函数 $\left(1+\frac{1}{x}\right)^x$ 的值无限地接近于常数 2.71828…，记这个常数为 e，即 $\lim\limits_{x\to\infty}\left(1+\frac{1}{x}\right)^x=e$（证略）.

令 $\frac{1}{x}=t$，则当 $x\to\infty$ 时，$t\to0$，于是这个极限又可写成另一种等价形式

$\lim\limits_{t\to0}(1+t)^{\frac{1}{t}}=e$.

注意:(1)1^{∞} 型

(2)$\lim\limits_{\square\to\infty}\left(1+\dfrac{1}{\square}\right)^{\square}=\mathrm{e}$

(3)$\lim\limits_{\square\to 0}(1+\square)^{\frac{1}{\square}}=\mathrm{e}$

例 1 求$\lim\limits_{x\to\infty}\left(1+\dfrac{3}{x}\right)^{x}$.

解 $\lim\limits_{x\to\infty}\left(1+\dfrac{3}{x}\right)^{x}=\lim\limits_{x\to\infty}\left[\left(1+\dfrac{1}{\frac{x}{3}}\right)^{\frac{x}{3}}\right]^{3}$,

令$\dfrac{x}{3}=t$,则当 $x\to\infty$ 时,$t\to\infty$,

所以$\lim\limits_{x\to\infty}\left(1+\dfrac{3}{x}\right)^{x}=\lim\limits_{t\to\infty}\left[\left(1+\dfrac{1}{t}\right)^{t}\right]^{3}=\mathrm{e}^{3}$.

例 2 求$\lim\limits_{x\to\infty}\left(1-\dfrac{2}{x}\right)^{x}$.

解 令$1-\dfrac{2}{x}=1+\dfrac{1}{t}$;$x=-2t$

则$\lim\limits_{x\to\infty}\left(1-\dfrac{2}{x}\right)^{x}=\lim\limits_{t\to\infty}\left(1+\dfrac{1}{t}\right)^{-2t}=\lim\limits_{t\to\infty}\left(\left(1+\dfrac{1}{t}\right)^{t}\right)^{-2}=\mathrm{e}^{-2}$.

例3讲解

例 3 求$\lim\limits_{x\to\infty}\left(\dfrac{x+3}{x-1}\right)^{x+3}$.

解 $\lim\limits_{x\to\infty}\left(\dfrac{x+3}{x-1}\right)^{x+3}=\lim\limits_{x\to\infty}\left(1+\dfrac{4}{x-1}\right)^{x+3}$,

令$1+t=1+\dfrac{4}{x-1}$,则$x=\dfrac{4}{t}+1$,$x+3=\dfrac{4}{t}+4$,

由于当 $x\to\infty$ 时,$t\to 0$,所以

$$\begin{aligned}\lim_{x\to\infty}\left(\frac{x+3}{x-1}\right)^{x+3}&=\lim_{t\to 0}(1+t)^{\frac{4}{t}+4}\\&=\lim_{t\to 0}(1+t)^{\frac{4}{t}}\cdot(1+t)^{4}\\&=[\lim_{t\to 0}(1+t)^{\frac{1}{t}}]^{4}[\lim_{t\to 0}(1+t)]^{4}=\mathrm{e}^{4}.\end{aligned}$$

注意:(1)1^{∞} 型

(2)① 令底数()$=1+\dfrac{1}{t}$;②$x=?\ t$;③ 求 $t\to$;④ 代入;⑤ 求值

(3)$a^{m+n}=a^{m}\cdot a^{n}$;$a^{mn}=(a^{m})^{n}$

思考与练习 1.5

1. 判断题

(1) $\lim\limits_{x\to 0}\left(1+\frac{1}{x}\right)^{x}=\mathrm{e}$. ( )

(2) $\lim\limits_{x\to\infty}(1+x)^{x}=\mathrm{e}$. ( )

(3) $\lim\limits_{x\to 0}(1+x)^{x}=\mathrm{e}$. ( )

(4) $\lim\limits_{x\to\infty}\left(1+\frac{1}{x}\right)^{x}=\mathrm{e}$. ( )

(5) $\lim\limits_{x\to\infty}\left(1+\frac{1}{x}\right)^{-x}=\mathrm{e}$. ( )

(6) $\lim\limits_{x\to\infty}\left(1+\frac{1}{x}\right)^{2x}=\mathrm{e}$. ( )

(7) $\lim\limits_{x\to\infty}\left(1+\frac{1}{x}\right)^{-x}=\frac{1}{\mathrm{e}}$. ( )

2. 计算下列极限

(1) $\lim\limits_{x\to\frac{\pi}{2}}(1+2\cos x)^{-\sec x}$;

(2) $\lim\limits_{x\to\infty}\left(1-\frac{3}{x}\right)^{x}$;

(3) $\lim\limits_{x\to 0}\sqrt[x]{1+3x}$;

(4) $\lim\limits_{x\to\infty}\left(\frac{2x-1}{2x+1}\right)^{x}$.

第六节 函数的连续性

自然界中的许多现象,如空气的流动、气温的变化、动植物的生长等,都是随时间连续不断地变化着的,这些现象反映在数学上就是函数的连续性.

一、函数连续性的概念

定义 1.6.1(增量) 设变量 u 从它的初值 u_0 变到终值 u_1,则终值与初值之差 u_1-u_0 就叫作变量 u 的增量,又叫作 u 的改变量,记作 Δu,即 $\Delta u=u_1-u_0$. 设自变量的初值为 x_0,终值为 x,则自变量的改变量为 $\Delta x=x-x_0$,相应函数的

改变量为 $\Delta y = f(x) - f(x_0)$.

1. 函数 $f(x)$ 在点 x_0 处的连续性

函数 $y=f(x)$ 在 x_0 处连续,反映到图象上即为曲线在 x_0 的某个邻域内是连绵不断的,如图 1-6-1(a) 所示,给自变量 x_0 一个增量 Δx,相应地就有函数的增量 Δy,且当 Δx 趋于 0 时,Δy 的绝对值将无限变小. 如果函数是不连续的,其图象就在该点处间断了,如图 1-6-1(b) 所示.

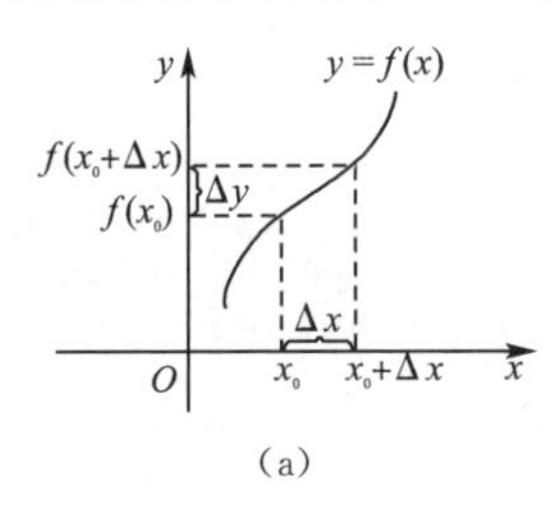

(a)　　　　(b)

图 1-6-1

函数的增量

定义 1.6.2 设函数 $y=f(x)$ 在点 x_0 的邻域有定义,如果

$$\lim_{\Delta x\to 0}\Delta y = \lim_{\Delta x\to 0}[f(x_0+\Delta x)-f(x_0)]=0,$$

那么称函数 $f(x)$ 在点 x_0 处连续.

令 $x = x_0 + \Delta x$,则当 $\Delta x \to 0$ 时,$x \to x_0$,同时 $\Delta y = f(x) - f(x_0) \to 0$ 时,$f(x) \to f(x_0)$. 于是有如下定义.

定义1.6.3

定义 1.6.3 设函数 $y=f(x)$ 在点 x_0 的邻域有定义,且有

$$\lim_{x\to x_0} f(x) = f(x_0),$$

则称函数 $y=f(x)$ 在点 x_0 处连续.

例 1 证明函数 $f(x)=x^3-1$ 在点 $x=1$ 处连续.

证明 $\lim\limits_{x\to 1} f(x) = \lim\limits_{x\to 1}(x^3-1)=0$,又 $f(1)=1^3-1=0$,即 $\lim\limits_{x\to 1} f(x)=f(1)$.

由定义知,函数 $f(x)=x^3-1$ 在点 $x=1$ 处连续.

例1讲解

注意: 由定义可知,$f(x)$ 在点 x_0 连续必须同时满足三个条件:

(1) 函数 $f(x)$ 在点 x_0 有定义;

(2) $\lim\limits_{x\to x_0} f(x)$ 存在;

(3) $\lim\limits_{x\to x_0} f(x) = f(x_0)$.

例 2 判断函数 $f(x)=\begin{cases} x^2+1, & x \geqslant 1 \\ 3x-1, & x<1 \end{cases}$ 在点 $x=1$ 处是否连续?

解 $f(x)$ 在点 $x=1$ 的邻域有定义,$f(1)=1^2+1=2$,且

$$\lim_{x\to 1^-} f(x) = \lim_{x\to 1^-}(3x-1)=2=f(1),$$

$$\lim_{x\to1^+}f(x)=\lim_{x\to1^+}(x^2+1)=2=f(1),$$

于是 $\lim\limits_{x\to1^-}f(x)=\lim\limits_{x\to1^+}f(x)=f(1)$，

因此，函数 $f(x)$ 在 $x=1$ 处连续.

2. 函数 $f(x)$ 在区间 (a,b) 内（或 $[a,b]$ 上）的连续性

定义 1.6.4 如果函数 $y=f(x)$ 在区间 (a,b) 内每一点连续，则称函数在区间 (a,b) 内连续，区间 (a,b) 称为函数 $y=f(x)$ 的连续区间；如果函数 $f(x)$ 在区间 (a,b) 内连续，并且 $\lim\limits_{x\to a^+}f(x)=f(a)$，$\lim\limits_{x\to b^-}f(x)=f(b)$，则称函数 $f(x)$ 在闭区间 $[a,b]$ 上连续，区间 $[a,b]$ 称为函数 $y=f(x)$ 的连续区间.

在连续区间上，连续函数的图象是一条连绵不断的曲线.

二、初等函数的连续性

1. 基本初等函数的连续性

基本初等函数在其定义域内都是连续的.

2. 初等函数的连续性

初等函数在其定义区间内都是连续的.

注意：由连续性的定义可知，在求初等函数在其定义区间内某点处的极限时，只需要求函数在该点的函数值即可.

例 3 求下列极限.

例3讲解

(1) $\lim\limits_{x\to\frac{\pi}{2}}\ln\sin x$； (2) $\lim\limits_{x\to2}\dfrac{\sqrt{2+x}-2}{x-2}$； (3) $\lim\limits_{x\to0}\dfrac{e^x-1}{x}$.

解 (1) 因为 $x=\dfrac{\pi}{2}$ 是函数 $y=\ln\sin x$ 定义区间 $(0,\pi)$ 内的一个点，所以

$$\lim_{x\to\frac{\pi}{2}}\ln\sin x=\ln\sin\left(\frac{\pi}{2}\right)=0.$$

(2) 因为 $x=2$ 不是函数 $\dfrac{\sqrt{2+x}-2}{x-2}$ 定义域 $[-2,2)\cup(2,+\infty)$ 内的点，所以不能将 $x=2$ 代入函数计算. 当 $x\neq2$ 时，我们先做变形，再求其极限：

$$\begin{aligned}\lim_{x\to2}\frac{\sqrt{2+x}-2}{x-2}&=\lim_{x\to2}\frac{(\sqrt{2+x}-2)(\sqrt{2+x}+2)}{(x-2)(\sqrt{2+x}+2)}\\&=\lim_{x\to2}\frac{x-2}{(x-2)(\sqrt{2+x}+2)}\\&=\lim_{x\to2}\frac{1}{\sqrt{2+x}+2}=\frac{1}{\sqrt{2+2}+2}=\frac{1}{4}.\end{aligned}$$

(3) 令 $e^x-1=t$，则 $x=\ln(1+t)$，且当 $x\to0$ 时，$t\to0$. 得

$$\lim_{x\to0}\frac{e^x-1}{x}=\lim_{t\to0}\frac{t}{\ln(1+t)}=\lim_{t\to0}\frac{1}{\frac{\ln(1+t)}{t}}=\lim_{t\to0}\frac{1}{\ln(1+t)^{\frac{1}{t}}}=\frac{1}{\ln\ e}=1.$$

三、函数的间断点

间断点的定义

定义 1.6.5 如果函数 $f(x)$ 在点 x_0 处不满足连续的条件，则称函数 $f(x)$ 在点 x_0 处不连续或间断，点 x_0 叫作函数 $f(x)$ 的不连续点或间断点.

显然，如果函数 $f(x)$ 在点 x_0 处有下列三种情形之一，则点 x_0 为 $f(x)$ 的间断点.

(1) 在点 x_0 处 $f(x)$ 没有定义；

(2) $\lim\limits_{x\to x_0}f(x)$ 不存在；

(3) 虽然 $f(x_0)$ 有定义，且 $\lim\limits_{x\to x_0}f(x)$ 存在，但 $\lim\limits_{x\to x_0}f(x)\neq f(x_0)$.

通常把函数间断点分为两类：函数 $f(x)$ 在点 x_0 处的左、右极限都存在的间断点称为第一类间断点；否则称为第二类间断点. 在第一类间断点中左右极限相等的称为可去间断点，不相等的称为跳跃间断点.

特别地，在第二类间断点中，若 $f(x)$ 在 x_0 处的左右极限中至少有一个是无穷大，则称点 x_0 为 $f(x)$ 的无穷间断点；若 $\lim\limits_{x\to x_0}f(x)$ 不存在，且 $f(x)$ 无限振荡，则称点 x_0 为 $f(x)$ 的振荡间断点。

例 4 讨论函数 $f(x)=\dfrac{x^2-4}{x-2}$ 的连续性.

解 函数 $f(x)=\dfrac{x^2-4}{x-2}$ 在点 $x=2$ 处没有定义，所以 $x=2$ 是该函数的间断点.

由于 $\lim\limits_{x\to2}f(x)=\lim\limits_{x\to2}\dfrac{x^2-4}{x-2}=\lim\limits_{x\to2}(x+2)=4$，

即当 $x\to2$ 时，极限是存在的，所以 $x=2$ 是第一类间断点中的可去间断点，如图 1-6-2 所示.

例4、例5、例6、例7讲解

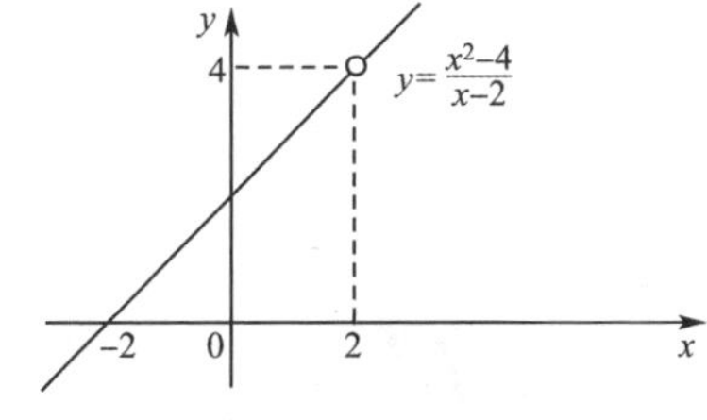

图 1-6-2

例 5 讨论函数 $f(x)=\begin{cases}x-1 & x<0\\0 & x=0\\x+1 & x>0\end{cases}$ 在 $x=0$ 处的连续性.

解 函数 $f(x)$ 虽在 $x=0$ 处有定义,但

$$\lim_{x\to 0^-}f(x)=\lim_{x\to 0^-}(x-1)=-1,$$

$$\lim_{x\to 0^+}f(x)=\lim_{x\to 0^+}(x+1)=1,$$

即在点 $x=0$ 处左右极限存在但不相等,所以 $\lim\limits_{x\to 0}f(x)$ 不存在,因此点 $x=0$ 是函数的第一类间断点中的跳跃间断点,如图 1-6-3 所示.

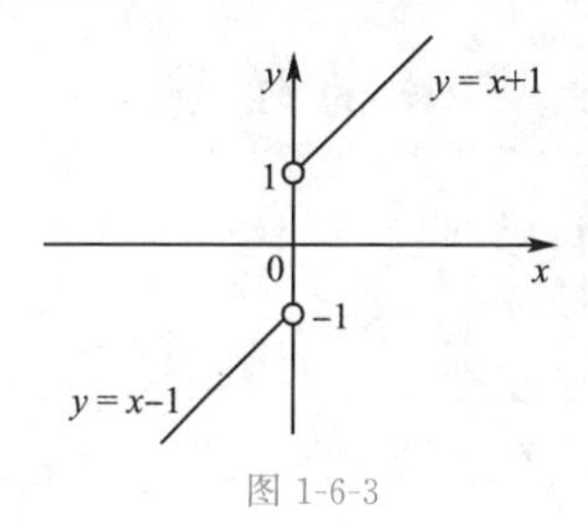

图 1-6-3

例 6 讨论函数 $y=\dfrac{1}{x}$ 的间断点,并判断其类型.

解 函数 $y=\dfrac{1}{x}$ 在 $x=0$ 处无定义,所以 $x=0$ 是间断点.

由于 $\lim\limits_{x\to 0^+}\dfrac{1}{x}=+\infty$, $\lim\limits_{x\to 0^-}\dfrac{1}{x}=-\infty$,即在点 $x=0$ 处左右极限都不存在.

所以 $x=0$ 是第二类间断点中的无穷间断点. 如图 1-6-4 所示.

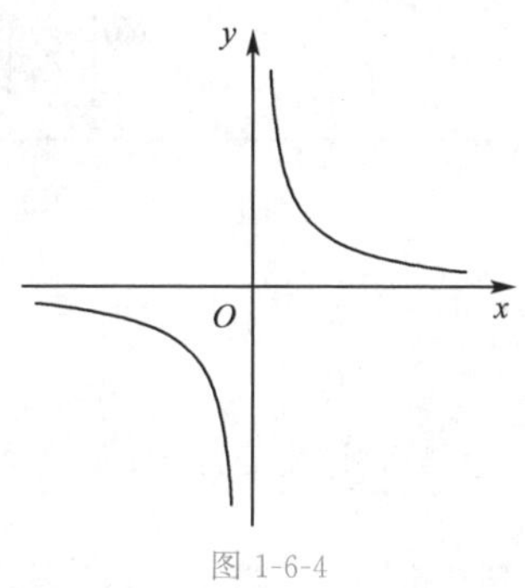

图 1-6-4

例 7 对于函数 $y=\sin\dfrac{1}{x}$,当 $x\to 0$ 时,$y=\sin\dfrac{1}{x}$ 的值在 -1 与 1 之间振荡,$\lim\limits_{x\to 0^+}\sin\dfrac{1}{x}$ 和 $\lim\limits_{x\to 0^-}\sin\dfrac{1}{x}$ 都不存在,所以 $x=0$ 是 $y=\sin\dfrac{1}{x}$ 的第二类间断

点中的振荡间断点.如图 1-6-5 所示.

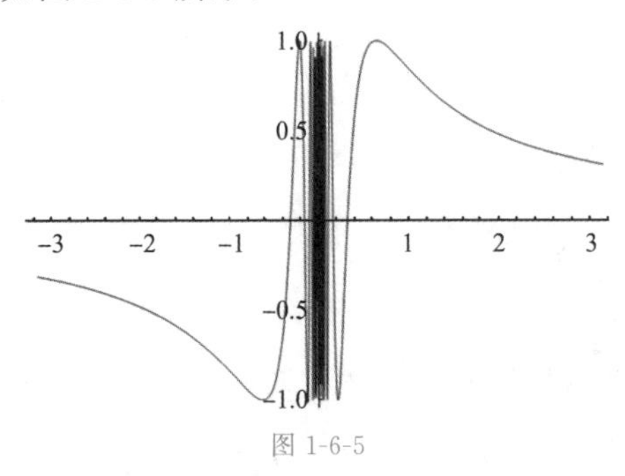

图 1-6-5

四、闭区间上连续函数的性质

闭区间上的连续函数有一些重要性质,这些性质在直观上比较明显,因此,我们在此只做介绍,不予证明.

定理 1.6.1(最大值、最小值性质) 设函数 $f(x)$ 在闭区间$[a,b]$上连续,则函数 $f(x)$ 在$[a,b]$上一定能取得最大值和最小值.

如图 1-6-6 所示,函数 $y=f(x)$ 在区间$[a,b]$上连续,在 ξ_1 处取得最小值 $f(\xi_1)=m$,在 ξ_2 处取得最大值 $f(\xi_2)=M$.

推论 1 闭区间上的连续函数是有界的.

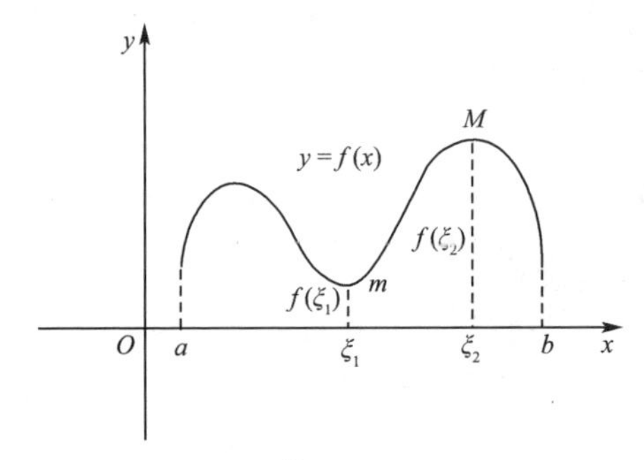

图 1-6-6

定理 1.6.2(介值性定理) 如果 $f(x)$ 在$[a,b]$上连续,μ 是介于 $f(x)$ 的最小值和最大值之间的任一实数,则在点 a 和 b 之间至少可找到一点 ξ,使得 $f(\xi)=\mu$,如图 1-6-7 所示.

可以看出水平直线 $y=\mu(m\leqslant\mu\leqslant M)$,与$[a,b]$上的连续曲线 $y=f(x)$ 至少相交一次,如果交点的横坐标为 $x=\xi$,则有 $f(\xi)=\mu$.

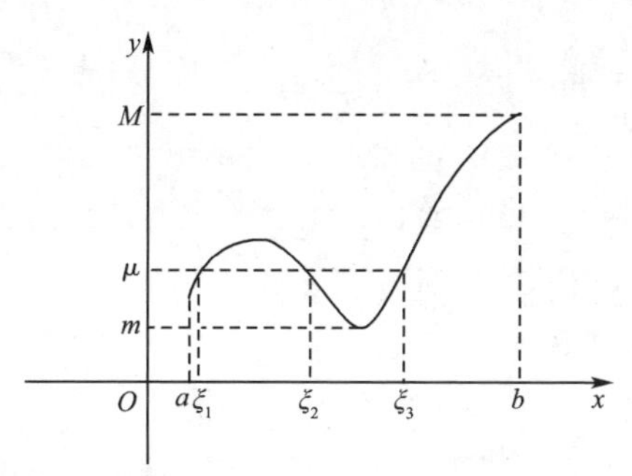

图 1-6-7

推论 2(零点定理) 如果函数 $f(x)$ 在闭区间$[a,b]$上连续，且 $f(a)$ 与 $f(b)$ 异号，则至少存在一点 $\xi \in (a,b)$，使得 $f(\xi)=0$.

如图 1-6-8 所示，$f(a)<0$，$f(b)>0$，连续曲线上的点由 A 到 B，至少要与 x 轴相交一次. 设交点为 ξ，则 $f(\xi)=0$.

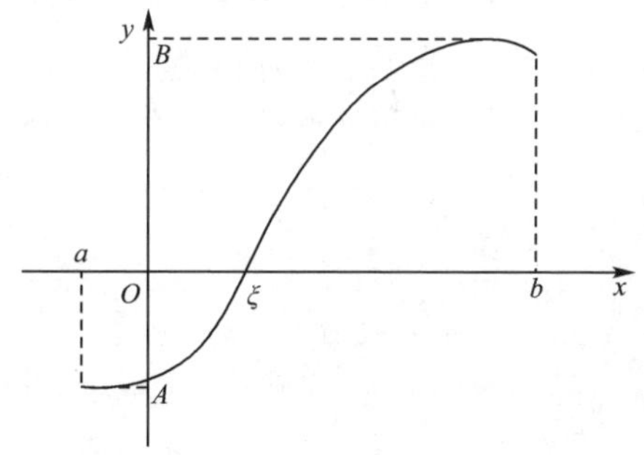

图 1-6-8

例 8 证明方程 $x^4+x=1$ 至少有一个根介于 0 和 1 之间.

例8讲解

证明 设 $f(x)=x^4+x-1$，则 $f(x)$ 在$[0,1]$上连续，且

$$f(0)=-1<0, f(1)=1>0.$$

根据推论 2，至少存在一点 $\xi \in (0,1)$，使 $f(\xi)=0$，此即说明了方程 $x^4+x=1$ 至少有一个根介于 0 和 1 之间.

思考与练习 1.6

1. 填空题：

(1) 已知函数 $y=f(x)$ 在点 x_0 的某邻域内有定义，若________，则函数 $y=f(x)$ 在点 x_0 处连续.

(2) 根据连续的定义，函数 $f(x)$ 在点 x_0 处连续，必须满足的条件为________、________、________.

(3) 函数 $y=\dfrac{\sin x}{x}$ 在 $x=0$ 处________.(填写“连续”或“间断”)

2.设函数 $f(x)=\begin{cases} x & 当\ 0<x<1\ 时 \\ 2 & 当\ x=1\ 时 \\ 2-x & 当\ 1<x<2\ 时 \end{cases}$,讨论函数 $f(x)$ 在 $x=1$ 处的连续性,并求函数的连续区间.

3.判断函数 $f(x)=\begin{cases} x^2+1 & x\geqslant 0 \\ x+1 & x<0 \end{cases}$ 在 $x=0$ 点处是否连续?

4.证明方程 $x\cdot 2^x-1=0$ 至少有一个小于1的正根.

5.求下列函数的间断点,并判断其类型.

(1) $f(x)=\dfrac{x^2-1}{x^2-3x+2}$

(2) $f(x)=\begin{cases} x+1 & 0<x\leqslant 1 \\ 2-x & 1<x\leqslant 3 \end{cases}$.

6.在下列函数中,当 k 取何值时,函数 $f(x)$ 在其定义域内连续?

(1) $f(x)=\begin{cases} k\mathrm{e}^x & x<0 \\ k^2+x & x\geqslant 0 \end{cases}$

(2) $f(x)=\begin{cases} \dfrac{\sin 2x}{x} & x<0 \\ 3x^2-2x+k & x\geqslant 0 \end{cases}$.

学习指导

知识点总结

一、函数

1.三要素:自变量(定义域)、对应法则、因变量(值域)——(x,f,y).

2.函数定义域:使得对应法则成立的自变量 x 的取值范围,对自变量有要求的对应法则有以下几类:

(1) 分式:分母不等于0;

(2) 偶次根式:根号内数据大于等于0;

(3) 对数函数:真数大于0;

(4) 三角函数与反三角函数要符合定义;

(5) 表达式中含几种情况,取其交集.

3.函数性质:有界性、单调性、奇偶性、周期性.

4. 基本初等函数.

(1) 常数函数 $y=C$(C 为常数);

(2) 幂函数 $y=x^{\alpha}$(α 为常数);

(3) 指数函数 $y=a^{x}\ (a>0, a\neq 1)$;$y=e^{x}$;

(4) 对数函数 $y=\log_{a}x\ (a>0, a\neq 1)$;$y=\ln x$;

(5) 三角函数 $y=\sin x$;$y=\cos x$;$y=\tan x$;$y=\cot x$;$y=\sec x$;$y=\csc x$;

(6) 反三角函数 $y=\arcsin x$;$y=\arccos x$;$y=\arctan x$;$y=\operatorname{arccot} x$.

5. 复合函数分解:从最外层开始分解(离等号最近的是最外层,一个基本初等函数或其四则运算是一层)

6. 初等函数:由基本初等函数经过有限次加、减、乘、除或复合而成的,并且只能用一个式子表示的函数称为初等函数.

二、函数极限

1. 如果 $|x|$ 无限增大时,函数 $f(x)$ 的值无限趋近于一个确定的常数 A,则称 A 是函数 $f(x)$ 当 $x\to\infty$ 时的极限,记作 $\lim\limits_{x\to\infty}f(x)=A$,或者 $f(x)\to A(x\to\infty)$.

2. 设函数 $f(x)$ 在点 x_0 的邻域内有定义(x_0 点可以除外),如果当自变量 x 趋近于 $x_0(x\neq x_0)$ 时,函数 $f(x)$ 的值无限趋近于一个确定的常数 A,则称 A 为函数 $f(x)$ 当 $x\to x_0$ 时的极限,记作 $\lim\limits_{x\to x_0}f(x)=A$ 或者 $f(x)\to A(x\to x_0)$.

3. (1) $\lim\limits_{x\to x_0}C=C$($C$ 是常数);

(2) $\lim\limits_{x\to x_0}x=x_0$.

三、无穷小量、无穷大量

1. 当 $x\to x_0(x\to\infty)$ 时,如果函数 $f(x)$ 的极限为零,则称 $f(x)$ 为当 $x\to x_0(x\to\infty)$ 时的无穷小量,简称无穷小,记为 $\lim\limits_{x\to x_0}f(x)=0(\lim\limits_{x\to\infty}f(x)=0)$ 或 $f(x)\to 0$,当 $x\to x_0(x\to\infty)$ 时.

2. 无穷小量性质:

性质 1　有限个无穷小的代数和是无穷小

性质 2　有限个无穷小的乘积是无穷小

性质 3　有界函数与无穷小的乘积为无穷小

性质 4　常数与无穷小的乘积为无穷小

3. 如果当 $x\to x_0(x\to\infty)$ 时,函数 $f(x)$ 的绝对值无限增大,则称 $f(x)$ 为当 $x\to x_0(x\to\infty)$ 时的无穷大量,简称无穷大,记为 $\lim\limits_{x\to x_0}f(x)=\infty(\lim\limits_{x\to\infty}f(x)=$

∞),或 $f(x)\to\infty$,当 $x\to x_0(x\to\infty)$ 时.如果当 $x\to x_0(x\to\infty)$ 时,函数 $f(x)>0$ 且 $f(x)$ 无限增大,则称 $f(x)$ 为当 $x\to x_0(x\to\infty)$ 时的正无穷大,记为 $\lim\limits_{x\to x_0}f(x)=+\infty(\lim\limits_{x\to\infty}f(x)=+\infty)$,或 $f(x)\to+\infty$,当 $x\to x_0(x\to\infty)$ 时.

4.无穷小量和无穷大量的关系

如果 $\lim f(x)=\infty$,则 $\lim\dfrac{1}{f(x)}=0$;反之,如果 $\lim f(x)=0$,且 $f(x)\neq0$,则 $\lim\dfrac{1}{f(x)}=\infty$.

四、极限的运算法则

1.设 $\lim f(x)=A$, $\lim g(x)=B$,则

(1) $\lim[f(x)\pm g(x)]=\lim f(x)\pm\lim g(x)=A\pm B$;

(2) $\lim[f(x)\cdot g(x)]=\lim f(x)\cdot\lim g(x)=A\cdot B$;

特别有 $\lim[C\cdot f(x)]=C\cdot\lim f(x)=C\cdot A$;

(3) $\lim\dfrac{f(x)}{g(x)}=\dfrac{\lim f(x)}{\lim g(x)}=\dfrac{A}{B}\quad(B\neq0)$.

2.(1) 代入法

(2)“$\dfrac{A}{0}$”型:取倒数

(3)“$\dfrac{0}{0}$”有零因子型的极限:找出零因子(因式分解),消去零因子,对于含有无理式而不能因式分解的用平方差公式先将无理式有理化.

(4) 等价无穷小的等价代换:

① 分子分母都是无穷小;

② 用等价的无穷小代替时,只能替换整个分子或者分母中的因子,而不能替换分子或分母中的项.

下面是几个常用的等价无穷小,当 $x\to0$ 时,

$\sin kx\sim kx$,$\tan kx\sim kx$,$\arcsin kx\sim kx$,$\arctan kx\sim kx$,$(1-\cos kx)\sim\dfrac{(kx)^2}{2}$,$\ln(1+x)\sim x$,$(\mathrm{e}^x-1)\sim x$,$(\sqrt[n]{1+x}-1)\sim\dfrac{1}{n}x$.

(5)“$\dfrac{\infty}{\infty}$”型:分子分母同除以 x 的最高次幂,以消去 ∞

(6)“∞-∞”型:通分或有理化之后再求解

五、两个重要极限

1. $\lim\limits_{x \to 0} \dfrac{\sin x}{x}=1$

2. 无穷小量比较

设 α 和 β 都是当 $x \to x_0$(或 $x \to \infty$) 时的无穷小，

(1) 如果 $\lim \dfrac{\beta}{\alpha}=0$,则称 β 是比 α 高阶的无穷小；

(2) 如果 $\lim \dfrac{\beta}{\alpha}=\infty$,则称 β 是比 α 低阶的无穷小；

(3) 如果 $\lim \dfrac{\beta}{\alpha}=c$($c$ 为非零常数),则称 α 与 β 为同阶无穷小；特别当 $c=1$ 时,称 α 与 β 为等价无穷小,记为 $\alpha \sim \beta$.

3. $\lim\limits_{x \to \infty}\left(1+\dfrac{1}{x}\right)^{x}=\mathrm{e}$

注:(1)1^{∞} 型

(2)① 令底数() $=1+\dfrac{1}{t}$;②$x=?\ t$;③ 求 $t \to$;④ 代入;⑤ 求值

(3)$a^{m+n}=a^{m} \cdot a^{n}$;$a^{mn}=(a^{m})^{n}$

六、函数的连续性

1. 函数在一点连续同时满足：

(1) 函数 $f(x)$ 在点 x_0 有定义；

(2) $\lim\limits_{x \to x_0} f(x)$ 存在；

(3) $\lim\limits_{x \to x_0} f(x)=f(x_0)$.

2. 一切初等函数在其定义区间内都是连续的,在其定义区间内 $\lim\limits_{x \to x_0} f(x)=f(x_0)$.

3. 闭区间上的连续函数特性

(1) 设函数 $f(x)$ 在闭区间$[a,b]$上连续,则函数 $f(x)$ 在$[a,b]$上一定能取得最大值和最小值.

(2) 如果 $f(x)$ 在$[a,b]$上连续,μ 是介于 $f(x)$ 的最小值和最大值之间的任一实数,则在点 a 和 b 之间至少可找到一点 ξ,使得 $f(\xi)=\mu$.

(3) 如果函数 $f(x)$ 在闭区间$[a,b]$上连续,且 $f(a)$ 与 $f(b)$ 异号,则至少存在一点 $\xi \in (a,b)$ 使得 $f(\xi)=0$.

思维导图

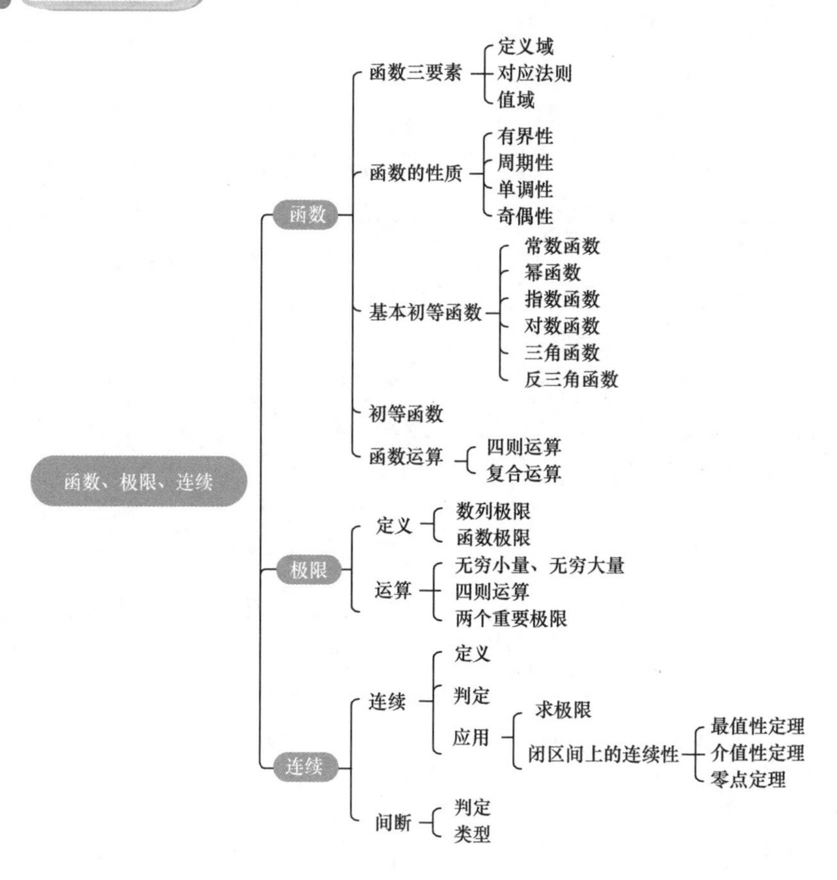

习题一

1. 填空题

(1) 两个函数是同一函数指的是________、________.

(2) 高等应用数学中学到的六类基本初等函数包括________、________、________、________、________、________.

(3) 若函数在变化过程中的极限为 0，则称函数在该变化过程中为________.

(4) 函数 $y=\sqrt{4-x}+\dfrac{\ln x}{x-1}$ 的定义域是________.

(5) $\lim\limits_{x\to\infty}\left(1+\dfrac{1}{x}\right)^{-x}=$________.

(6) $\lim\limits_{x\to\infty}\dfrac{x^2+x}{2x^2+1}=$________.

(7) $\lim\limits_{x\to 0}(x\cdot e^x)=$________.

(8) $\lim\limits_{x\to 0}\dfrac{3x}{\sin x}=$________.

(9) 函数 $y=\dfrac{e^x}{x}$ 在 $x=0$ 处________.

(10) 高等应用数学中所学的初等函数的四个运算包括________、________、________、________.

2. 判断题

(1) 函数 $y=\pi$ 是基本初等函数. ( )

(2) 复合函数 $y=\ln\cos x$ 是由 $y=\ln u, u=\cos x$ 复合而成的. ( )

(3) 函数 $y=10\sin^3 x+3x^2+4$ 为基本初等函数. ( )

(4) $y=\ln(x^2-3x)$ 是复合函数. ( )

(5) $10^{-100000}$ 是无穷小量. ( )

(6) 复合函数 $y=\ln\cos x^2$ 是由 $y=\ln u, u=\cos x^2$ 复合而成的. ( )

(7) $y=x^{10000000}$ 是无穷大量. ( )

(8) 无穷小量之积为无穷小量. ( )

(9) $\lim\limits_{x\to 0}\dfrac{x}{\sin x}=1$，所以当 $x\to 0$ 时，$x\sim\sin x$. ( )

(10) 初等函数在 $\mathbf{R}$ 内是连续函数. ( )

3. 计算下列函数极限

(1) $\lim\limits_{x\to 1}\dfrac{x+2}{2x^2-2x+5}$

(2) $\lim\limits_{x\to 2}\dfrac{x^2-4}{x^2+x-6}$

(3) $\lim\limits_{x\to 3}\dfrac{x-3}{x^2-9}$

(4) $\lim\limits_{x\to\infty}\dfrac{3x^2+3}{2x^2+2x+5}$

(5) $\lim\limits_{x\to\infty}\dfrac{\sin 2x}{x^2}$

(6) $\lim\limits_{x\to\infty}\dfrac{(x^2+x)\arctan x}{x^3-x+3}$

(7) $\lim\limits_{x\to\infty}\left(1-\dfrac{2}{x}\right)^{3x+1}$

(8) $\lim\limits_{x\to 0}\dfrac{\sin(x^2)}{(\sin x)^3}$;

4. (1) 判断函数 $f(x)=\begin{cases}x^2-1 & x\geqslant 0\\ x+1 & x<0\end{cases}$ 在点 $x=0$ 处是否连续？

(2) 证明方程 $x^3-4x^2=-1$ 至少有一个根介于 0 和 1 之间.

5. 按照银行规定，某种外币一年期存款的年利率为 4.2%，半年期存款的年利率为4.0%，每笔存款到期后，银行自动将其转存为同样期限的存款，设将总数

为 A 单位货币的该种外币存入银行，两年后取出，问存何种期限的存款能有较多的收益，相比多多少？

6. 某化肥厂生产某产品 1000 吨，每吨定价为 130 元，销售量在 700 吨以内时，按原价出售，超过 700 吨时超过的部分需打 9 折出售，请将销售总收益与总销售量的函数关系用数学表达式表出.

7. 收音机每台售价为 90 元，成本为 60 元，厂方为鼓励销售商大量采购，决定凡是订购量超过 100 台以上的，每多订购 100 台售价就降低 1 元，但最低价为每台 75 元：

(1) 将每台的实际售价 P 表示为订购量 x 的函数；

(2) 将厂方所获的利润 L 表示成订购量 x 的函数；

(3) 某一商行订购了 1000 台，厂方可获利润多少？

8.（产品价格预测）假设某产品价格满足 $P(t)=20-20\mathrm{e}^{-0.5t}$，请对价格做一长期预测.

9.（产品销量的变化趋势）某新产品一上市销量迅速上升，随着时间的延长，销量逐渐减少，其销量和时间的函数关系为 $Q(t)=\dfrac{200t}{t^2+100}$，分析该产品的长期销售前景.

10. 论述题

(1) 简述极限运算的特殊类型及解决方法.

(2) 简述通过高等应用数学的学习，你学到了哪些基本初等函数？基本初等函数与初等函数的关系是什么？

模块二

变化率分析

——导数与微分

数学史料

从15世纪初文艺复兴时期起，欧洲的工业、农业、航海事业与商贸得到大规模的发展，形成了一个新的经济时代. 而16世纪的欧洲，正处在资本主义萌芽时期，生产力得到了很大的发展. 生产实践的发展对自然科学提出了新的课题，迫切要求力学、天文学等基础学科的发展，而这些学科都是深度依赖于数学的，因而也推动了数学的发展. 在各类学科对数学提出的种种要求中，下列三类问题导致了微分学的产生：

(1) 求变速运动的瞬时速度；

(2) 求曲线上一点处的切线；

(3) 求最大值和最小值.

这三类实际问题的现实原型在数学上都可以归结为函数相对于自变量的变化而变化的快慢程度，即所谓函数的变化率问题. 牛顿从第一个问题出发，莱布尼茨从第二个问题出发，分别给出了导数的概念.

函数的导数与微分是微积分的基本概念. 在实际问题中，不但要建立变量之间的函数关系，而且要研究函数相对于自变量的变化而变化的快慢程度，如物体的运动速度、电流强度、线密度、化学反应速度、产品总成本的变化率、生物繁殖率及人口增长率等，即函数的变化率问题，这正是本章要介绍的导数，而微分是用来描述自变量有微小改变时函数改变量的近似值. 导数与微分是微积分的重要组成部分.本章主要讨论导数与微分的概念以及它们的计算方法.

学习目标

1. 理解导数概念及其几何意义;
2. 掌握基本初等函数的导数公式和导数运算法则;
3. 熟练掌握求一阶、二阶导数的方法;
4. 了解微分概念,会求函数的微分,学会利用微分进行近似计算.

思政目标

通过学习导数与微分,逐步培养学生的综合数学素养,加强逻辑思维能力、推理能力、计算能力和自学能力。本模块知识点强调数学的逻辑性,通过学习导数的定义,学生了解数学概念、数学思想和数学方法产生和发展的渊源,提高学生运用数学知识处理专业与实际生活中各种问题的意识、信念和能力。通过了解牛顿和莱布尼茨,学习与微积分相关的故事和数学史,培养严谨的治学态度和锲而不舍的探索精神。通过对导数运算的学习,学生能够运用所学数学知识分析和解决实际问题,培养工匠精神,求导数,就像工匠做工一样,要细心、要反复练习和琢磨,熟能生巧,从而激发科技报国的家国情怀和使命担当。

第一节 导数的概念

变速直线运动的瞬时速度与曲线在某点处的切线斜率在古代就引起了数学家们的兴趣。早在17世纪前期,意大利物理学家伽利略(Galileo)就对自由落体中的瞬时速度进行了研究。17世纪后期,英国著名的物理学家牛顿(Newton)在研究天体运动的速度时系统地解决了变速直线运动的瞬时速度问题。

一、引例

1. 变速直线运动的瞬时速度

设一物体做变速直线运动，s 表示物体从某个时刻开始到时刻 t 做直线运动所经过的路程 s，则 s 是时间的函数，现在我们求物体在某时刻的瞬时速度.

假设物体在时刻 t_0 的位置为 $s(t_0)$，从而在时刻 $t_0+\Delta t$ 的位置为 $s(t_0+\Delta t)$，于是在 t_0 到 $t_0+\Delta t$ 这段时间内，物体走过的路程为 $\Delta s=s(t_0+\Delta t)-s(t_0)$

平均速度为 $$\overline{v}=\frac{\Delta s}{\Delta t}=\frac{s(t_0+\Delta t)-s(t_0)}{\Delta t}$$

当 $\Delta t\to 0$ 时，如果这个极限存在，就将此极限值定义为物体在 t_0 时刻的瞬时速度，即

$$v(t_0)=\lim_{\Delta t\to 0}\overline{v}=\lim_{\Delta t\to 0}\frac{s(t_0+\Delta t)-s(t_0)}{\Delta t}$$

2. 切线问题

17 世纪前期，人们就对带有特殊性质的曲线的切线进行了研究，如古希腊数学家阿基米德(Archimedes)对螺旋切线的研究。到 17 世纪中后期，德国数学家莱布尼茨(Leibniz)在前人的研究基础上系统地研究了曲线切线的斜率问题.

如图 2-1-1 所示，设点 $P_0(x_0,f(x_0))$ 为曲线 $y=f(x)$ 上一定点，取 $P(x,f(x))$ 为曲线上 P_0 附近的一动点，做割线 P_0P，设其倾斜角为 φ，则割线 P_0P 的斜率为

$$\tan\varphi=\frac{f(x)-f(x_0)}{x-x_0}$$

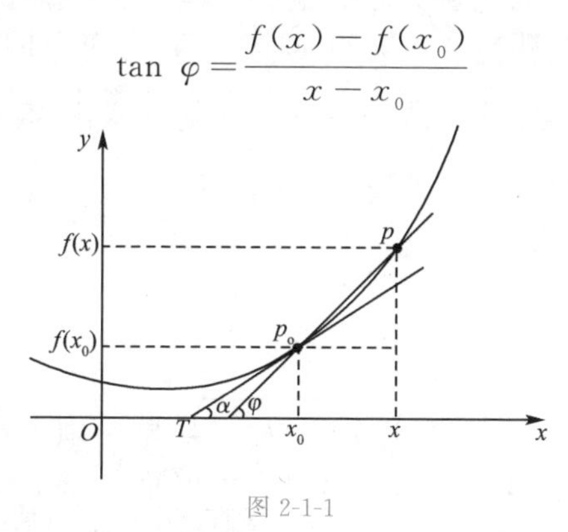

图 2-1-1

当 $x\to x_0$ 时，动点 P 将沿曲线趋于定点 P_0，从而割线也随之变动趋向于极限位置 —— 直线 P_0T. 称此直线为曲线在定点 P_0 处的切线.

割线 P_0P 的斜率的极限：$k=\lim\limits_{x\to x_0}\tan\varphi=\lim\limits_{x\to x_0}\dfrac{f(x)-f(x_0)}{x-x_0}$.

称 k 为切线 P_0T 的斜率，其中 $k=\tan\alpha$，其中 α 是切线 P_0T 的倾斜角.

于是曲线 $y=f(x)$ 在 $P_0(x_0,f(x_0))$ 处的切线方程为

$$y-f(x_0)=k(x-x_0)$$

如果令 $\Delta x=x-x_0$ 是自变量增量,则函数增量为

$$\Delta y=f(x_0+\Delta x)-f(x_0)$$

这时
$$k=\lim_{\Delta x\to 0}\frac{\Delta y}{\Delta x}=\lim_{\Delta x\to 0}\frac{f(x_0+\Delta x)-f(x_0)}{\Delta x}$$

即,切线的斜率是函数增量与自变量增量之比的极限.

以上两个引例的结论总结如下:

瞬时速度:$v(t_0)=\lim\limits_{\Delta t\to 0}\overline{v}=\lim\limits_{\Delta t\to 0}\dfrac{s(t_0+\Delta t)-s(t_0)}{\Delta t}$

切线斜率:$k=\lim\limits_{\Delta x\to 0}\dfrac{\Delta y}{\Delta x}=\lim\limits_{\Delta x\to 0}\dfrac{f(x_0+\Delta x)-f(x_0)}{\Delta x}$

从以上例子可以看出,虽然它们的具体意义各不相同,但是从数学结构上来看,却具有完全相同的形式,即函数的增量与自变量增量之比,当自变量增量趋向于零时的极限.我们把这种形式的极限定义为函数的导数(或函数的变化率).

二、导数的定义

定义 2.1.1 设函数 $y=f(x)$ 在点 x_0 的某个邻域内有定义,当自变量 x 在 x_0 处取得增量 Δx(点 $x_0+\Delta x$ 仍在该邻域内)时,相应地函数 y 取得增量 $\Delta y=f(x_0+\Delta x)-f(x_0)$;如果 Δy 与 Δx 之比当 $\Delta x\to 0$ 时的极限存在,即 $\lim\limits_{\Delta x\to 0}\dfrac{\Delta y}{\Delta x}$ 存在,则称函数 $y=f(x)$ 在点 x_0 处可导,并称这个极限为函数 $y=f(x)$ 在点 x_0 处的导数,记为 $f'(x_0)$,

定义2.1.1

即
$$f'(x_0)=\lim_{\Delta x\to 0}\frac{\Delta y}{\Delta x}=\lim_{\Delta x\to 0}\frac{f(x_0+\Delta x)-f(x_0)}{\Delta x}$$

也可记为 $y'\big|_{x=x_0}$,$\dfrac{\mathrm{d}y}{\mathrm{d}x}\Big|_{x=x_0}$ 或 $\dfrac{\mathrm{d}f(x)}{\mathrm{d}x}\Big|_{x=x_0}$.

函数 $f(x)$ 在点 x_0 处可导也称为 $f(x)$ 在点 x_0 具有导数或导数存在.

如果极限 $\lim\limits_{\Delta x\to 0}\dfrac{f(x_0+\Delta x)-f(x_0)}{\Delta x}$ 不存在,就说函数 $y=f(x)$ 在点 x_0 处不可导.

导数的定义式也可取不同的形式,常见的有

$$f'(x_0)=\lim_{h\to 0}\frac{f(x_0+h)-f(x_0)}{h},\text{或 } f'(x_0)=\lim_{x\to x_0}\frac{f(x)-f(x_0)}{x-x_0}$$

在实际问题的研究中，需要讨论各种具有不同意义的变量的变化“快慢”问题，在数学上就是所谓函数的变化率问题，导数概念就是函数变化率这一概念的精确描述.

定义 2.1.2 如果函数 $y=f(x)$ 在 $\forall$ 开区间 I 内的每点处都可导，就称函数 $f(x)$ 在开区间 I 内可导，这时，对于任一 $x\in I$，都对应着 $f(x)$ 的一个确定的导数值，这样就构成了一个新的函数，这个函数叫作原函数 $y=f(x)$ 的导函数，记作 y'，$f'(x)$，$\frac{\mathrm{d}y}{\mathrm{d}x}$ 或 $\frac{\mathrm{d}f(x)}{\mathrm{d}x}$. 导函数 $f'(x)$ 简称导数.

定义2.1.2

显然，函数 $f(x)$ 在点 x_0 处的导数值 $f'(x_0)$ 就是导函数 $f'(x)$ 在点 $x=x_0$ 处的函数值，即

$$f'(x_0)=f'(x)\big|_{x=x_0}.$$

***定义 2.1.3** 极限 $\lim\limits_{\Delta x\to 0^-}\frac{f(x_0+\Delta x)-f(x_0)}{\Delta x}$ 和 $\lim\limits_{\Delta x\to 0^+}\frac{f(x_0+\Delta x)-f(x_0)}{\Delta x}$ 分别叫作函数 $f(x)$ 在点 x_0 处的左导数和右导数，记为 $f'_-(x_0)$ 和 $f'_+(x_0)$. 如同左、右极限与极限之间的关系，显然：

* 函数 $f(x)$ 在点 x_0 处可导的充分必要条件是左导数 $f'_-(x_0)$ 和右导数 $f'_+(x_0)$ 都存在并且相等.

* 说明：如果 $f(x)$ 在开区间 (a,b) 上可导，且 $f'_+(a)$ 和 $f'_-(b)$ 都存在，就说 $f(x)$ 在闭区间 $[a,b]$ 上可导.

注意：1. 根据导数的定义可以总结出求函数导数的步骤为：

① 求函数增量：$\Delta y=f(x+\Delta x)-f(x)$

② 计算比值：$\frac{\Delta y}{\Delta x}=\frac{f(x+\Delta x)-f(x)}{\Delta x}$

③ 求极限：$y'=\lim\limits_{\Delta x\to 0}\frac{\Delta y}{\Delta x}$

2. 对于函数 $y=f(x)$ 的导数，我们还可以用下面的表示方法，见表 2-1.

表 2-1

表示方法	读法	特点
y'	y 撇	简洁，但是无法表示出自变量
$f'(x)$	f 撇 x	较为常用
$\frac{\mathrm{d}y}{\mathrm{d}x}$	y 对 x 求导数	能够表示出自变量与因变量， 并且使用 d 来表示微分
$\frac{\mathrm{d}f(x)}{\mathrm{d}x}$	$f(x)$ 对 x 求导数	强调导数运算是对于函数 $f(x)$ 进行的

例 1 求函数 $f(x)=C$ 的导数.

解 求函数增量 $\Delta y=C-C=0$

计算比值
$$\frac{\Delta y}{\Delta x}=0$$

求极限
$$\lim_{\Delta x\to 0}\frac{\Delta y}{\Delta x}=0$$

所以
$$(C)'=0$$

即常量的导数等于零.

例 2 求函数 $f(x)=x^3$ 的导数.

解 求函数增量

$$\begin{aligned}\Delta y&=(x+\Delta x)^3-x^3\\&=x^3+3x^2\Delta x+3x(\Delta x)^2+(\Delta x)^3-x^3\\&=3x^2\Delta x+3x(\Delta x)^2+(\Delta x)^3\end{aligned}$$

计算比值
$$\begin{aligned}\frac{\Delta y}{\Delta x}&=\frac{3x^2\Delta x+3x(\Delta x)^2+(\Delta x)^3}{\Delta x}\\&=3x^2+3x(\Delta x)+(\Delta x)^2\end{aligned}$$

求极限
$$\lim_{\Delta x\to 0}\frac{\Delta y}{\Delta x}=\lim_{\Delta x\to 0}[3x^2+3x(\Delta x)+(\Delta x)^2]=3x^2$$

所以
$$(x^3)'=3x^2$$

例 3 求函数 $f(x)=\sqrt{x}$ 在 $x=2$ 处的导数.

解
$$\begin{aligned}f'(x)&=\lim_{h\to 0}\frac{f(x+h)-f(x)}{h}\\&=\lim_{h\to 0}\frac{\sqrt{x+h}-\sqrt{x}}{h}\\&=\lim_{h\to 0}\frac{(\sqrt{x+h}-\sqrt{x})(\sqrt{x+h}+\sqrt{x})}{h(\sqrt{x+h}+\sqrt{x})}\\&=\lim_{h\to 0}\frac{x+h-x}{h(\sqrt{x+h}+\sqrt{x})}\\&=\lim_{h\to 0}\frac{1}{\sqrt{x+h}+\sqrt{x}}\\&=\frac{1}{\sqrt{x}+\sqrt{x}}=\frac{1}{2\sqrt{x}}\end{aligned}$$

因此 $f'(2)=\dfrac{1}{2\sqrt{2}}$

例 4 求函数 $y = x^n (x \in N^+)$ 的导数.

解 $\Delta y = (x + \Delta x)^n - x^n$

$$= nx^{n-1}\Delta x + \frac{n(n-1)}{2!}x^{n-2}(\Delta x)^2 + \cdots + (\Delta x)^n$$

$$\frac{\Delta y}{\Delta x} = nx^{n-1} + \frac{n(n-1)}{2!}x^{n-2}\Delta x + \cdots + (\Delta x)^{n-1},$$

$$y' = \lim_{\Delta x \to 0}\frac{\Delta y}{\Delta x} = nx^{n-1},$$

即
$$(x^n)' = nx^{n-1}$$

注意:以后会证明当幂为任意实数时,公式仍成立,即

$$(x^\alpha)' = \alpha \cdot x^{\alpha-1}, \alpha \in \mathbf{R}$$

例 5 求函数 $y = \sin x$ 的导数.

解 $(\sin x)' = \lim\limits_{h \to 0}\dfrac{f(x+h) - f(x)}{h}$

$$= \lim_{h \to 0}\frac{\sin(x+h) - \sin x}{h}$$

$$= \lim_{h \to 0}\cos\left(x + \frac{h}{2}\right) \cdot \frac{\sin\frac{h}{2}}{\frac{h}{2}}$$

$$= \cos x$$

即
$$(\sin x)' = \cos x.$$

用类似方法,可求得
$$(\cos x)' = -\sin x.$$

例 6 求 $y = \log_a x (a > 0, a \neq 1)$ 的导数.

解 $y' = \lim\limits_{h \to 0}\dfrac{\log_a(x+h) - \log_a x}{h} = \lim\limits_{h \to 0}\dfrac{\log_a\left(1 + \frac{h}{x}\right)}{h}$

$$= \lim_{h \to 0}\frac{\log_a\left(1 + \frac{h}{x}\right)}{\frac{h}{x}} \cdot \frac{1}{x}$$

$$= \frac{1}{x}\lim_{h \to 0}\log_a\left(1 + \frac{h}{x}\right)^{\frac{x}{h}}$$

$$=\frac{1}{x}\log_a^{e}=\frac{1}{x\log_e^{a}}=\frac{1}{x\ln a}$$

所以 $$(\log_a x)'=\frac{1}{x\ln a}$$

特别地，当 $a=\mathrm{e}$ 时，有 $$(\ln x)'=\frac{1}{x}$$

三、导数的几何意义

导数几何意义

由前面对切线问题的讨论及导数的定义可知：函数 $y=f(x)$ 在点 x_0 处的导数 $f'(x_0)$ 在几何上表示曲线 $y=f(x)$ 在点 $M(x_0, f(x_0))$ 处的切线的斜率.

因此，曲线 $y=f(x)$ 在点 $M(x_0,f(x_0))$ 处的切线方程为

$$y-y_0=f'(x_0)(x-x_0).$$

思考：曲线某一点处切线和法线有什么关系？能否根据点 M 处切线的斜率求点 M 处的法线方程？

根据法线的定义：过点 $M(x_0,f(x_0))$ 且垂直于曲线 $y=f(x)$ 在该点处的切线的直线叫作曲线 $y=f(x)$ 在点 $M(x_0,f(x_0))$ 处的法线. 如果 $f'(x_0)\neq 0$，根据解析几何的知识可知，切线与法线的斜率互为负倒数，则可得点 M 处法线方程为

$$y-y_0=-\frac{1}{f'(x_0)}(x-x_0)$$

例 7 求双曲线 $y=\frac{1}{x}$ 在点 $x=\frac{1}{2}$ 处的切线的斜率，并写出该点处的切线方程和法线方程.

解　根据导数的几何意义知，所求的切线的斜率为

$$k_{切}=y'\Big|_{x=\frac{1}{2}}=\left(\frac{1}{x}\right)'\Big|_{x=\frac{1}{2}}=-\frac{1}{x^2}\Big|_{x=\frac{1}{2}}=-4$$

所以切线的方程为 $y-2=-4\left(x-\frac{1}{2}\right)$，即 $4x+y-4=0$.

$\because k_{法}=-\frac{1}{k_{切}}=\frac{1}{4}.$

$\therefore$ 法线的方程为 $y-2=\frac{1}{4}\left(x-\frac{1}{2}\right)$，即 $2x-8y+15=0$.

四、导数的物理意义

由前面求瞬时速度及导数的概念知，做变速直线运动的物体，在时刻 t_0 的瞬时速度为路程 $s(t)$ 关于时间 t 的导数 $s'(t_0)$，因此，在物理学中，瞬时速度是路程对时间的导数，加速度是速度对时间的导数；物理意义随不同物理量而不同，但都是该量的变化的快慢函数，即该量的变化率，如电流强度是电量对时间的导数，对功求导就是功的改变率等.

五、函数可导与连续之间的关系

定理 2.1.1 若函数在某点处可导，则一定在该点连续.

定理2.1.1

思考：定理的逆命题成立吗？

例 8 讨论函数 $f(x)=|x|$ 在 $x=0$ 处是否可导.

解 因
$$f'_+(0)=\lim_{\Delta x\to 0^+}\frac{f(0+\Delta x)-f(0)}{\Delta x}=\lim_{\Delta x\to 0^+}\frac{\Delta x}{\Delta x}=1,$$
$$f'_-(0)=\lim_{\Delta x\to 0^-}\frac{f(0+\Delta x)-f(0)}{\Delta x}=\lim_{\Delta x\to 0^-}\frac{-\Delta x}{\Delta x}=-1,$$
即 $f(x)$ 在点 $x=0$ 处的左导数、右导数都存在但不相等，从而 $f(x)=|x|$ 在 $x=0$ 处不可导.

注意：通过例 8 可知，函数 $f(x)=|x|$ 在原点 $(0,0)$ 处虽然连续，但在该点却不可导，所以函数在某点处可导，则一定连续，反之不一定成立.

在数学中，魏尔斯特拉斯函数(Weierstrass Function)是一类处处连续而处处不可导的实值函数. 魏尔斯特拉斯函数是一种无法用笔画出任何一部分的函数，因为每一点的导数都不存在，画的人无法知道每一点该朝哪个方向画. 魏尔斯特拉斯函数的每一点的斜率也是不存在的. 魏尔斯特拉斯函数得名于 19 世纪的德国数学家卡尔·魏尔斯特拉斯(Karl Theodor Wilhelm Weierstrass). 历史上，魏尔斯特拉斯函数是一个著名的数学反例. 魏尔斯特拉斯之前，数学家们对函数的连续性认识并不深刻，许多数学家认为除了一些特殊的点以外，连续的函数曲线在每一点上总会有斜率. 魏尔斯特拉斯函数的出现说明了所谓的“病态”函数的存在性，改变了当时数学家对连续函数的看法.

魏尔斯特拉斯的原作中给出的构造函数是：

$f(x)=\sum_{n=0}^{\infty}a^n\cos(b^n\pi x)$ 其中 $0<a<1$，b 为正奇数，使得：$ab>1+\frac{3}{2}\pi$，如图 2-1-2 所示.

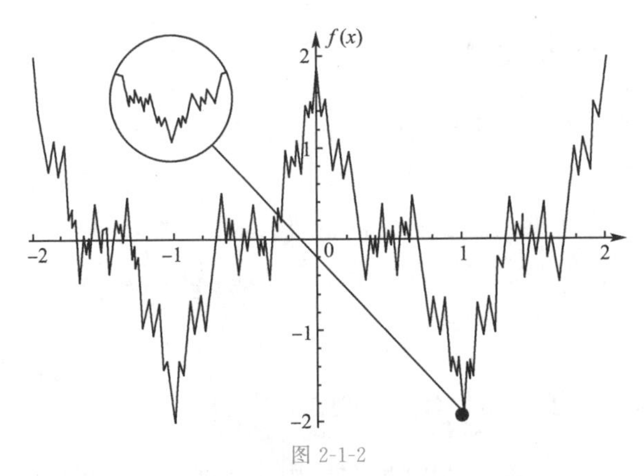

图 2-1-2

这个函数以及它处处连续而又处处不可导的证明首次出现在魏尔斯特拉斯于1872年6月18日在普鲁士科学院出版的一篇论文中.

处处连续,处处不可微(处处不光滑),这种情况是数学家非常头痛的事情,以至于在很长时间内数学家放弃了这种现象的研究,直到数学家康托将这种情况用新的理论体系进行了研究,即康托集,虽然当时不受认可,但已经为分形学打下了基础,20世纪70年代,曼得布罗特将分形学提高到另一个高度,他的论文"英国海岸线有多长"在《科学》杂志发表,引起了学术界的轰动.他的基本意思是用不同的尺子量处处连续处处不可微的曲线会有不同的长度.这是显而易见的.用大尺子量出来的结果肯定比小尺子量出的结果小得多,因为大尺子量不到小尺子能量到的弯曲(处处不光滑)处.但是关键是寻找出用不同尺子测量某一"处处连续处处不可微"线段(如英国海岸线)得到的不同长度与相应的尺子之间的不变量.曼得布罗特成功了,这个不变量就是英国海岸线的分维数.通常我们认为直线是一维的,平面是二维的,但是谁也没有想过曲线是几维的,分形理论告诉我们,这个维数是分数.这就从根本上推翻了牛顿-莱布尼茨的微积分理论,他们认为导数、积分只是在整数范围内的,即一次、二次导数,积分、二重积分、三重积分,分形理论告诉我们,可以有1.345次导数、3.1305次导数、6.4232重积分.牛顿-莱布尼茨的微积分只是曼得布罗特分形理论的特例.就像牛顿的经典力学只是爱因斯坦的相对论在特定条件下的特例.

思考与练习 2.1

1. 判断：

(1) 如果函数 $f(x)$ 在点 x_0 处不可导，则曲线 $y=f(x)$ 在点 $(x_0, f(x_0))$ 处不存在切线. ( )

(2) 若极限 $\lim\limits_{\Delta x \to 0} \dfrac{f(x_0+\Delta x)-f(x_0)}{\Delta x}=A$，则必有 $\lim\limits_{x \to x_0} f(x)=f(x_0)$. ( )

(3) 若函数在某点可导，则函数在此点一定连续. ( )

(4) 若函数在某点连续，则函数在此点一定可导. ( )

(5) 任何一个函数都有导数. ( )

(6) 根据导数的定义求导数的步骤可以概括为：求函数增量，计算比值，求极限. ( )

2. 利用导数定义求下题中的导函数与导数.

(1) $y=\dfrac{1}{1+x}$，求 y'，$y'|_{x=1}$　　(2) $y=x^3$，求 y'，$y'|_{x=0}$

3. 已知 $f(2)=3$，$f'(2)=5$，求 $y=f(x)$ 在 $x=2$ 处的切线方程与法线方程.

4. 求曲线在指定点处的切线方程和法线方程.

(1) $y=x^2$ 在点 $(1,1)$ 处；　　(2) $y=\sqrt{x}$ 在点 $(4,2)$ 处.

5. 求牛顿蛇形线 $y=\dfrac{4x}{x^2+1}$ 在原点以及点 $(1,2)$ 处的斜率.

6. 求阿涅西箕舌线 $y=\dfrac{8}{4+x^2}$ 在点 $(2,1)$ 处的斜率.

第二节　导数运算法则

在上一节中，利用导数的定义求解了一些基本初等函数的导数，但是对于一些比较复杂的函数，利用导数的定义去求函数的导数时，往往比较麻烦，因此，本节将介绍常用的几种求导法则和基本求导公式，利用这些法则和基本求导公式可较容易地求出一般初等函数的导数.

一、导数的四则运算法则

定理 2.2.1 设函数 $u=u(x)$，$v=v(x)$ 均在点 x 处可导，则函数 $u(x)\pm v(x)$，$u(x)\cdot v(x)$，$\dfrac{u(x)}{v(x)}(v(x)\neq 0)$ 也在点 x 处可导，且有以下法则：

定理2.2.1

(1) $[u(x)\pm v(x)]'=u'(x)\pm v'(x)$；

(2) $[u(x)\cdot v(x)]'=u'(x)v(x)+u(x)v'(x)$；

特别地，$[C\cdot u(x)]'=C\cdot u'(x)$（$C$ 为常数）

(3) $\left[\dfrac{u(x)}{v(x)}\right]'=\dfrac{u'(x)v(x)-u(x)v'(x)}{v^2(x)}(v(x)\neq 0)$

特别地，$\left[\dfrac{1}{v(x)}\right]'=\dfrac{-v'(x)}{v^2(x)}(v(x)\neq 0)$

*证明：

(1) 当 x 取自变量 Δx，则 $u(x)$，$v(x)$ 分别取得相应的改变量

$$\Delta u=u(x+\Delta x)-u(x);\quad \Delta v=v(x+\Delta x)-v(x).$$

于是 $y=u(x)\pm v(x)$ 的改变量为

$$\begin{aligned}\Delta y&=[u(x+\Delta x)\pm v(x+\Delta x)]-[u(x)\pm v(x)]\\&=[u(x+\Delta x)-u(x)]\pm[v(x+\Delta x)-v(x)]\\&=\Delta u\pm\Delta v\end{aligned}$$

故
$$y'=\lim_{\Delta x\to 0}\frac{\Delta y}{\Delta x}=\lim_{\Delta x\to 0}\frac{\Delta u}{\Delta x}\pm\lim_{\Delta x\to 0}\frac{\Delta v}{\Delta x}=u'(x)\pm v'(x)$$

$$\therefore [u(x)\pm v(x)]'=u'(x)\pm v'(x).$$

(2) 当 x 取自变量 Δx，则 $u(x)$，$v(x)$ 分别取得相应的改变量：

$$\Delta u=u(x+\Delta x)-u(x);\quad \Delta v=v(x+\Delta x)-v(x)$$

$$\therefore u(x+\Delta x)=u(x)+\Delta u,\ v(x+\Delta x)=v(x)+\Delta v$$

而函数 $y=u(x)\cdot v(x)$ 的改变量为

$$\begin{aligned}\Delta y&=u(x+\Delta x)\cdot v(x+\Delta x)-u(x)\cdot v(x)\\&=[u(x)+\Delta u]\cdot[v(x)+\Delta v]-u(x)\cdot v(x)\\&=[u(x)\cdot\Delta v+\Delta u\cdot v(x)+u(x)\cdot v(x)+\Delta u\cdot\Delta v]-u(x)v(x)\\&=u(x)\cdot\Delta v+\Delta u\cdot v(x)+\Delta u\cdot\Delta v.\end{aligned}$$

因而 $\dfrac{\Delta y}{\Delta x}=u(x)\cdot\dfrac{\Delta v}{\Delta x}+v(x)\cdot\dfrac{\Delta u}{\Delta x}+\dfrac{\Delta u}{\Delta x}\cdot\Delta v.$

当 $\Delta x\to 0$ 时，$u(x)$，$v(x)$ 的值并不改变，又因为 $v(x)$ 可导，所以 $v(x)$ 连续，故有

$$\lim_{\Delta x\to 0}\Delta v(x)=0.$$

因此$\lim\limits_{\Delta x\to 0}\dfrac{\Delta y}{\Delta x}=u(x)\cdot\lim\limits_{\Delta x\to 0}\dfrac{\Delta v}{\Delta x}+v(x)\cdot\lim\limits_{\Delta x\to 0}\dfrac{\Delta u}{\Delta x}+\lim\limits_{\Delta x\to 0}\dfrac{\Delta u}{\Delta x}\cdot\lim\limits_{\Delta x\to 0}\Delta v$

故 $y'=\lim\limits_{\Delta x\to 0}\dfrac{\Delta y}{\Delta x}=u(x)v'(x)+u'(x)v(x)+u'(x)\cdot 0.$ 即

$$[u(x)\cdot v(x)]'=u(x)v'(x)+u'(x)v(x)$$

简记为

$$(u\cdot v)'=u'\cdot v+u\cdot v'.$$

(3) 当给自变量 x 一个改变量 Δx 时,$u(x)$,$v(x)$ 取得相应的改变量

$$\Delta u=u(x+\Delta x)-u(x);\quad \Delta v=v(x+\Delta x)-v(x).$$

而函数 $y=\dfrac{u(x)}{v(x)}$ 的改变量应为

$$\Delta y=\frac{u(x+\Delta x)}{v(x+\Delta x)}-\frac{u(x)}{v(x)}=\frac{u+\Delta u}{v+\Delta v}-\frac{u}{v}=\frac{v\Delta u-u\Delta v}{v(v+\Delta v)}.$$

$$\therefore\ \frac{\Delta y}{\Delta x}=\frac{v\dfrac{\Delta u}{\Delta x}-u\dfrac{\Delta v}{\Delta x}}{v(v+\Delta v)}$$

当 $\Delta x\to 0$ 取极限时,因 $v(x)$ 可导,

$\therefore v(x)$ 连续,故有$\lim\limits_{\Delta x\to 0}\Delta v(x)=0$,因此

$$y'=\lim_{\Delta x\to 0}\frac{\Delta y}{\Delta x}=\frac{v\lim\limits_{\Delta x\to 0}\dfrac{\Delta u}{\Delta v}-u\lim\limits_{\Delta x\to 0}\dfrac{\Delta v}{\Delta u}}{v(v+\lim\limits_{\Delta x\to 0}\Delta v)}$$

$$=\frac{vu'-uv'}{v^2}.$$

即

$$\left[\frac{u(x)}{v(x)}\right]'=\frac{u'(x)v(x)-u(x)v'(x)}{v^2(x)}$$

简记为

$$\left(\frac{u}{v}\right)'=\frac{vu'-uv'}{v^2}$$

注意:

(1) 法则(1) 可以推广到有限个可导函数的和与差的求导,如

$[u_1(x)+u_2(x)+\cdots+u_n(x)]'=u_1{}'(x)+u_2{}'(x)+\cdots+u_n{}'(x).$

(2) 法则(2) 可以推广到有限个可导函数的乘积的求导,如

$$[u(x)\cdot v(x)\cdot w(x)]'=u'(x)v(x)w(x)+u(x)\cdot v'(x)\cdot w(x)+u(x)\cdot v(x)\cdot w'(x).$$

例 1 设 $y=\tan x$，求 y'.

解 $y'=(\tan x)'=\left(\dfrac{\sin x}{\cos x}\right)'$

$$=\frac{\cos x(\sin x)'-(\cos x)'\sin x}{\cos^2 x}$$

例1、例2讲解

$$=\frac{\cos^2 x+\sin^2 x}{\cos^2 x}$$

$$=\frac{1}{\cos^2 x}=\sec^2 x.$$

故得正切函数的求导公式 $(\tan x)'=\sec^2 x$.

类似可得余切函数的求导公式 $(\cot x)'=-\csc^2 x$.

例 2 设 $y=\sec x$，求 y'.

解 $y'=(\sec x)'$

$$=\left(\frac{1}{\cos x}\right)'=-\frac{(\cos x)'}{\cos^2 x}$$

$$=\frac{\sin x}{\cos^2 x}=\sec x\tan x$$

故得正割函数的求导公式 $(\sec x)'=\sec x\tan x$.

类似可得余割函数的求导公式 $(\csc x)'=-\csc x\cot x$.

例 3 若 $p=t^3+6t^2-\dfrac{5}{3}t+16$，求$\dfrac{\mathrm{d}p}{\mathrm{d}t}$.

解 $\dfrac{\mathrm{d}p}{\mathrm{d}t}=\dfrac{\mathrm{d}}{\mathrm{d}t}(t^3)+\dfrac{\mathrm{d}}{\mathrm{d}t}(6t^2)-\dfrac{\mathrm{d}}{\mathrm{d}t}\left(\dfrac{5}{3}t\right)+\dfrac{\mathrm{d}}{\mathrm{d}t}(16)$

$$=3t^2+6\cdot 2t-\frac{5}{3}+0$$

$$=3t^2+12t-\frac{5}{3}$$

或者写成：

$$p'=(t^3+6t^2-\frac{5}{3}t+16)'$$

$$=(t^3)'+(6t^2)'-\left(\frac{5}{3}t\right)'+(16)'$$

$$=3t^2+6\cdot 2t-\frac{5}{3}+0$$

$$=3t^2+12t-\frac{5}{3}$$

例 4 若 $f(x)=(x^2+1)(x^3+3)$，求 $f'(x)$.

解　根据乘法法则，其中 $u=(x^2+1)$，$v=(x^3+3)$，由题意得

$$\begin{aligned}f'(x)&=\frac{d}{dx}(x^2+1)(x^3+3)\\&=(x^2+1)'(x^3+3)+(x^2+1)(x^3+3)'\\&=2x(x^3+3)+(x^2+1)(3x^2)\\&=2x^4+6x+3x^4+3x^2\\&=5x^4+3x^2+6x\end{aligned}$$

此题还可以先将 $f(x)$ 两个因式相乘，进行计算化简，然后再对得到的多项式进行求导数.

例 5 已知 $y=\dfrac{x^2-1}{x^2+1}$，求 y'.

解　$$\begin{aligned}y'&=\frac{(x^2+1)(x^2-1)'-(x^2-1)(x^2+1)'}{(x^2+1)^2}\\&=\frac{2x(x^2+1)-2x(x^2-1)}{(x^2+1)^2}\\&=\frac{4x}{(x^2+1)^2}\end{aligned}$$

例 6 求下列函数的导数：

(1) $y=x^2\sin x$　　　　(2) $u=\dfrac{\cos x}{1-\sin x}$

解　(1) $$\begin{aligned}\frac{dy}{dx}&=\sin x\frac{d}{dx}(x^2)+x^2\frac{d}{dx}(\sin x)\\&=2x\sin x+x^2\cos x\end{aligned}$$

(2) $$\begin{aligned}\frac{du}{dx}&=\frac{(1-\sin x)\frac{d}{dx}(\cos x)-\cos x\frac{d}{dx}(1-\sin x)}{(1-\sin x)^2}\\&=\frac{(1-\sin x)(-\sin x)-\cos x(-\cos x)}{(1-\sin x)^2}\\&=\frac{-\sin x+\sin^2 x+\cos^2 x}{(1-\sin x)^2}\\&=\frac{-\sin x+1}{(1-\sin x)^2}\\&=\frac{1}{1-\sin x}\end{aligned}$$

*二、反函数的导数公式

定理 2.2.2　设函数 $y=f(x)$ 在某一区间内是单调连续的，在区间内任一点 x 处可导，且 $f(x)\neq 0$，则它的反函数 $x=f^{-1}(y)$ 在相应区间内也处处可导，且

$$[f^{-1}(x)]'=\frac{1}{f'(x)} \text{ 或 } [f(x)]'=\frac{1}{[f^{-1}(x)]'}$$

证明　略

例 7　求反正弦函数 $y=\arcsin x$ 的导数.

解　$y=\arcsin x,(-1<x<1)$，它是函数 $x=\sin y\left(-\frac{\pi}{2}<y<\frac{\pi}{2}\right)$ 的反函数，

由反函数的求导法则，有

$$y'=y'_x=(\arcsin x)'=\frac{1}{x'_y}=\frac{1}{(\sin\ y)'_y}=\frac{1}{\cos\ y}$$

$$=\frac{1}{\sqrt{1-\sin^2 y}}=\frac{1}{\sqrt{1-x^2}},\quad (|x|<1).$$

$$\therefore (\arcsin x)'=\frac{1}{\sqrt{1-x^2}},\quad (|x|<1).$$

类似情况，我们可以证明其他 3 个反三角函数的导数.

为了便于查阅，将基本初等函数的导数公式归纳如下.

(1) $(C)'=0$

(2) $(x^\alpha)'=\alpha\cdot x^{\alpha-1}(\alpha\in\mathbf{R})$

(3) $(a^x)'=a^x\ln a$

(4) $(e^x)'=e^x$

(5) $(\log_a x)'=\frac{1}{x\ln\ a}$

(6) $(\ln x)'=\frac{1}{x}$

(7) $(\sin x)'=\cos x$

(8) $(\cos x)'=-\sin x$

(9) $(\tan x)'=\sec^2 x$

(10) $(\cot x)'=-\csc^2 x$

(11) $(\sec x)'=\sec x\tan x$

(12) $(\csc x)'=-\csc x\cot x$

(13) $(\arcsin x)'=\frac{1}{\sqrt{1-x^2}}$

(14) $(\arccos x)'=-\frac{1}{\sqrt{1-x^2}}$

(15) $(\arctan x)'=\frac{1}{1+x^2}$

(16) $(\text{arccot}\, x)'=-\frac{1}{1+x^2}$

思考与练习 2.2

1. 应用基本初等函数的导数公式求下列函数的导数(口答题).

(1) $y=x$　(2) $y=x^2$　(3) $y=\sin\frac{\pi}{6}$

(4) $y=\tan\frac{\pi}{4}$　(5) $y=\frac{1}{x}$　(6) $y=\sqrt{x}$

(7) $y=\frac{\sqrt{x}}{x}$　(8) $y=\frac{x^2}{\sqrt{x}}$　(9) $y=\lg x$

(10) $y=\cos x$　(11) $y=2^x$　(12) $y=\arctan x$

(13) $y=\log_{0.5}x$　(14) $y=\sqrt{x^3}$　(15) $y=x^{0.8}$

(16) $y=\arcsin x$　(17) $y=\frac{1}{x^2}$　(18) $y=\sec x$

(19) $y=\frac{1}{\sqrt{x}}$　(20) $y=\left(\frac{2}{3}\right)^x$　(21) $y=x^{e}$

(22) $y=\sqrt[4]{x^5}$　(23) $y=\ln x$　(24) $y=\log_2 x$

2. 求下列函数的导数.

(1) $y=x^2\cdot\sqrt{x}$　(2) $y=-x^2+3$

(3) $y=(x-2)^2$　(4) $y=2x-1$

(5) $y=\frac{x^3}{3}-x$　(6) $y=x^2+x+1$

2题(13) (18) (20) 讲解

(7) $y=\frac{x^3}{3}+\frac{x^2}{2}+x$　(8) $y=ax+b$

(9) $y=1-x+x^2-x^3$　(10) $y=x^4-7x^3+2x^2+15$

(11) $y=5x^3-3x^5$　(12) $y=4x^{-2}-8x+1$

(13) $y=\frac{x^{-4}}{4}-\frac{x^{-3}}{3}+\frac{x^{-2}}{2}-x^{-1}+3$　(14) $y=(x+1)(x^2+1)$

(15) $y=\frac{1}{x}+5\sin x$　(16) $y=x\cos x$

(17) $y=\frac{2x-5}{3x+1}$　(18) $y=\frac{x^2-3\sqrt{x}+2x}{x^2}$

(19) $y=\frac{x^2-x+\sqrt{x^3}}{x}$　(20) $y=(\sqrt{x}+1)\left(\frac{1}{\sqrt{x}}-1\right)$

(21) $y=2^x\ln x$　(22) $y=\frac{\sin x}{e^x}$

3. 我们的身体对于药物剂量的反应可以由公式 $R=M^2\left(\frac{C}{2}-\frac{M}{3}\right)$ 来表示，其中，C 为正的常数，M 表示被血液吸收的药物的量. 如果这种反应是血压的一种变化，则 R 的单位为毫米汞柱；如果这种反应是由于温度的变化，则其单位为摄氏度，等等. 求 R 的导数.（实际上，我们求的这个导数在医学上称为人体对药物的敏感度. 通过对它进行研究，我们可以了解到多少剂量的时候人体对药物最为敏感）

第三节 复合函数求导法则

(1) 复合函数

若函数 $y=F(u)$，定义域为 U_1，函数 $u=\varphi(x)$ 的值域为 U_2，其中 $U_1 \cap U_2 \neq \phi$，则 y 通过变量 u 成为 x 的函数，这个函数称为由函数 $y=F(u)$ 和函数 $u=\varphi(x)$ 构成的复合函数，记为 $y=F[\varphi(x)]$，其中变量 u 称为中间变量. 例：$y=u^3$，$u=\sin x$ 构成的复合函数为 $y=\sin^3 x$.

(2) 导数的表示法 $\frac{\mathrm{d}y}{\mathrm{d}x}$ 的运用

例 1 若 $y=x^3$，则其导数 y' 可表示为 $\frac{\mathrm{d}y}{\mathrm{d}x}=3x^2$.

解　若改变函数自变量的字母，即 $y=u^3$，则其导数可表示为 $\frac{\mathrm{d}y}{\mathrm{d}u}=3u^2$；

同理，改变因变量的字母，令 $u=x^3$，则其导数可表示为 $\frac{\mathrm{d}u}{\mathrm{d}x}=3x^2$.

例 2 若 $y=\sin x$，则其导数 y' 可表示为 $\frac{\mathrm{d}y}{\mathrm{d}x}=\cos x$.

解　若改变函数自变量的字母，即 $y=\sin u$，则其导数可表示为 $\frac{\mathrm{d}y}{\mathrm{d}u}=\cos u$；

同理，改变因变量的字母，令 $u=\sin x$，则其导数可表示为 $\frac{\mathrm{d}u}{\mathrm{d}x}=\cos x$.

如果想求复合函数 $y=\sin^3 x$ 的导数应该如何解决呢？答案就是我们需要使用复合函数的求导法则 —— 链式法则，它是在求导数中使用广泛的一个法则.

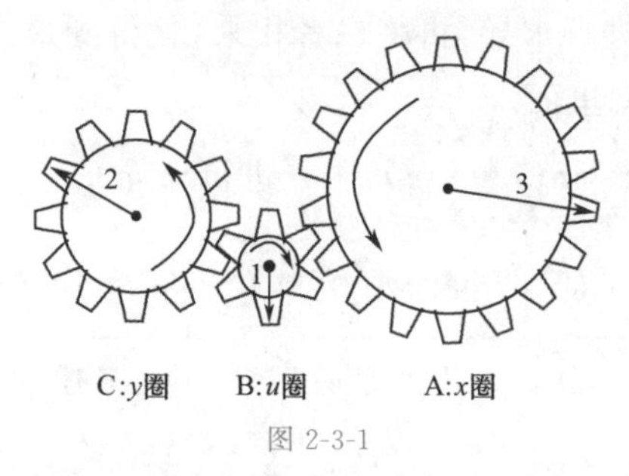

图 2-3-1

先看一下图(图 2-3-1)中的多齿轮系统，齿轮A转 x 圈，齿轮B转 u 圈，齿轮C转 y 圈，通过比较周长或者数齿轮个数，可以知道 $y=\frac{u}{2}$，$u=3x$，推得 $y=\frac{3x}{2}$.

接下来我们讲的链式法则也有类似的相乘关系.

链式法则　若 $u=g(x)$ 在点 x 处可导，而 $y=f(u)$ 在 $u=g(x)$ 处可导，则复合函数 $y=f[g(x)]$ 在 x 处可导，并且其导数为

$$\frac{\mathrm{d}y}{\mathrm{d}x}=f'(u)\cdot g'(x)\quad 或\frac{\mathrm{d}y}{\mathrm{d}x}=\frac{\mathrm{d}y}{\mathrm{d}u}\cdot\frac{\mathrm{d}u}{\mathrm{d}x}$$

证明　过程略.

例 3　有一个物体沿着 x 轴运动，在任意时刻 $t\geqslant 0$ 处的位置可以用函数 $x(t)=\cos(t^2+1)$ 来表示，求此物体在任意时刻 t 处的速度如何表示.

解　通过以前的学习，我们知道，物体的速度为$\frac{\mathrm{d}x}{\mathrm{d}t}$，在此例中，函数为复合函数，$x=\cos u$，$u=t^2+1$

$$\frac{\mathrm{d}x}{\mathrm{d}u}=\frac{\mathrm{d}}{\mathrm{d}u}(\cos\ u)=-\sin(u)$$

$$\frac{\mathrm{d}u}{\mathrm{d}t}=\frac{\mathrm{d}}{\mathrm{d}t}(t^2+1)=2t$$

由链式法则可知：$\frac{\mathrm{d}x}{\mathrm{d}t}=\frac{\mathrm{d}x}{\mathrm{d}u}\cdot\frac{\mathrm{d}u}{\mathrm{d}t}=-\sin(u)\cdot 2t=-\sin(t^2+1)\cdot 2t=-2t\sin(t^2+1)$

[选学]　外层、内层法则：有时我们会用另一种方法来思考链式法则：若 $y=f(g(x))$，则

$$\frac{\mathrm{d}y}{\mathrm{d}x}=f'(g(x))\cdot g'(x)$$

换句话说，将 $g(x)$ 看作一个整体，先外层函数 f 对 $g(x)$ 进行求导，然后内

层函数 $g(x)$ 再对 x 进行求导，再将二者相乘，就得到最终的结果. 类似于剥洋葱，先剥外面一层，再剥里面.

例 4 将函数 $\sin(x^2+x)$ 对 x 进行求导.

解 $\dfrac{\mathrm{d}}{\mathrm{d}x}(\sin(\underbrace{x^2+x}_{\text{内层函数}}))=\cos(\underbrace{x^2+x}_{\text{内层函数作为一个整体}})\cdot(\underbrace{2x+1}_{\text{内层函数的导数}})=(2x+1)\cos(x^2+x)$

例 5 求以下复合函数的导数.

(1) $y=(2x+1)^5$ (2) $y=\sin^2 x$

(3) $y=\ln\cos x$ (4) $y=\mathrm{e}^{\tan x}$

(5) $y=\sqrt{1-x^2}$ (6) $y=\tan\dfrac{1}{x}$

解 (1) 令 $y=u^5, u=2x+1$，则

$$\frac{\mathrm{d}y}{\mathrm{d}x}=\frac{\mathrm{d}y}{\mathrm{d}u}\cdot\frac{\mathrm{d}u}{\mathrm{d}x}=\frac{\mathrm{d}}{\mathrm{d}u}(u^5)\cdot\frac{\mathrm{d}}{\mathrm{d}x}(2x+1)=5u^4\cdot 2=10u^4=10(2x+1)^4$$

(2) 令 $y=u^2, u=\sin x$，则

$$\frac{\mathrm{d}y}{\mathrm{d}x}=\frac{\mathrm{d}y}{\mathrm{d}u}\cdot\frac{\mathrm{d}u}{\mathrm{d}x}=\frac{\mathrm{d}}{\mathrm{d}u}(u^2)\cdot\frac{\mathrm{d}}{\mathrm{d}x}(\sin x)=2u\cdot\cos x=2\sin x\cos x=\sin 2x$$

(3) 令 $y=\ln u, u=\cos x$，则

$$\frac{\mathrm{d}y}{\mathrm{d}x}=\frac{\mathrm{d}y}{\mathrm{d}u}\cdot\frac{\mathrm{d}u}{\mathrm{d}x}=\frac{\mathrm{d}}{\mathrm{d}u}(\ln u)\cdot\frac{\mathrm{d}}{\mathrm{d}x}(\cos x)=\frac{1}{u}\cdot(-\sin x)=-\frac{\sin x}{u}=-\frac{\sin x}{\cos x}$$
$$=-\tan x$$

(4) 令 $y=\mathrm{e}^u, u=\tan x$，则

$$\frac{\mathrm{d}y}{\mathrm{d}x}=\frac{\mathrm{d}y}{\mathrm{d}u}\cdot\frac{\mathrm{d}u}{\mathrm{d}x}=\frac{\mathrm{d}}{\mathrm{d}u}(\mathrm{e}^u)\cdot\frac{\mathrm{d}}{\mathrm{d}x}(\tan x)=\mathrm{e}^u\cdot\sec^2 x=\mathrm{e}^{\tan x}\sec^2 x$$

(5) 令 $y=\sqrt{u}, u=1-x^2$，则

$$\frac{\mathrm{d}y}{\mathrm{d}x}=\frac{\mathrm{d}y}{\mathrm{d}u}\cdot\frac{\mathrm{d}u}{\mathrm{d}x}=\frac{\mathrm{d}}{\mathrm{d}u}(\sqrt{u})\cdot\frac{\mathrm{d}}{\mathrm{d}x}(1-x^2)=\frac{1}{2\sqrt{u}}\cdot(-2x)=-\frac{x}{\sqrt{u}}=-\frac{x}{\sqrt{1-x^2}}$$

(6) 令 $y=\tan u, u=\dfrac{1}{x}$，则

$$\frac{\mathrm{d}y}{\mathrm{d}x}=\frac{\mathrm{d}y}{\mathrm{d}u}\cdot\frac{\mathrm{d}u}{\mathrm{d}x}=\frac{\mathrm{d}}{\mathrm{d}u}(\tan u)\cdot\frac{\mathrm{d}}{\mathrm{d}x}\left(\frac{1}{x}\right)=\sec^2 u\cdot\left(-\frac{1}{x^2}\right)=-\frac{1}{x^2}\sec^2\frac{1}{x}$$

推论：设 $y=f(u), u=g(v), v=h(x)$ 均可导，则复合函数 $y=f[g(h(x))]$ 也可导，且

$$y'_x = y'_u \cdot u'_v \cdot v'_x \text{ 或 } \frac{\mathrm{d}y}{\mathrm{d}x} = \frac{\mathrm{d}y}{\mathrm{d}u} \cdot \frac{\mathrm{d}u}{\mathrm{d}v} \cdot \frac{\mathrm{d}v}{\mathrm{d}x}$$

例 6 设 $y = \ln \sin\sqrt{x}$，求 y'.

例6小结

解　令 $y = \ln u, u = \sin v, v = \sqrt{x}$，则

$$\frac{\mathrm{d}y}{\mathrm{d}x} = \frac{\mathrm{d}y}{\mathrm{d}u} \cdot \frac{\mathrm{d}u}{\mathrm{d}v} \cdot \frac{\mathrm{d}v}{\mathrm{d}x} = \frac{\mathrm{d}}{\mathrm{d}u}(\ln u) \cdot \frac{\mathrm{d}}{\mathrm{d}v}(\sin v) \cdot \frac{\mathrm{d}}{\mathrm{d}x}(\sqrt{x})$$

$$= \frac{1}{u} \cdot (\cos v) \cdot \frac{1}{2\sqrt{x}} = \frac{\cos v}{2u\sqrt{x}} = \frac{\cos v}{2\sin v\sqrt{x}}$$

$$= \frac{\cot v}{2\sqrt{x}} = \frac{\cot\sqrt{x}}{2\sqrt{x}}$$

小结：根据链式法则我们可以将复合函数求导的步骤总结如下：

① 将复合函数分层(分层)；

② 将各个函数对各自自变量求导数(求导)；

③ 将各个导数相乘化简(相乘)；

④ 将中间变量回代成初始变量(回代).

思考与练习 2.3

1. 默写链式法则及其推论的公式.

2. 求以下复合函数的导数.

(1) $y = (3-2x)^7$　　(2) $y = \cos\left(\frac{\pi}{3} - 2x\right)$

(3) $y = \cos^2 x$　　(4) $y = \sin x^5$

(5) $y = \tan(1-x^2)$　　(6) $y = \ln(3-2x)$

(7) $y = \arcsin\sqrt{x}$　　(8) $y = \arctan x^2$

(9) $y = \ln^3 x$　　(10) $y = \dfrac{1}{\sqrt{1+x^2}}$

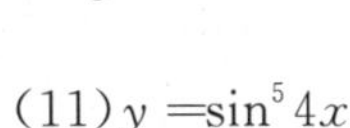

(11) $y = \sin^5 4x$　　(12) $y = \sin(\cos x)$

(13) $y = \mathrm{e}^{\sin x}$　　(14) $y = 2^{x^2-2x}$

(15) $y = \sqrt{\tan 5x}$　　(16) $y = \ln\tan\dfrac{x}{2}$

2题(9)讲解

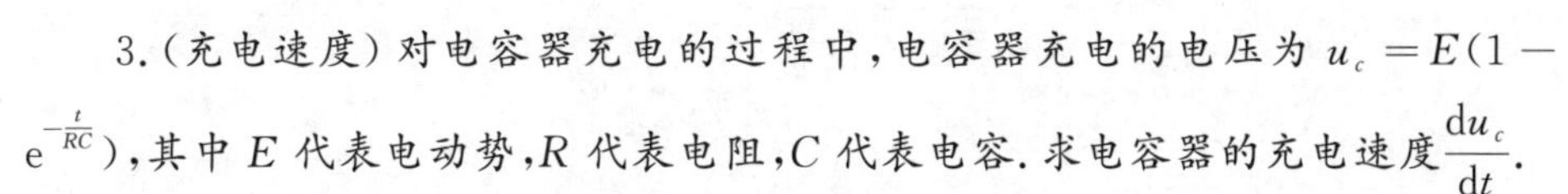

3. (充电速度) 对电容器充电的过程中，电容器充电的电压为 $u_c = E(1 - \mathrm{e}^{-\frac{t}{RC}})$，其中 E 代表电动势，R 代表电阻，C 代表电容. 求电容器的充电速度 $\dfrac{\mathrm{d}u_c}{\mathrm{d}t}$.

第四节 高阶导数与隐函数求导

一、高阶导数

一般地，函数 $y=f(x)$ 的导数 y' 仍然是 x 的函数. 我们把 y' 的导数叫作函数 $y=f(x)$ 的二阶导数，记作 y''、$f''(x)$ 或 $\frac{\mathrm{d}^2y}{\mathrm{d}x^2}$，即 $y''=(y')'$、$f''(x)=(f'(x))'$ 或 $\frac{\mathrm{d}^2y}{\mathrm{d}x^2}=\frac{\mathrm{d}}{\mathrm{d}x}\left(\frac{\mathrm{d}y}{\mathrm{d}x}\right)$.

相应地，把 $y=f(x)$ 的导数 $f'(x)$ 叫作函数 $y=f(x)$ 的一阶导数.

类似地，二阶导数的导数叫作三阶导数，三阶导数的导数叫作四阶导数，…，一般地，$(n-1)$ 阶导数的导数叫作 n 阶导数，分别记作

$$y''',y^{(4)},\cdots,y^{(n)} \text{或} \frac{\mathrm{d}^3y}{\mathrm{d}x^3},\frac{\mathrm{d}^4y}{\mathrm{d}x^4},\cdots,\frac{\mathrm{d}^ny}{\mathrm{d}x^n},$$

函数 $f(x)$ 具有 n 阶导数，也常说成函数 $f(x)$ 为 n 阶可导.如果函数 $f(x)$ 在点 x 处具有 n 阶导数，那么函数 $f(x)$ 在点 x 的某一邻域内必定具有一切低于 n 阶的导数.一般地，二阶及二阶以上的导数统称**高阶导数**. y' 称为一阶导数，$y'',y''',y^{(4)},\cdots,y^{(n)}$ 都称为高阶导数.

例1、例4、例5讲解

例 1 $y=ax+b$，求 y''.

解 $y'=a, y''=0$.

例 2 $s=\sin wt$，求 s''.

解 $s'=w\cos wt, s''=-w^2\sin wt$.

例 3 证明：函数 $y=\sqrt{2x-x^2}$ 满足关系式 $y^3y''+1=0$.

证明 因为 $y'=\frac{2-2x}{2\sqrt{2x-x^2}}=\frac{1-x}{\sqrt{2x-x^2}}$，

$$y''=\frac{-\sqrt{2x-x^2}-(1-x)\frac{2-2x}{2\sqrt{2x-x^2}}}{2x-x^2}$$

$$=\frac{-2x+x^2-(1-x)^2}{(2x-x^2)\sqrt{2x-x^2}}$$

$$=-\frac{1}{(2x-x^2)^{\frac{3}{2}}}=-\frac{1}{y^3},$$

所以 $y^3y''+1=0$.

例 4 求函数 $y=e^x$ 的 n 阶导数.

解 $y'=e^x, y''=e^x, y'''=e^x, y^{(4)}=e^x$,

一般地,可得 $y^{(n)}=e^x$,

即 $(e^x)^{(n)}=e^x$.

例 5 求正弦函数与余弦函数的 n 阶导数.

解 $y=\sin x$,

$$y'=\cos x=\sin\left(x+\frac{\pi}{2}\right),$$

$$y''=\cos\left(x+\frac{\pi}{2}\right)=\sin\left(x+\frac{\pi}{2}+\frac{\pi}{2}\right)=\sin\left(x+2\cdot\frac{\pi}{2}\right),$$

$$y'''=\cos\left(x+2\cdot\frac{\pi}{2}\right)=\sin\left(x+2\cdot\frac{\pi}{2}+\frac{\pi}{2}\right)=\sin\left(x+3\cdot\frac{\pi}{2}\right),$$

$$y^{(4)}=\cos\left(x+3\cdot\frac{\pi}{2}\right)=\sin\left(x+4\cdot\frac{\pi}{2}\right),$$

一般地,可得

$$y^{(n)}=\sin\left(x+n\cdot\frac{\pi}{2}\right),$$

即,$(\sin x)^{(n)}=\sin\left(x+n\cdot\frac{\pi}{2}\right)$.

用类似方法,可得 $(\cos x)^{(n)}=\cos\left(x+n\cdot\frac{\pi}{2}\right)$.

二、隐函数求导

显函数:形如 $y=f(x)$ 的函数称为显函数.

例如 $y=\sin x, y=\ln x+e^x$.

隐函数:由方程 $F(x,y)=0$ 所确定的函数称为隐函数.

例如,方程 $x+y^3-1=0$ 确定的隐函数为 $y, y=\sqrt[3]{1-x}$.

如果在方程 $F(x,y)=0$ 中,当 x 取某区间内的任一值时,相应地总有满足这个方程的唯一的 y 值存在,那么就说方程 $F(x,y)=0$ 在该区间内确定了一个隐函数.

把一个隐函数化成显函数,叫作隐函数的显化.隐函数的显化有时是有困难的,甚至是不可能的.但在实际问题中,有时需要计算隐函数的导数,因此,我们希望有一种方法,不管隐函数能否显化,都能直接由方程算出它所确定的隐函数的导数.这种方法就是对方程两边关于自变量 x 求导,求导过程中把 y 看成中间变量对待即可.

例 6 求由方程 $e^y+xy-e=0$ 所确定的隐函数 y 的导数.

例6、例8讲解

解 把方程两边的每一项对 x 求导数得

$$(e^y)'+(xy)'-(e)'=(0)',$$

即 $e^y\cdot y'+y+xy'=0$,

从而 $y'=-\dfrac{y}{x+e^y}(x+e^y\neq 0)$.

例 7 求由方程 $y^5+2y-x-3x^7=0$ 所确定的隐函数 $y=f(x)$ 在 $x=0$ 处的导数 $y'|_{x=0}$.

解 把方程两边分别对 x 求导数得

$$5y^4\cdot y'+2y'-1-21x^6=0,$$

由此得 $y'=\dfrac{1+21x^6}{5y^4+2}$.

因为当 $x=0$ 时,从原方程得 $y=0$,所以

$$y'|_{x=0}=\frac{1+21x^6}{5y^4+2}\bigg|_{x=0}=\frac{1}{2}.$$

例 8 求椭圆 $\dfrac{x^2}{16}+\dfrac{y^2}{9}=1$ 在 $\left(2,\dfrac{3\sqrt{3}}{2}\right)$ 处的切线方程.

解 把椭圆方程的两边分别对 x 求导,得

$$\frac{x}{8}+\frac{2}{9}y\cdot y'=0.$$

从而 $y'=-\dfrac{9x}{16y}$.

当 $x=2$ 时,$y=\dfrac{3}{2}\sqrt{3}$,代入上式得所求切线的斜率

$$k=y'|_{x=2}=-\frac{\sqrt{3}}{4}.$$

所求的切线方程为 $y-\dfrac{3}{2}\sqrt{3}=-\dfrac{\sqrt{3}}{4}(x-2)$,

即 $\sqrt{3}x+4y-8\sqrt{3}=0$.

例 9 求由方程 $x-y+\dfrac{1}{2}\sin y=0$ 所确定的隐函数 y 的导数.

解 方程两边对 x 求导,得

$$1-\frac{dy}{dx}+\frac{1}{2}\cos\ y\cdot\frac{dy}{dx}=0,$$

于是 $\dfrac{dy}{dx}=\dfrac{2}{2-\cos\ y}$.

三、对数求导法

对数求导法是先在 $y=f(x)$ 的两边取对数,然后再求出 y 的导数.

设 $y=f(x)$,两边取对数,得 $\ln y=\ln f(x)$,

两边对 x 求导,得 $\dfrac{1}{y}y'=[\ln f(x)]'$,

$$y'=f(x)\cdot[\ln\ f(x)]'.$$

对数求导法适用于求幂指函数 $y=[u(x)]^{v(x)}$ 的导数及多因子之积和商的导数.

例 10 求 $y=x^{\sin x}(x>0)$ 的导数.

解 两边取对数,得 $\ln y=\sin x\cdot\ln x$,

例10讲解

上式两边对 x 求导,得

$$\frac{1}{y}y'=\cos x\cdot\ln x+\sin x\cdot\frac{1}{x},$$

于是 $y'=y\left(\cos x\cdot\ln x+\sin x\cdot\dfrac{1}{x}\right)$

$$=x^{\sin x}\left(\cos x\cdot\ln x+\frac{\sin x}{x}\right).$$

思考与练习 2.4

1. 求下列函数的二阶导数

(1) $y=(x+3)^4$　　(2) $y=\dfrac{1}{3}x^3-\dfrac{1}{2}x^2+2e$

(3) $y=\ln x$　　(4) $y=(x+1)(x-3)$

(5) $y=e^{-x}$　　(6) $y=x\cdot\arctan x$

2. 求下列曲线在给定点上的切线方程

(1) $x^2+xy-y^2=1,(2,3)$

(2) $x^2+y^2=25,(3,-4)$

*(3) $x\sin 2y=y\cos 2x,\left(\dfrac{\pi}{4},\dfrac{\pi}{2}\right)$

第五节 函数的微分

引例　函数增量的计算及增量的构成.

如图 2-5-1 所示,一块正方形金属薄片受温度变化的影响,其边长由 x_0 变到 $x_0+\Delta x$,问此薄片的面积改变了多少?

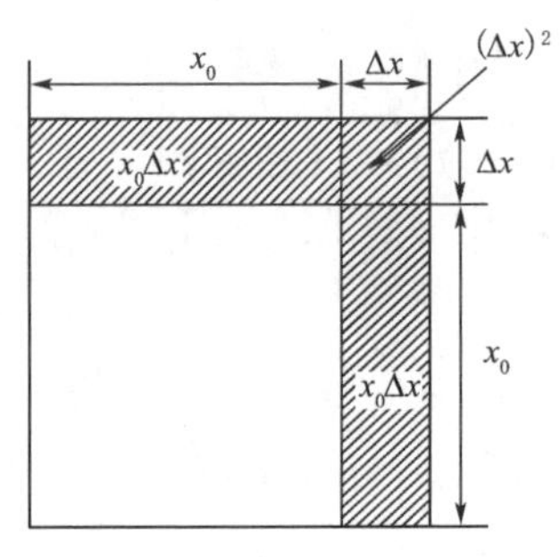

图 2-5-1

设此正方形的边长为 x,面积为 A,则 A 是 x 的函数:$A=x^2$. 金属薄片的面积改变量为

$$\Delta A=(x_0+\Delta x)^2-(x_0)^2=2x_0\Delta x+(\Delta x)^2.$$

几何意义:$2x_0\Delta x$ 表示两个长为 x_0 宽为 Δx 的长方形面积;$(\Delta x)^2$ 表示边长为 Δx 的正方形面积.

数学意义:当 $\Delta x\to 0$ 时,$(\Delta x)^2$ 是比 Δx 高阶的无穷小,$2x_0\Delta x$ 是 Δx 的线性函数,是 ΔA 的主要部分,可以近似地代替 ΔA.

数学上,这样的例子有很多,再如,设函数 $y=x^3$ 在点 x_0 处的改变量为 Δx 时,求函数的改变量 Δy.

$$\Delta y=(x_0+\Delta x)^3-(x_0)^3=3x_0^2\cdot\Delta x+3x_0\cdot(\Delta x)^2+(\Delta x)^3$$

当 $|\Delta x|$ 很小时,$3x_0^2\cdot\Delta x$ 是 Δx 的线性函数,$3x_0\cdot(\Delta x)^2+(\Delta x)^3$ 是 Δx 的高阶无穷小,

所以,$\Delta y\approx 3x_0^2\cdot\Delta x$.

思考:是否所有函数的 Δy 都可分成两部分,一部分是 Δx 的线性函数,其余部分是 Δx 的高阶无穷小?

事实上,并不是所有函数的 Δy 都具有上述特点,数学上,将具有上述特点的函数的 Δx 的线性部分称为函数的微分.因此,微分的定义如下.

一、微分的定义

定义 2.5.1 设函数 $y=f(x)$ 在 x_0 的某邻域 $U(x_0)$ 内有定义，$x_0+\Delta x_0 \in U(x_0)$，如果函数的增量 $\Delta y=f(x_0+\Delta x)-f(x_0)$ 可表示为

$$\Delta y = A\Delta x + \alpha$$

其中 A 是不依赖于 Δx 的常数，α 是比 Δx 高阶的无穷小，则称函数 $y=f(x)$ 在点 x_0 处可微，而 $A\Delta x$ 称为函数 $y=f(x)$ 在点 x_0 相应于自变量增量 Δx 的微分，记作 $\mathrm{d}y\big|_{x=x_0}$，即

$$\mathrm{d}y\big|_{x=x_0} = A\cdot\Delta x.$$

定理 2.5.1 函数 $y=f(x)$ 在点 x_0 可微的充分必要条件是该函数 $f(x)$ 在点 x_0 可导，且 $\mathrm{d}y\big|_{x=x_0}=A\cdot\Delta x$.

证明 略

结论：在 $|\Delta x|$ 相对于 x_0 而言很小时，有近似等式 $\Delta y \approx \mathrm{d}y$.

简单来说，当自变量的改变量非常小时，因变量改变量的近似值即微分.

例 1 求函数 $y=x^3$ 当 $x=2,\Delta x=0.02$ 时的微分.

例1讲解

解 先求函数在任意点 x 的微分：$\mathrm{d}y=(x^3)'\Delta x=3x^2\Delta x$.

再求函数当 $x=2,\Delta x=0.02$ 时的微分：

$\mathrm{d}y\big|_{x=2,\Delta x=0.02}=3x^2\big|_{x=2,\Delta x=0.02}=3\times 2^2\times 0.02=0.24$.

我们可将其理解为 $(2+0.02)^3-2^3\approx 0.24$.

例 2 水管壁的正截面是一个圆环，设它的内半径为 10 cm，管壁厚度为 0.1 cm，利用微分计算这个圆环面积的近似值.

解 该题是求函数改变量的问题，设正截面的内径面积为 S，半径为 r，则 $S=\pi r^2$，现在 $r=10$ cm，$\Delta r=0.1$ cm，则

$S'=2\pi r,\Delta S\approx \mathrm{d}S=S'\big|_{r=10}\cdot\Delta r=2\pi(10)\cdot 0.1=2\pi\approx 6.28(\mathrm{cm}^2)$

因此圆环面积大约为 $6.28\ \mathrm{cm}^2$.

例 3 求函数 $y=x^2$ 在 $x=1$、$x=2$ 和 $x=3$ 处的微分.

解 函数 $y=x^2$ 在 $x=1$ 处的微分为 $\mathrm{d}y=(x^2)'\big|_{x=1}\Delta x=2\Delta x$；

我们可将其理解为 $(1+\Delta x)^2-1^2\approx 2\Delta x$

函数 $y=x^2$ 在 $x=2$ 处的微分为 $\mathrm{d}y=(x^2)'\big|_{x=2}\Delta x=4\Delta x$；

我们可将其理解为 $(2+\Delta x)^2-2^2\approx 4\Delta x$.

函数 $y=x^2$ 在 $x=3$ 处的微分为 $\mathrm{d}y=(x^2)'\big|_{x=3}\Delta x=6\Delta x$.

我们可将其理解为 $(3+\Delta x)^2-3^2\approx 6\Delta x$.

定义 2.5.2 如果函数 $y=f(x)$ 对于区间 (a,b) 内每一点 x 都可微，则称

函数 $y=f(x)$ 在区间 (a,b) 上可微，函数 $y=f(x)$ 在区间 (a,b) 上的微分，记为

$$dy=f'(x)\Delta x$$

例如 $d(\cos x)=(\cos x)'\Delta x=-\sin x\Delta x$；

$$d(e^x)=(e^x)'\cdot\Delta x=e^x\cdot\Delta x$$

自变量的微分：

因为当 $y=x$ 时，$dy=dx=(x)'\Delta x=\Delta x$，所以通常把自变量 x 的增量 Δx 称为自变量的微分，记作 dx，即 $dx=\Delta x$．于是函数 $y=f(x)$ 的微分又可记作 $dy=f'(x)dx$ 或 $dy=y'dx$

$$从而有\frac{dy}{dx}=f'(x)\ 或\ \frac{dy}{dx}=y'$$

这就是说，函数的微分 dy 与自变量的微分 dx 之商等于该函数的导数．因此，导数也叫作“微商”．

*二、微分的几何意义

函数 $y=f(x)$ 的图形如图 2-5-2 所示，过曲线 $y=f(x)$ 上一点 $M(x,y)$ 处做切线 MT，设 MT 的倾角为 α，则 $\tan\alpha=f'(x)$

微分几何意义

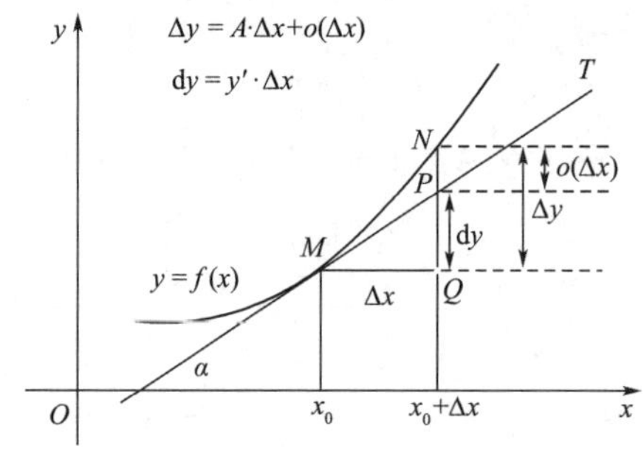

图 2-5-2

当自变量 x 有增量 Δx 时，切线 MT 的纵坐标相应地有增量

$$QP=\tan\alpha\cdot\Delta x=f'(x)\cdot\Delta x=dy$$

因此，微分 $dy=f'(x)\Delta x$ 几何上表示当自变量 x 有增量 Δx 时，曲线 $y=f(x)$ 在对应点 $M(x,y)$ 处的切线 MT 的纵坐标的增量．由 dy 近似代替 Δy 就是用点 M 处的纵坐标的增量 QP 近似代替曲线 $y=f(x)$ 的纵坐标的增量 QN．由图可知，函数的微分 dy 与函数的增量 Δy 相差的量在图中以 PN 表示，当 $\Delta x\to 0$ 时，变动的 PN 是 Δx 的高阶无穷小量．因此，在点 M 处，可以用切线段来近似代替曲线段．简称“以直代曲”．

三、基本初等函数的微分公式与微分运算法则

从函数的微分表达式 $dy=f'(x)dx$ 可以看出，要计算函数的微分，只要计算函数的导数，再乘以自变量的微分. 因此，可得如下的微分公式和微分运算法则.

1.基本初等函数的微分公式

导数公式：	微分公式：
$(x^{\mu})'=\mu x^{\mu-1}$	$d(x^{\mu})=\mu x^{\mu-1}dx$
$(\sin x)'=\cos x$	$d(\sin x)=\cos x\,dx$
$(\cos x)'=-\sin x$	$d(\cos x)=-\sin x\,dx$
$(\tan x)'=\sec^2 x$	$d(\tan x)=\sec^2 x\,dx$
$(\cot x)'=-\csc^2 x$	$d(\cot x)=-\csc^2 x\,dx$
$(\sec x)'=\sec x\tan x$	$d(\sec x)=\sec x\tan x\,dx$
$(\csc x)'=-\csc x\cot x$	$d(\csc x)=-\csc x\cot x\,dx$
$(a^x)'=a^x\ln a$	$d(a^x)=a^x\ln a\,dx$
$(e^x)'=e^x$	$d(e^x)=e^x dx$
$(\log_a x)'=\dfrac{1}{x\ln a}$	$d(\log_a x)=\dfrac{1}{x\ln a}dx$
$(\ln x)'=\dfrac{1}{x}$	$d(\ln x)=\dfrac{1}{x}dx$
$(\arcsin x)'=\dfrac{1}{\sqrt{1-x^2}}$	$d(\arcsin x)=\dfrac{1}{\sqrt{1-x^2}}dx$
$(\arccos x)'=-\dfrac{1}{\sqrt{1-x^2}}$	$d(\arccos x)=-\dfrac{1}{\sqrt{1-x^2}}dx$
$(\arctan x)'=\dfrac{1}{1+x^2}$	$d(\arctan x)=\dfrac{1}{1+x^2}dx$
$(\text{arccot}\,x)'=-\dfrac{1}{1+x^2}$	$d(\text{arccot}\,x)=-\dfrac{1}{1+x^2}dx$

2.函数和、差、积、商的微分法则

求导法则：	微分法则：
$(u\pm v)'=u'\pm v'$	$d(u\pm v)=du\pm dv$
$(Cu)'=Cu'$	$d(Cu)=C\,du$
$(u\cdot v)'=u'v+uv'$	$d(u\cdot v)=v\,du+u\,dv$
$\left(\dfrac{u}{v}\right)'=\dfrac{u'v-uv'}{v^2}(v\neq 0)$	$d\left(\dfrac{u}{v}\right)=\dfrac{v\,du-u\,dv}{v^2}(v\neq 0)$

证明略

3.复合函数的微分法则

设 $y=f(u)$ 及 $u=\varphi(x)$ 都可导,则复合函数 $y=f[\varphi(x)]$ 的微分为 $dy=y'_x dx=f'(u)\varphi'(x)dx$.

由于 $\varphi'(x)dx=du$,所以,复合函数 $y=f[\varphi(x)]$ 的微分公式也可以写成 $dy=f'(u)du$ 或 $dy=y'_u du$.

由此可见,无论 u 是自变量还是另一个变量的可微函数,微分形式 $dy=f'(u)du$ 保持不变.这一性质称为微分形式不变性.这一性质表示,当变换自变量时,微分形式 $dy=f'(u)du$ 并不改变.

例4讲解

例 4 已知 $y=\sin(2x+1)$,求 dy.

解 把 $2x+1$ 看成中间变量 u,则

$$dy=d(\sin u)=\cos u du=\cos(2x+1)d(2x+1)$$
$$=\cos(2x+1)\cdot 2dx=2\cos(2x+1)dx$$

在求复合函数的导数时,可以不写出中间变量.

例 5 已知 $y=\ln(x+3)$,求 dy.

解 $dy=d\ln(x+3)=\dfrac{1}{x+3}d(x+3)=\dfrac{1}{x+3}dx$

例 6 在括号中填入适当的函数,使等式成立.

(1)d(　　)$=x dx$;　　(2)d(　　)$=\cos wt dt$.

解 (1) 因为 $d(x^2)=2x dx$,所以

$$x dx=\frac{1}{2}d(x^2)=d\left(\frac{1}{2}x^2\right),即\ d\left(\frac{1}{2}x^2\right)=x dx$$

一般地,有 $d\left(\dfrac{1}{2}x^2+C\right)=x dx$($C$ 为任意常数).

(2) 因为 $d(\sin wt)=w\cos wt dt$,所以

$$\cos wt dt=\frac{1}{w}d(\sin wt)=d\left(\frac{1}{w}\sin wt\right).$$

因此 $d\left(\dfrac{1}{w}\sin wt+C\right)=\cos wt dt$($C$ 为任意常数).

四、微分在近似计算中的应用

1.函数的近似计算

在工程问题中,经常会遇到一些复杂的计算公式.如果直接用这些公式进行计算,那是很费力的.利用微分往往可以把一些复杂的计算公式改用简单的近似

公式来代替.

如果函数 $y=f(x)$ 在点 x_0 处的导数 $f'(x)\neq 0$,且 $|\Delta x|$ 很小时,我们有

$$\Delta y=f(x_0+\Delta x)-f(x_0)\approx \mathrm{d}y=f'(x_0)\Delta x,$$

$$f(x_0+\Delta x)\approx f(x_0)+f'(x_0)\Delta x.$$

若令 $x=x_0+\Delta x$,即 $\Delta x=x-x_0$,那么又有

$$f(x)\approx f(x_0)+f'(x_0)(x-x_0).$$

特别当 $x_0=0$ 时,有

$$f(x)\approx f(0)+f'(0)x.$$

这些都是近似计算公式.

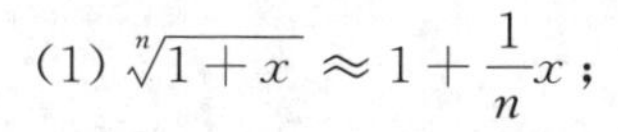

例 7 有一批半径为 10 cm 的球,为了提高球面的光洁度,要镀上一层铜,厚度定为 0.01 cm. 估计一下每只球需用铜多少 g(铜的密度是 8.9 g/cm^3)?

解 已知球体体积为 $V=\frac{4}{3}\pi R^3$,$R_0=10$ cm,$\Delta R=0.01$ cm.

镀层的体积为

$$\Delta V=V(R_0+\Delta R)-V(R_0)\approx V'(R_0)\Delta R=4\pi R_0^{\,2}\Delta R$$

$$=4\times 3.14\times 10^2\times 0.01=12.56(\mathrm{cm}^3).$$

于是镀每只球需用的铜约为

$$12.56\times 8.9=111.784(\mathrm{g}).$$

常用的近似公式(假定 $|x|$ 是较小的数值):

常用近似公式

(1) $\sqrt[n]{1+x}\approx 1+\frac{1}{n}x$;

(2) $\sin x\approx x$(x 用弧度作单位来表达);

(3) $\tan x\approx x$(x 用弧度作单位来表达);

(4) $\mathrm{e}^x\approx 1+x$;

(5) $\ln(1+x)\approx x$.

证明 (1) 取 $f(x)=\sqrt[n]{1+x}$,那么 $f(0)=1$,$f'(0)=\frac{1}{n}(1+x)^{\frac{1}{n}-1}\big|_{x=0}=\frac{1}{n}$,代入 $f(x)\approx f(0)+f'(0)x$ 便得 $\sqrt[n]{1+x}\approx 1+\frac{1}{n}x$.

(2) 取 $f(x)=\sin x$,那么 $f(0)=0$,$f'(0)=\cos x\big|_{x=0}=1$,代入 $f(x)\approx f(0)+f'(0)x$ 便得 $\sin x\approx x$.

(3) ~ (5) 的证明略.

例 8 计算$\sqrt{1.05}$的近似值.

解　已知$\sqrt[n]{1+x}\approx 1+\frac{1}{n}x$，故

$$\sqrt{1.05}=\sqrt{1+0.05}\approx 1+\frac{1}{2}\times 0.05=1.025\ .$$

直接开方的结果是$\sqrt{1.05}=1.02470$.

2. 误差估计

在生产实践中，经常要测量各种数据. 但是有的数据不易直接测量，这时我们就通过测量其他有关数据，根据某种公式算出所要的数据. 由于测量仪器的精度、测量的条件和测量的方法等因素的影响，测得的数据往往带有误差，而根据带有误差的数据计算所得的结果也会有误差，我们把它叫作间接测量误差.

下面就讨论怎样用微分来估计间接测量误差.

绝对误差与相对误差：如果某个量的精确值为 A，它的近似值为 a，那么$|A-a|$叫作 a 的绝对误差，而绝对误差$|A-a|$与$|a|$的比值$\frac{|A-a|}{|a|}$叫作 a 的相对误差.

在实际工作中，某个量的精确值往往是无法知道的，于是绝对误差和相对误差也就无法求得. 但是根据测量仪器的精度等因素，有时能够确定误差在某一个范围内. 如果某个量的精确值是 A，测得它的近似值是 a，又知道它的误差不超过 δ_A：$|A-a|\leqslant\delta_A$，则 δ_A 叫作测量 A 的绝对误差限，$\frac{\delta_A}{|a|}$叫作测量 A 的相对误差限.

例 9 设测得圆钢截面的直径 $D=60.03$ mm，测量 D 的绝对误差限 $\delta_D=0.05$. 利用公式 $A=\frac{\pi}{4}D^2$ 计算圆钢的截面积时，试估计面积的误差.

解　$\Delta A\approx \mathrm{d}A=A'\cdot\Delta D=\frac{\pi}{2}D\cdot\Delta D$,

$$|\Delta A|\approx|\mathrm{d}A|=\frac{\pi}{2}D\cdot|\Delta D|\leqslant\frac{\pi}{2}D\cdot\delta_D\ .$$

已知 $D=60.03$，$\delta_D=0.05$，

所以　$\delta_A=\frac{\pi}{2}D\cdot\delta_D=\frac{\pi}{2}\times 60.03\times 0.05=4.715(\mathrm{mm}^2)$；

$$\frac{\delta_A}{A}=\frac{\frac{\pi}{2}D\cdot\delta_D}{\frac{\pi}{4}D^2}=2\cdot\frac{\delta_D}{D}=2\times\frac{0.05}{60.03}\approx 0.17\%\ .$$

若已知 A 由函数 $y=f(x)$ 确定：$A=y$，测得 x 的绝对误差是 δ_x，那么测得 y 的绝对误差 δ_y 为多少？

由 $\Delta y \approx \mathrm{d}y = y'\Delta x$，有 $|\Delta y| \approx |\mathrm{d}y| = |y'| \cdot |\Delta x| \leqslant |y'| \cdot \delta_x$，

所以测得 y 的绝对误差为 $\delta_y = |y'| \cdot \delta_x$，

测得 y 的相对误差为 $\dfrac{\delta_y}{|y|} = \left|\dfrac{y'}{y}\right| \cdot \delta_x$.

思考与练习 2.5

1. 函数 $y=x^3-x$，求自变量 x 由 2 变到 1.99 时在 $x=2$ 处的微分.

2. 求下列函数的微分

(1) $y=\sqrt{x}$　　(2) $y=\mathrm{e}^{-x}$

(3) $y=\ln(2-3x)$　　(4) $y=\sqrt{x^2+3}$

(5) $y=x\ln x$　　(6) $y=x^2-2x$

(7) $y=\dfrac{x^2}{\sqrt{x}}$　　(8) $y=\dfrac{-1}{2\sqrt{x}}$

(9) $y=\sin^3 x$　　(10) $y=\dfrac{1-x^2}{\ln x}$

3. 将适当的函数填入下列各题的括号内，使等式成立

(1) $\mathrm{d}(\quad)=x\,\mathrm{d}x$　　(2) $\mathrm{d}(\quad)=\cos x\,\mathrm{d}x$

(3) $\mathrm{d}(\quad)=\sin x\,\mathrm{d}x$　　(4) $\mathrm{d}(\quad)=2x\,\mathrm{d}x$

(5) $\mathrm{d}(\quad)=\dfrac{1}{x}\mathrm{d}x$　　(6) $\mathrm{d}(\quad)=\dfrac{1}{x^2}\mathrm{d}x$

(7) $\mathrm{d}(\quad)=\sec^2 x\,\mathrm{d}x$　　(8) $\mathrm{d}(\quad)=-2\mathrm{d}x$

(9) $\mathrm{d}(\quad)=x^2\,\mathrm{d}x$　　(10) $\mathrm{d}(\quad)=x^3\,\mathrm{d}x$

(11) $\mathrm{d}(\quad)=x^a\,\mathrm{d}x$　　(12) $\mathrm{d}(\quad)=\sqrt{x}\,\mathrm{d}x$

(13) $\mathrm{d}(\quad)=\dfrac{1}{1+x^2}\mathrm{d}x$　　(14) $\mathrm{d}(\quad)=\dfrac{1}{\sqrt{x}}\mathrm{d}x$

(15) $\mathrm{d}(\quad)=\mathrm{e}^{-x}\,\mathrm{d}x$　　(16) $\mathrm{d}(\quad)=\dfrac{1}{x+1}\mathrm{d}x$

4. 半径为 10 cm 的实心金属球受热后，半径伸长了 0.05 cm，求体积增大的近似值.

学习指导

一、知识点总结

1. 导数的定义

定义：$f'(x_0)=\lim\limits_{\Delta x\to 0}\dfrac{\Delta y}{\Delta x}=\lim\limits_{\Delta x\to 0}\dfrac{f(x_0+\Delta x)-f(x_0)}{\Delta x}$

2. 导数的几何意义与物理意义

几何意义：曲线 $y=f(x)$ 在点 $M(x_0,f(x_0))$ 处的切线的斜率.

物理意义：随着不同物理量而不同，但都是该量的变化的快慢函数，即该量的变化率，如瞬时速度是路程对时间的导数，加速度是速度对时间的导数.

3. 可导与连续的关系：可导必连续，连续不一定可导.

4. 导数四则运算求导法则：

设函数 $u(x)$，$v(x)$ 均在点 x 可导，则有：

(1) $[u(x)\pm v(x)]'=u'(x)\pm v'(x)$；

(2) $[u(x)v(x)]'=u'(x)v(x)+u(x)v'(x)$，特别地

$$[Cu(x)]'=Cu'(x)\ (C\text{ 为常数})；$$

(3) $\left[\dfrac{u(x)}{v(x)}\right]'=\dfrac{u'(x)v(x)-u(x)v'(x)}{v^2(x)}$，$(v(x)\neq 0)$，特别地

$$\left[\frac{1}{v(x)}\right]'=-\frac{v'(x)}{v^2(x)},(v(x)\neq 0).$$

5. 复合函数求导法则——链式法则

如果 $y=f(u)$，$u=g(x)$，则 $\dfrac{dy}{dx}=\dfrac{dy}{du}\cdot\dfrac{du}{dx}$.

6. 高阶导数：二阶及二阶以上的导数统称高阶导数.

7. 隐函数求导：对方程两边关于自变量 x 求导，求导过程中把 y 看成中间变量对待.

8. 微分的概念

设函数 $y=f(x)$ 在 x_0 的邻域内有定义，如果函数的增量 $\Delta y=f(x_0+\Delta x)-f(x_0)$ 可表示为

$$\Delta y=A\Delta x+\alpha$$

其中 A 是不依赖于 Δx 的常数，α 是 Δx 的高阶无穷小，则称函数 $y=f(x)$ 在点 x_0 处是可微的，称 $A\Delta x$ 为函数 $y=f(x)$ 在点 x_0 相应于自变量增量 Δx 的微分，记作 dy，即

$$dy=f'(x_0)dx.$$

9. 微分在近似计算中的应用

(1) 函数的近似计算;(2) 误差估计.

二、主要题型及解题技巧

1. 求函数的导数

(1) 求 $f'(x_0)$ 有两种方法：一种是直接利用导数定义；一种是先求出 $f'(x)$，再将 x_0 代入.

(2) 复合函数求导方法：先搞清楚复合函数的复合结构和复合顺序，然后从外层到内层逐层求导，一直求到自变量一层为止.

(3) 初等函数求导方法：这类问题属于求导的综合题目，在求导过程中要用到导数的四则运算法则、复合函数求导法则和基本初等函数的求导公式，解题时要注意先用什么公式，后用什么公式.

(4) 隐函数求导方法：首先对等式两边关于自变量求导，然后解出函数对自变量的导数即可.

2. 求切线方程与法线方程

求曲线的切线方程与法线方程时，需要先求出切线斜率、法线斜率，再根据点斜式写出切线方程与法线方程，并化成一般式.

3. 讨论函数在一点的连续性与可导性方法

先讨论函数的一点的可导性，如果可导，则必连续，如果不可导，再根据连续的三要素讨论函数在该点的连续性. 讨论函数在一点的可导性时，一般需要求函数在该点的左导数和右导数，如果左导数与右导数都存在且相等，则函数在该点可导，否则不可导.

4. 高阶导数的求解

若求二阶导数，必须先求一阶导数，对一阶导数求导得二阶导数；

若求 n 阶导数，需找出规律，并用归纳法得出结果.

5. 求函数微分的方法

可以利用定义法，先求出函数的导数，再代入公式 $\mathrm{d}y=y'\mathrm{d}x$；也可以利用微分形式的不变性求解.

6. 求近似值

根据不同的题目选用不同的近似计算公式，如果是应用题，还需要先建立函数关系式，然后利用近似计算公式进行计算.

思维导图

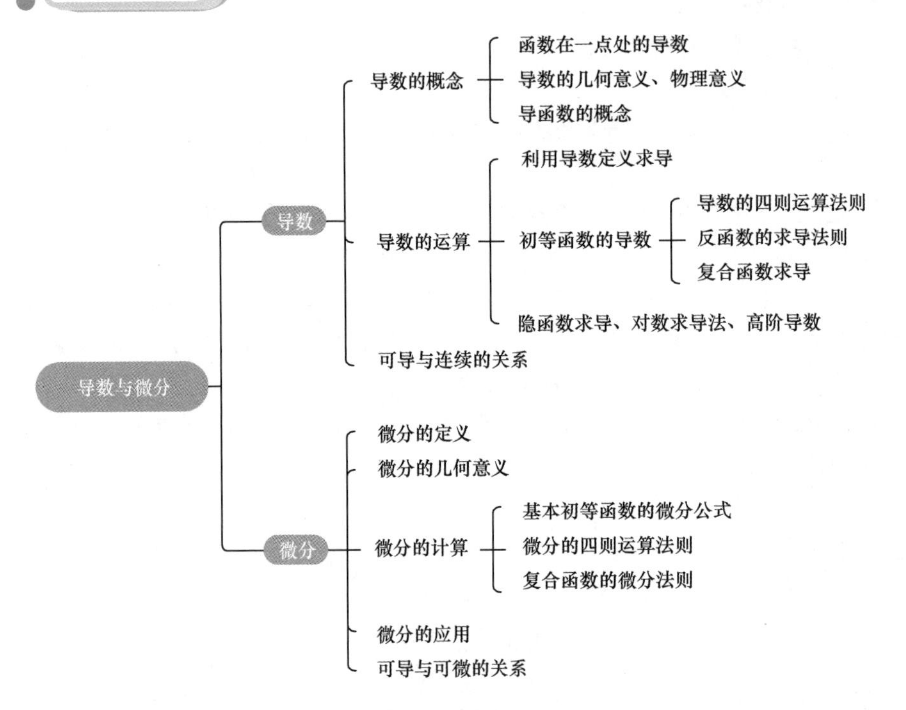

习题二

一、选择题

1. 利用导函数定义求函数导函数的步骤不包括(　　).

(A) 计算函数的改变量 Δy　　(B) 取极限 $\lim\limits_{\Delta x \to 0} \dfrac{\Delta y}{\Delta x}$

(C) 计算比值 $\dfrac{\Delta y}{\Delta x}$　　(D) 求极限 $\lim\limits_{\Delta x \to 0} \Delta y$

2. 下列对初等函数求导函数的四则运算表述错误的是(　　).

(A) 和的导函数等于导函数的和

(B) 差的导函数等于导函数的差

(C) 乘积的导函数等于前导后不导加上前不导后导

(D) 商的导函数等于导函数的商

3. 下列对初等函数求导函数运算表述错误的是(　　).

(A) 和的导函数等于导函数的和

(B) 乘积的导函数等于前导后不导加上前不导后导

(C) 商的导函数等于导函数的商

(D) 复合函数求导的链式法则分四步:分层、求导、乘积、回代

4. 以下选项中不是复合函数求导步骤的是(　　).

(A) 分解复合函数的结构　　(B) 求函数的极限

(C) 把所得导数相乘　　(D) 分别求每个函数的导数

5. 下面几个选项中,涉及不到导数的是(　　).

(A) 求变速直线运动的瞬时速度　　(B) 求曲线的切线方程

(C) 近似计算　　(D) 求平均速度

6. 一物体在做变速运动,其路程函数为 $s(t)=3t^2+5t+30$,则在 $t=2$ 时瞬时速度为(　　).

(A)17　　(B)52　　(C)3　　(D)30

7. 下列求导数的结果正确的是(　　).

(A) $(\sin 6x)'=\cos 6x$　　(B) $(e^{3x^2-5x})'=e^{3x^2-5x}$

(C) $(\ln\sqrt{x})'=\dfrac{1}{\sqrt{x}}$　　(D) $(\arctan x)'=\dfrac{1}{1+x^2}$

8. 以下关于微分的说法,错误的是(　　).

(A) 函数 $f(x)$ 在 x_0 处的微分的定义为 $dy|_{x=x_0}=f'(x_0)dx$

(B) 当 $\Delta x\to 0$ 时,函数 $f(x)$ 的增量可以近似地表示为微分,即 $\Delta y\approx f'(x)dx$

(C) 一元函数可导必可微,一元函数可微必可导

(D) 函数的导数就是函数的微分.

9. 若 $y=x\cdot\ln x$,则 $y''=$(　　).

(A)1　　(B) $\dfrac{1}{x}$　　(C) $1+\ln x$　　(D) $1+\dfrac{1}{x}$

10. 若 $y=x\cdot\sin x$,则 $dy=$(　　).

(A) $\cos x\,dx$　　(B) $\sin x\,dx$

(C) $x\,dx$　　(D) $(\sin x+x\cdot\cos x)dx$

二、判断题

1. 若 $f(x)$ 在 (a,b) 内可导,那么 $f(x)$ 在 (a,b) 内连续;反之不成立.　　(　　)

2. 若函数 $y=f(x)$ 在点 x_0 处可微,则函数 $y=f(x)$ 在点 x_0 处可导,反之亦成立.　　(　　)

3. 函数 $y=f(x)$ 在点 x_0 处的导数在几何上表示曲线 $y=f(x)$ 在点 $(x_0,f(x_0))$ 处的切线的斜率.　　(　　)

4. $(x\sin x)'=x'(\sin x)'=\cos x$.　(　　)

5. $(x^2\sin x)'=2x\cos x$.　(　　)

6. $(x^3\ln x)'=(x^3)'(\ln x)'=3x^2\cdot\frac{1}{x}=3x$.　(　　)

7. 函数 $y=e^{3x}$ 的导函数是 e^{3x}.　(　　)

8. 函数 $y=\sin(x^2)$ 的导函数是 $\cos(x^2)$.　(　　)

9. 函数 $y=x+e^x$ 在(0,1) 处的切线方程为 $y=2x+1$.　(　　)

10. 函数 $y=x^2+e^x$ 在(0,1) 处的切线方程为 $y=3x+1$.　(　　)

三、计算题

1. 求以下函数的导数

(1) $y=(2x-3)^2$　　(2) $y=\frac{x^2}{\ln x}$

(3) $y=e^x+x\sin x$　　(4) $y=\frac{x^2+x\sqrt{x}-2}{\sqrt{x}}$

(5) $y=\ln(5-2x)$　　(6) $y=\sqrt{1-2x}$

(7) $y=e^{-x}$　　(8) $y=\arctan x^2$

2. 求以下函数的微分

(1) $y=\frac{2x+1}{x^2-1}$　　(2) $y=\left(2\sqrt{x}-\frac{1}{x}\right)\sqrt{x}$

(3) $y=x-x\sqrt{x}+1$　　(4) $y=\frac{x^2-x+1}{\sqrt{x}}$

(5) $y=\cos^5 x$　　(6) $y=\arcsin\sqrt{x}$

四、简答题

1. 已知曲线 $y=x^2-x$，求在该曲线上 $x=1$ 处的切线方程.

2. 求曲线 $y=x^3$ 在点(1,1) 处的切线方程与法线方程.

3. 金属圆管的内半径为 10 cm，当管壁厚度为 0.05 cm 时，利用微分计算圆管的横截面积.(结果保留 π)

模块三

透过现象看本质

—— 导数的应用

数学史料

前面我们学习了导数的概念及计算方法，介绍了导数的几何意义，并利用导数解决了求曲线的切线、法线及变化率的问题. 本章将继续利用导数求未定式极限的方法 —— 洛必达法则，并利用导数判断一元函数的单调性、极值、最值、凹凸性与拐点、边际与弹性，以及研究函数图形的性态和解决一些常见的实际问题.

学习目标

1. 掌握用洛必达法则计算未定式极限；
2. 掌握函数单调性的判断方法；
3. 理解函数极值的概念，会利用导数求函数极值；
4. 能够解决一些常见的最值问题、经济应用问题；
5. 掌握曲线凹凸性的判定方法，理解函数拐点的概念；
6. 能正确描绘函数的图象.

思政目标

通过学习导数的应用，逐步培养学生的综合数学素养和利用数学解决实际问题的能力。本模块知识点强调数学的应用性，注重直观描述与实际背景。通过学习函数单调性、极值与最值、凹凸区间与拐点，让学生感悟人生，没有谁是一帆风顺地度过一生，每个人都会经历跌宕起伏，要用平常心做平常事，风光时不自满、低谷时不气馁，百折不挠、砥砺前行。

第一节 洛必达法则

在计算极限时，常常会遇到两个无穷小量之比$\left(\frac{0}{0}\text{型}\right)$或两个无穷大量之比$\left(\frac{\infty}{\infty}\text{型}\right)$的情形，或者遇到形如$0\cdot\infty$、$0^0$、$\infty^0$、$\infty-\infty$等类型的极限，这种极限可能存在，也可能不存在，通常称之为未定式，对于这种未定式的极限，不能直接利用极限的四则运算法则进行计算，本节将要学习的洛必达(L'Hospital)法则，为我们提供了一种利用导数求解未定式极限的简单且具有一般性的方法.

一、洛必达法则

定理 3.1.1(洛必达法则) 若函数 $f(x)$ 与 $g(x)$ 满足下列条件：

(1) $\lim\limits_{x\to x_0}f(x)=\lim\limits_{x\to x_0}g(x)=0$ 或($\lim\limits_{x\to x_0}f(x)=\lim\limits_{x\to x_0}g(x)=\infty$)；

(2) $f(x)$、$g(x)$ 在 x_0 的某空心邻域内可导，且 $g'(x)\neq 0$；

(3) $\lim\limits_{x\to x_0}\dfrac{f'(x)}{g'(x)}=A$(或 ∞)，其中 A 为常数；

则有 $\lim\limits_{x\to x_0}\dfrac{f(x)}{g(x)}=\lim\limits_{x\to x_0}\dfrac{f'(x)}{g'(x)}=A$(或 ∞)

注意：

(1) 定理中的 $x\to x_0$ 换为 $x\to x_0^+$，$x\to x_0^-$，$x\to+\infty$，$x\to-\infty$，$x\to\infty$ 等，定理仍成立；

(2) 定理中的条件(3) 是分式的分子分母分别求导数，而不是对整个分式求

导数；

(3) 如果 $\lim\limits_{x \to x_0} \dfrac{f'(x)}{g'(x)}$ 仍是 $\dfrac{0}{0}$ 型(或 $\dfrac{\infty}{\infty}$ 型)，且 $f'(x)$、$g'(x)$ 仍满足洛必达法则的条件，则可继续使用洛必达法则，即

$$\lim_{x \to x_0} \frac{f(x)}{g(x)} = \lim_{x \to x_0} \frac{f'(x)}{g'(x)} = \lim_{x \to x_0} \frac{f''(x)}{g''(x)} = \cdots \text{，依次类推；}$$

(4) 洛必达法则是极限存在的充分条件，即当 $\lim\limits_{x \to x_0} \dfrac{f'(x)}{g'(x)}$ 的极限不存在时，不能判定原极限不存在.

例 1 求 $\lim\limits_{x \to 0} \dfrac{\sin x}{x}$.

洛必达法则及例题讲解

解 $\dfrac{0}{0}$ 型，$\lim\limits_{x \to 0} \dfrac{\sin x}{x} = \lim\limits_{x \to 0} \dfrac{(\sin x)'}{(x)'} = \lim\limits_{x \to 0} \dfrac{\cos x}{1} = 1$

例 2 求 $\lim\limits_{x \to 0} \dfrac{1-\cos x}{x^2}$.

$\dfrac{0}{0}$ 型，

解法 1
$$\lim_{x \to 0} \frac{1-\cos x}{x^2} = \lim_{x \to 0} \frac{(1-\cos x)'}{(x^2)'} = \lim_{x \to 0} \frac{\sin x}{2x} = \lim_{x \to 0} \frac{(\sin x)'}{(2x)'} = \lim_{x \to 0} \frac{\cos x}{2} = \frac{1}{2}$$

解法 2
$$\lim_{x \to 0} \frac{1-\cos x}{x^2} = \lim_{x \to 0} \frac{(1-\cos x)'}{(x^2)'} = \lim_{x \to 0} \frac{\sin x}{2x} = \frac{1}{2} \lim_{x \to 0} \frac{\sin x}{x} = \frac{1}{2}$$

例 3 求 $\lim\limits_{x \to 0} \dfrac{1-\cos x}{x \cdot \sin x}$.

解法 1
$$\lim_{x \to 0} \frac{1-\cos x}{x \cdot \sin x} = \lim_{x \to 0} \frac{\sin x}{\sin x + x \cdot \cos x} = \lim_{x \to 0} \frac{\cos x}{\cos x + \cos x - x \cdot \sin x} = \frac{1}{2}$$

解法 2
$$\lim_{x \to 0} \frac{1-\cos x}{x \cdot \sin x} = \lim_{x \to 0} \frac{1-\cos x}{x \cdot x} = \lim_{x \to 0} \frac{\sin x}{2x} = \frac{1}{2}$$

解法 3
$$\lim_{x \to 0} \frac{1-\cos x}{x \cdot \sin x} = \lim_{x \to 0} \frac{\frac{1}{2}x^2}{x \cdot x} = \frac{1}{2}$$

其中第二种解法是洛必达法则与等价无穷小的等价代换结合使用，第三种解法是直接利用无穷小的等价代换求解.

注意：洛必达法则是求未定式极限的一种有效方法，如果能够与求极限的其他方法如两个重要极限、无穷小的等价代换等结合使用，求解过程会更简洁.

例 4 求 $\lim\limits_{x\to 0}\dfrac{x-\tan x}{x\cdot\sin^2 x}$.

解 $\dfrac{0}{0}$ 型，$\lim\limits_{x\to 0}\dfrac{x-\tan x}{x\cdot\sin^2 x}=\lim\limits_{x\to 0}\dfrac{x-\tan x}{x^3}=\lim\limits_{x\to 0}\dfrac{1-\sec^2 x}{3x^2}$

$$=\lim_{x\to 0}\frac{-2\sec^2 x\cdot\tan x}{6x}$$

$$=-\frac{1}{3}\lim_{x\to 0}\frac{\tan x}{x}\cdot\lim_{x\to 0}\sec^2 x=-\frac{1}{3}$$

例 5 求 $\lim\limits_{x\to 2}\dfrac{x^2-4}{x-2}$.

解 $\dfrac{0}{0}$ 型，$\lim\limits_{x\to 2}\dfrac{x^2-4}{x-2}=\lim\limits_{x\to 2}\dfrac{2x}{1}=4$

例 6 求 $\lim\limits_{x\to\infty}\dfrac{3x^3-2x^2+5}{4x^3+3x}$.

解 $\dfrac{\infty}{\infty}$ 型，$\lim\limits_{x\to\infty}\dfrac{3x^3-2x^2+5}{4x^3+3x}=\lim\limits_{x\to\infty}\dfrac{9x^2-4x}{12x^2+3}=\lim\limits_{x\to\infty}\dfrac{18x-4}{24x}=\lim\limits_{x\to\infty}\dfrac{18}{24}=\dfrac{3}{4}$

例 7 求 $\lim\limits_{x\to+\infty}\dfrac{\sqrt{1+x^2}}{x}$.

解 $\dfrac{\infty}{\infty}$ 型，$\lim\limits_{x\to+\infty}\dfrac{\sqrt{1+x^2}}{x}=\lim\limits_{x\to+\infty}\dfrac{\dfrac{x}{\sqrt{1+x^2}}}{1}=\lim\limits_{x\to+\infty}\dfrac{x}{\sqrt{1+x^2}}$

$$=\lim_{x\to+\infty}\frac{1}{\dfrac{x}{\sqrt{1+x^2}}}=\lim_{x\to+\infty}\frac{\sqrt{1+x^2}}{x}$$

经过两次洛必达法则后，又回到了原来的形式，这说明洛必达法失效，只能用其他方法求解.

$$\lim_{x\to+\infty}\frac{\sqrt{1+x^2}}{x}=\lim_{x\to+\infty}\sqrt{\frac{1+x^2}{x^2}}=\lim_{x\to+\infty}\sqrt{\frac{1}{x^2}+1}=1$$

该例题说明，洛必达法则不是万能的，对于某些情形还是需要利用前面学习的方法去求解.

二、其他类型的未定式极限

例 8 求$\lim\limits_{x\to0^+}x\cdot\ln x$.

例8、例9讲解

解 "$0\cdot\infty$"型.

$$\lim_{x\to0^+}x\cdot\ln x=\lim_{x\to0^+}\frac{\ln x}{\frac{1}{x}}=\lim_{x\to0^+}\frac{\frac{1}{x}}{-\frac{1}{x^2}}=-\lim_{x\to0^+}x=0$$

例 9 求$\lim\limits_{x\to1}\left(\dfrac{x}{x-1}-\dfrac{1}{\ln x}\right)$.

解 "$\infty-\infty$"型,先化成"$\dfrac{0}{0}$"型.

$$\lim_{x\to1}\left(\frac{x}{x-1}-\frac{1}{\ln x}\right)=\lim_{x\to1}\frac{x\cdot\ln x-x+1}{(x-1)\cdot\ln x}=\lim_{x\to1}\frac{1+\ln x-1}{\frac{x-1}{x}+\ln x}$$

$$=\lim_{x\to1}\frac{\ln x}{1-\frac{1}{x}+\ln x}=\lim_{x\to1}\frac{\frac{1}{x}}{\frac{1}{x^2}+\frac{1}{x}}=\frac{1}{2}$$

思考与练习 3.1

1. 下列运算是否正确,如果不正确,错在哪里?

$$\lim_{x\to\infty}\frac{x-\sin x}{x+\sin x}=\lim_{x\to\infty}\frac{1-\cos x}{1+\cos x}=\lim_{x\to\infty}\frac{\sin x}{-\sin x}=-1$$

2. 求下列函数的极限

(1)$\lim\limits_{x\to0}\dfrac{\ln(1+x)}{2x}$　　(2)$\lim\limits_{x\to0}\dfrac{x-\sin x}{x^3}$

(3)$\lim\limits_{x\to\infty}\dfrac{2x^3-5x+7}{3x^3+4x-5}$　　(4)$\lim\limits_{x\to+\infty}\dfrac{\ln x}{x^3}$

(5)$\lim\limits_{x\to+\infty}\dfrac{x^2}{e^x}$　　(6)$\lim\limits_{x\to0}\dfrac{\sin 5x}{2x}$

(7)$\lim\limits_{x\to1}\dfrac{x^3-3x+2}{x^3-x^2-x+1}$　　(8)$\lim\limits_{x\to0}\dfrac{e^x-1}{x\cdot e^x+e^x-1}$

(9)$\lim\limits_{x\to0}\left(\dfrac{1}{x}-\dfrac{1}{e^x-1}\right)$　　(10)$\lim\limits_{x\to1}\left(\dfrac{1}{1-x}-\dfrac{3}{1-x^3}\right)$

(11) $\lim\limits_{x \to +\infty} \dfrac{\ln(1+x)}{\ln(1+x^2)}$

(12) $\lim\limits_{x \to 1} \left(\dfrac{1}{x-1} - \dfrac{1}{\ln x}\right)$

(13) $\lim\limits_{x \to 0} \dfrac{x - \sin x}{x(e^{x^2} - 1)}$

(14) $\lim\limits_{x \to +\infty} \ln x \cdot \ln\left(1 + \dfrac{1}{x}\right)$

第二节 函数的单调性与极值

案例分析 1—— 最大功率问题(理工类)

已知某电路如图 3-2-1 所示，设在该电路中，电源电动势为 E，内电阻为 r(E、r 均为常量)，问负载电阻 R 多大时，输出功率 P 最大？最大是多少？

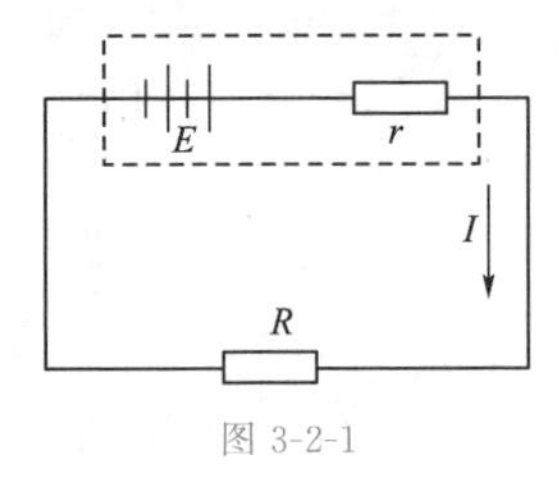

图 3-2-1

分析　由电学知识知，消耗在负载电阻 R 上的功率为 $P = I^2R$，其中 I 是回路中的电流，由欧姆定律知，

$$I = \frac{E}{R+r}$$

所以　$P = \dfrac{E^2R}{(R+r)^2} (R > 0)$

问题转化为 R 为何值时，上式取得最大值.

如何求解呢？学习了本节内容后问题就迎刃而解了.

案例分析 2—— 征税的学问(经管类)

工厂想赚钱，政府要收税，一个怎样的税率才能使双方都受益呢？

假设工厂以追求最大利润为目标来控制产量 q，政府对其产品征税的税率(单位产品的税收金额)为 t，我们的任务是，确定一个适当的税率，使征税收益达到最大.

现已知工厂的总收益函数和总成本函数分别为 $R = R(q)$，$C = C(q)$. 由于每单位产品要纳税 t，故平均成本要增加 t，从而纳税后的总成本函数是

$$C_t = C(q) + tq$$

利润函数是

$$L_t = R(q) - C_t(q) = R(q) - C(q) - tq$$

政府征税得到的总收益是

$$T = tq$$

显然，总收益 T 不仅与产量 q 有关，而且与税率 t 有关. 当税率 $t=0$(免税)时，$T=0$；随着单位产品税率的增加，产品的价格也提高，需求量就会下降，当税率 t 增大到使产品失去市场时，$q=0$，从而也有 $T=0$. 因此，为使征税收益最大，就必须恰当地选取 t，我们将利用一元函数极值的有关知识来解决此问题.

一、函数的单调性

在模块一中我们介绍了函数在区间上单调的概念，现在我们利用导数来研究函数的单调性.

如图 3-2-2 所示，如果函数 $y=f(x)$ 在闭区间 $[a,b]$ 上单调递增，那么它的图象是一条沿 x 轴正向上升的曲线，此时曲线上各点的切线的倾斜角 θ 都是锐角，因此它们的倾斜角的正切值 $\tan\theta>0$，从而它们的斜率 $k>0$，而 $k=f'(x)$，故 $f'(x)>0$.

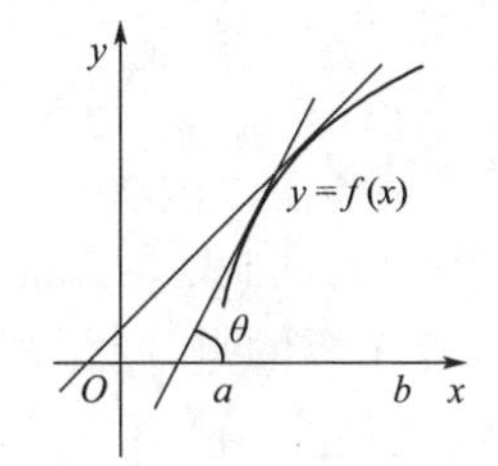

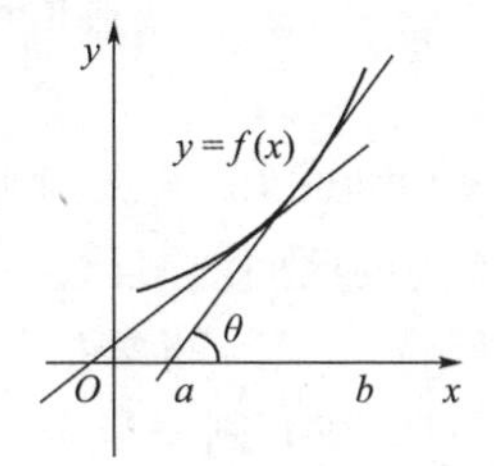

图 3-2-2

类似地，如图 3-2-3，如果函数 $y=f(x)$ 在闭区间 $[a,b]$ 上单调递减，那么它的图象是一条沿 x 轴正向下降的曲线，此时曲线上各点的切线的倾斜角 θ 都是钝角，因此它们的倾斜角的正切值 $\tan\theta<0$，从而它们的斜率 $k<0$，而 $k=f'(x)$，故 $f'(x)<0$.

由此可见，函数的单调性与其导数的符号有着密切的关系，为此我们利用导数的符号来判定函数的单调性.

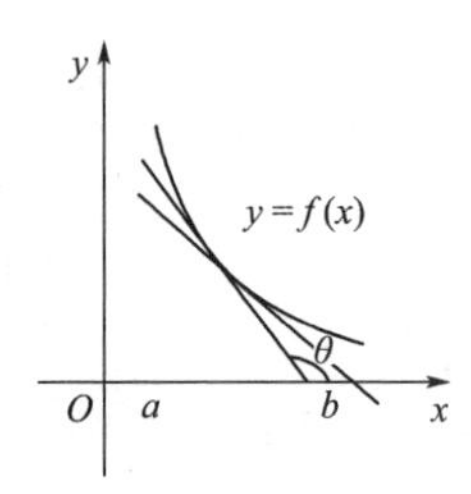

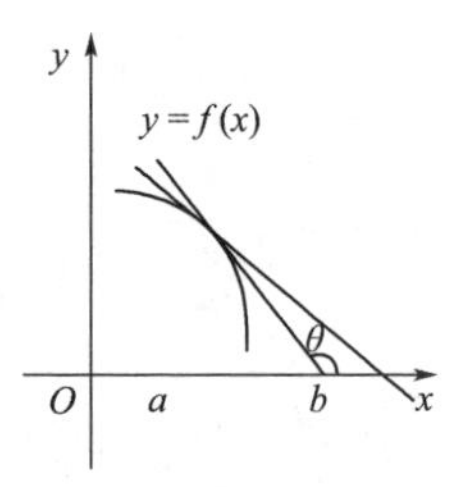

图 3-2-3

定理 3.2.1(函数单调性的判别法)

设函数 $y=f(x)$ 在开区间(a,b)内可导,

(1) 若函数 $y=f(x)$ 在(a,b)内,有 $f'(x)>0$,则函数 $y=f(x)$ 在(a,b)内是单调递增的,区间(a,b)为单调递增区间.

(2) 若函数 $y=f(x)$ 在(a,b)内,有 $f'(x)<0$,则函数 $y=f(x)$ 在(a,b)内是单调递减的,区间(a,b)为单调递减区间.

例 1 判断函数 $y=x^3-3x$ 的单调区间.

解法 1 函数的定义域为$(-\infty,+\infty)$

$$y'=(x^3-3x)'=3x^2-3=3(x-1)(x+1)$$

由 $y'>0$,即$(x-1)(x+1)>0$,得 $x>1$ 或 $x<-1$

由 $y'<0$,即$(x-1)(x+1)<0$,得 $-1<x<1$;

所以函数 $y=x^3-3x$ 单调递增区间为$(-\infty,-1)$,$(1,+\infty)$,单调递减区间为$(-1,1)$.

从上例的求解过程中,$x=-1$ 和 $x=1$ 是两个重要的点,它们把区间$(-\infty,+\infty)$分成三个单调的区间,并且在 $x=-1$ 和 $x=1$ 处均有 $f'(x)=0$.

一般地,使得函数 $f(x)$ 的导数 $f'(x)$ 等于零的点,叫作该函数的驻点.

在本例题中,只需要判断出函数的导数在被驻点 $x=-1$ 和 $x=1$ 分成的三个区间内的正负,就可以求出单调区间,因此,可以用表格的形式求解.具体如下:

解法 2 函数的定义域为$(-\infty,+\infty)$;

$$y'=(x^3-3x)'=3x^2-3=3(x-1)(x+1)$$

由 $y'=0$ 得,驻点 $x_1=-1$,$x_2=1$

它们把定义区间分为三个子区间$(-\infty,-1)$,$(-1,1)$和$(1,+\infty)$,各区间内导数的符号和单调性见表 3-2-1.

表 3-2-1

x	$(-\infty,-1)$	$(-1,1)$	$(1,+\infty)$
y'	+	−	+
y	↗	↘	↗

所以函数 $y=x^3-3x$ 单调递增区间为 $(-\infty,-1)$，$(1,+\infty)$，单调递减区间为 $(-1,1)$.

一般地，确定函数单调性的步骤是：

(1) 确定函数 $f(x)$ 的定义域；

(2) 求 $f'(x)$，并由 $f'(x)=0$ 求出驻点和 $f'(x)$ 不存在的点，用这些点将定义域分成若干子区间；

(3) 列表求解 $f'(x)$ 在各个子区间的符号，从而判断函数 $f(x)$ 的单调性及单调区间.

例2讲解

例 2 讨论 $f(x)=2x^3-9x^2+12x-3$ 的单调性.

解 函数的定义域为 $(-\infty,+\infty)$；

$$f'(x)=(2x^3-9x^2+12x-3)'=6x^2-18x+12=6(x-1)(x-2)$$

由 $f'(x)=0$ 得驻点为 $x_1=1$，$x_2=2$

它们把定义区间分为三个子区间 $(-\infty,1)$，$(1,2)$ 和 $(2,+\infty)$，各区间内导数的符号和单调性见表 3-2-2.

表 3-2-2

x	$(-\infty,1)$	$(1,2)$	$(2,+\infty)$
$f'(x)$	+	−	+
$f(x)$	↗	↘	↗

所以函数 $f(x)=2x^3-9x^2+12x-3$ 单调递增区间为 $(-\infty,1)$，$(2,+\infty)$，单调递减区间为 $(1,2)$.

极值定义

二、函数的极值

定义 3.2.1 设函数 $f(x)$ 在点 x_0 邻域内有定义，若对于点 x_0 附近的任何点 x，都有

$$f(x)<f(x_0)$$

成立，则 $f(x_0)$ 称为函数 $f(x)$ 的极大值，x_0 称为函数 $f(x)$ 的极大值点；

若对于点 x_0 附近的任何点 x，都有

$$f(x)>f(x_0)$$

成立，则 $f(x_0)$ 称为函数 $f(x)$ 的极小值，x_0 称为函数 $f(x)$ 的极小值点.

函数的极大值点与极小值点统称为极值点，极大值与极小值统称为极值.

函数 $y=f(x)$ 的图象如图 3-2-4 所示，

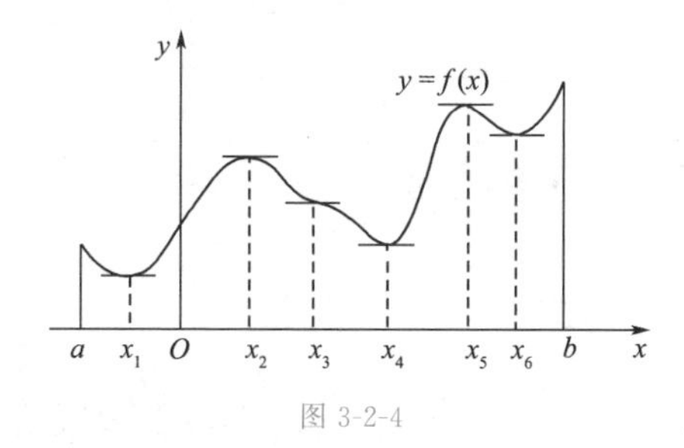

图 3-2-4

函数 $y=f(x)$ 有两个极大值点 x_2 和 x_5，它们所对应的极大值分别为 $f(x_2)$ 和 $f(x_5)$；有三个极小值点 x_1、x_4 和 x_6，它们对应的极小值分别为 $f(x_1)$、$f(x_4)$ 和 $f(x_6)$.

注意：函数的极值是一个局部性概念，函数在 x_0 处取得极大(或极小)值，仅仅指在 x_0 附近很小的区间内 $f(x_0)$ 的值大于(或小于)x_0 附近的点的函数值，故有极大值不一定大于极小值. 这与函数在区间上的最大(最小)值的概念不同，最大值、最小值是区间上的整体性质.

由图 3-2-4 可以看出，在函数取得极值处，曲线的切线都是平行于 x 轴的，即

$$f'(x_1)=f'(x_2)=f'(x_4)=f'(x_5)=f'(x_6)=0,$$

由此可得下面的定理.

定理 3.2.2(极值存在的必要条件)　如果函数 $f(x)$ 在点 x_0 处可导，且在点 x_0 处取得极值，则必有 $f'(x_0)=0$.

由于使函数的导数值为零的点称为驻点，上述定理也可表述为：

可导函数的极值点，必定是它的驻点.

需要注意的是：

(1) 可导函数的驻点只是极值点的必要条件，而不是充分条件. 也就是说，可导函数的极值点，必定是它的驻点，但反过来，可导函数的驻点，却不一定是函数的极值点. 例如，在图 3-2-4 中，$f'(x_3)=0$，所以，点 x_3 是驻点，但它不是极值点；再如，函数 $f(x)=x^3$(图 3-2-5)，有 $f'(0)=0$，但是 $x=0$ 不是 $f(x)=x^3$ 的极值点.

(2) 定理 3.2.2 是对函数在点 x_0 处可导而言的，在导数不存在但连续的点处，函数也可能取得极值. 例如，函数 $y=|x|$，在点 $x=0$ 处是连续的，但却是不可导的(这样的点称为不可导点或奇点)，而在 $x=0$ 处却有极小值 $f(0)=0$，如图 3-2-6 所示.

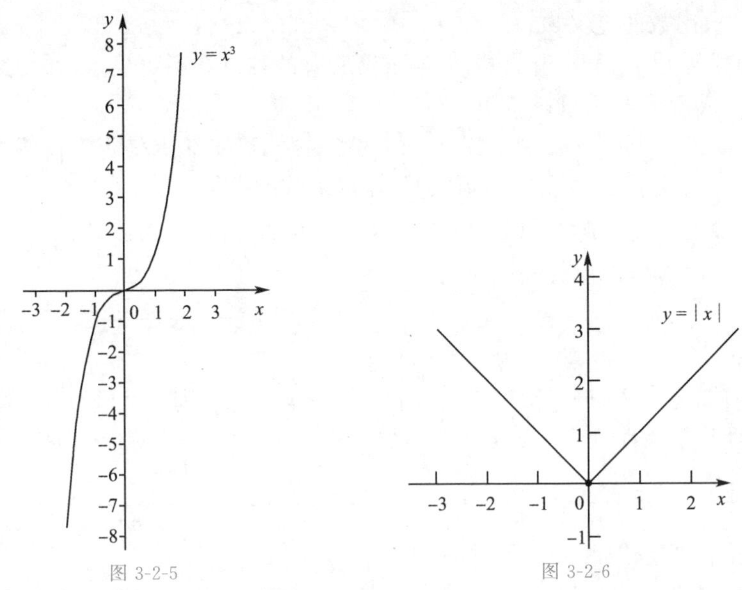

图 3-2-5　　图 3-2-6

由上面的分析可知，函数的极值点只能在驻点和不可导点处产生，但是驻点和不可导点又不一定是极值点，那么如何判断驻点和不可导点是不是极值点呢？下面我们就给出极值点判别法.

我们先来分析图 3-2-4，在图中，函数 $y=f(x)$ 有两个极大值点 x_2 和 x_5，三个极小值点 x_1、x_4 和 x_6. 进一步分析发现，在极大值点的左边很小区间内，随着自变量的增大，函数是递增的，而在右边很小区间内，随着自变量的增大，函数是递减的；在极小值点的左边很小区间内，随着自变量的增大，函数是递减的，而在右边很小区间内，随着自变量的增大，函数是递增的. 这就启发我们，可以利用驻点和不可导点左右两边函数的单调性来判断该点是否为极值点，而函数的单调性是利用函数一阶导数的符号来判断的，因此，判断驻点和不可导点是否为极值点的一个方法就是利用其左右两边导数的符号来判断. 这就是函数极值的第一充分条件.

定理 3.2.3(极值的第一充分条件)　设 x_0 是函数 $f(x)$ 的驻点或不可导点，

(1) 若当 $x<x_0$ 时，$f'(x)>0$，当 $x>x_0$ 时，$f'(x)<0$，则 x_0 是函数 $f(x)$ 的极大值点，$f(x_0)$ 是函数 $f(x)$ 的极大值；

(2) 若当 $x<x_0$ 时，$f'(x)<0$，当 $x>x_0$ 时，$f'(x)>0$，则 x_0 是函数 $f(x)$ 的极小值点，$f(x_0)$ 是函数 $f(x)$ 的极小值；

(3) 如果在 x_0 的两侧，函数的导数具有相同的符号，则函数 $f(x)$ 在 x_0 处不能取得极值.

由上述定理，我们可以得到求函数 $f(x)$ 极值的步骤如下：

(1) 求函数的定义域；

(2) 求导数 $f'(x)$，由 $f'(x)=0$ 求出所有的驻点和不可导点，并用这些点把定义域分成若干子区间；

(3) 列表，讨论 $f'(x)$ 在各个子区间的符号，确定该点是否为极值点；

(4) 求出各个极值点处的函数值，即得函数的极值.

例 3 求函数 $f(x)=x^3-3x^2+5$ 的极值.

解 函数的定义域为 $(-\infty,+\infty)$；

$$f'(x)=(x^3-3x^2+5)'=3x^2-6x=3x(x-2)$$

由 $f'(x)=0$ 得，驻点为 $x_1=0, x_2=2$

它们把定义区间分为三个子区间 $(-\infty,0)$，$(0,2)$ 和 $(2,+\infty)$，各区间内导数的符号和单调性见表 3-2-3.

表 3-2-3

x	$(-\infty,0)$	0	$(0,2)$	2	$(2,+\infty)$
$f'(x)$	+	0	−	0	+
$f(x)$	↗	$f(0)$ 为极大值	↘	$f(2)$ 为极小值	↗

所以函数 $f(x)=x^3-3x^2+5$ 在 $x=0$ 处取得极大值，极大值为 $f(0)=5$；在 $x=2$ 处取得极小值，极小值为 $f(2)=1$.

例4讲解

例 4 求函数 $f(x)=(x-2)\sqrt[3]{x^2}$ 的极值.

解 函数的定义域为 $(-\infty,+\infty)$；

$$f'(x)=\sqrt[3]{x^2}+\frac{2}{3}(x-2)x^{-\frac{1}{3}}=\frac{5x-4}{3\sqrt[3]{x}}$$

由 $f'(x)=0$ 得，驻点为 $x=\frac{4}{5}$，不可导点为 $x=0$.

它们把定义区间分为三个子区间 $(-\infty,0)$，$\left(0,\frac{4}{5}\right)$ 和 $\left(\frac{4}{5},+\infty\right)$，各区间内导数的符号和单调性见表 3-2-4.

表 3-2-4

x	$(-\infty,0)$	0	$\left(0,\frac{4}{5}\right)$	$\frac{4}{5}$	$\left(\frac{4}{5},+\infty\right)$
$f'(x)$	+	不存在	−	0	+
$f(x)$	↗	$f(0)$ 为极大值	↘	$f\left(\frac{4}{5}\right)$ 为极小值	↗

所以函数 $f(x)=(x-2)\sqrt[3]{x^2}$ 在 $x=0$ 处取得极大值，极大值为 $f(0)=0$；在 $x=\frac{4}{5}$ 处取得极小值，极小值为 $f\left(\frac{4}{5}\right)=\frac{-12}{25}\sqrt[3]{10}$.

若函数 $f(x)$ 在驻点 x_0 处的二阶导数存在且不等于零，则可用以下方法判别 x_0 是极大值点还是极小值点.

定理 3.2.4(极值的第二充分条件)　设函数 $f(x)$ 在 x_0 处具有二阶导数且 $f'(x_0)=0$，$f''(x_0)\neq 0$，则

(1) 当 $f''(x_0)<0$ 时，函数 $f(x)$ 在 x_0 处取得极大值；

(2) 当 $f''(x_0)>0$ 时，函数 $f(x)$ 在 x_0 处取得极小值.

例 5　求函数 $f(x)=x^3-6x^2+9x-10$ 的极值.

例5讲解

解　函数的定义域为$(-\infty,+\infty)$；

$$f'(x)=3x^2-12x+9=3(x-1)(x-3)$$

$$f''(x)=6x-12=6(x-2)$$

由 $f'(x)=0$ 得，驻点为 $x_1=1$，$x_2=3$，

$\because f''(1)=-6<0$，故 $x=1$ 为极大值点，极大值为 $f(1)=-6$

$f''(3)=6>0$，故 $x=3$ 为极小值点，极小值为 $f(3)=-10$.

三、函数的最值

在实际问题中，常常会遇到求“产量最大”“利润最大”“成本最少”“用料最少”等问题，在数学上这类问题都属于求函数的最大值、最小值问题，统称为最值问题，是数学中常见的一类优化问题.

在第一模块我们学习了当函数 $f(x)$ 在闭区间$[a,b]$上连续时，必有最大值与最小值. 如何求最大值与最小值呢？我们先看图 3-2-3，在闭区间$[a,b]$上，最大值在 $x=b$ 处取得，最小值在 $x=x_1$ 处取得，而 $x=b$ 是闭区间$[a,b]$的端点，$x=x_1$ 是极小值点，这表明，最值点可以在闭区间的区间端点处取得，也可以在极值点处取得，而极值是局部的性质，极大值不一定大于极小值，因而我们只需要找出可能的极值点，即驻点与不可导点，然后求解驻点、不可导点与端点处的函数值，最大的即为最大值，最小的即为最小值，具体求解步骤如下：

(1) 求出函数 $f(x)$ 的所有驻点和不可导点；

(2) 求出函数 $f(x)$ 在驻点、不可导点、区间端点处的函数值；

(3) 比较各函数值的大小，其中最大的就是函数的最大值，最小的就是函数的最小值.

例 6　求函数 $f(x)=x^4-2x^2+3$ 在$[-2,2]$上的最大值和最小值.

例6讲解

解　$f'(x)=4x^3-4x=4x(x-1)(x+1)$.

由 $f'(x)=0$ 得，驻点为 $x_1=0$，$x_2=1$，$x_3=-1$，

这些驻点及端点处的函数值为：

$$f(0)=3, f(1)=2, f(-1)=2, f(-2)=11, f(2)=11,$$

比较这些值的大小，知最大值为 $f(-2)=f(2)=11$，最小值为 $f(1)=f(-1)=2$.

在实际问题中求最值时，注意下述结论，会为求解带来简便. 假定所讨论的函数是可导的.

(1) 如果函数 $f(x)$ 在区间 $[a,b]$(或 (a,b)，或无穷区间) 的内部只有一个驻点，而这个驻点是极值点，那么这个驻点就是最值点，当驻点是极大值点时，就是最大值点，当驻点是极小值点时，就是最小值点.

(2) 如果从实际问题分析，函数 $f(x)$ 在所考虑的区间内有最大值(或最小值)，而该区间内只有一个驻点，那么这个驻点就是最大值点(或最小值点).

例 7 现有一边长为 48 cm 的正方形铁皮，在铁皮的四个角各截去面积相等的小正方形，如图 3-2-7(a) 所示，然后把四边折起，做成一个无盖的铁盒，如图 3-2-7(b) 所示，问截去的正方形边长为多大时，铁盒的容积最大？

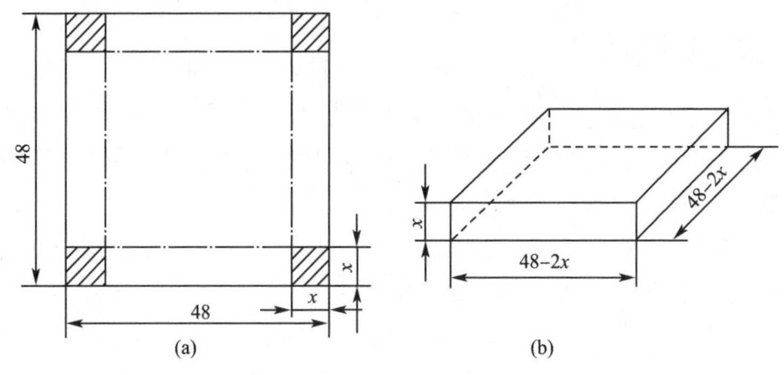

图 3-2-7

解 设截去的小正方形边长为 x cm，则铁盒的地面边长为 $(48-2x)$cm，铁盒的容积(单位：cm^3) 为

$$V=x(48-2x)^2,(0<x<24)$$

问题归结为：当 x 取何值时，函数 V 在区间 $(0,24)$ 内取得最大值.

求导数

$$V'=(48-2x)^2-4x(48-2x)=(48-2x)(48-6x)=12(24-x)(8-x)$$

$$V''=-12(8-x)-12(24-x)=-24(16-x)$$

由 $V'=0$ 得，$x_1=8$，$x_2=24$(舍去)，

$$V''(8)=-24\times 8<0$$

所以，$x_1=8$ 是函数 V 的极大值点，又由于驻点的唯一性，$x_1=8$ 是函数 V 的最大值点，

即当截去的小正方形边长为 8 cm 时铁盒的容积最大.

实际问题求最值应注意以下几点：

(1) 根据题意建立目标函数，并给出自变量在实际意义下尽量小的取值范围；

(2) 求函数的最值，一般情况下，若函数只有唯一驻点，则该点的函数值即为所求的最大值(或最小值).

例 8 本节案例分析 1 的解答.

解 由电学知识知，消耗在负载电阻 R 上的功率为 $P=I^2R$，其中 I 是回路中的电流，由欧姆定律知，

$$I=\frac{E}{R+r}$$

所以
$$P=\frac{E^2R}{(R+r)^2}(R>0)$$

求导数
$$P'=\frac{E^2(r-R)}{(R+r)^3}$$

由 $P'=0$ 得，$R=r$，由题意最大值存在，且驻点唯一，因此，当 $R=r$ 时，输出功率最大.

例 9 已知厂商的总收益函数和总成本函数分别为 $R=30q-3q^2$，$C=q^2+2q+2$. 厂商追求最大利润，政府对产品征税，求

例9讲解

(1) 征税收益的最大值及此时的税率 t；

(2) 厂商纳税前后的最大利润及价格.

解 已知厂商的总收益函数和总成本函数. 由于每单位产品要纳税 t，故平均成本要增加 t，从而纳税后的总成本函数是

$$C_t=q^2+2q+2+tq$$

利润函数是

$$L_t=R(q)-C_t(q)=-4q^2+(28-t)q-2$$

$$L_t'=-8q+28-t$$

$$L_t''=-8<0$$

由 $L_t'(q)=0$ 得，$-8q+28-t=0$

故驻点为
$$q=\frac{28-t}{8}$$

由于 $L_t''(q)=-8<0$，故 $q=\frac{28-t}{8}$ 是 $L_t(q)$ 的极大值点，由驻点的唯一性，$q=\frac{28-t}{8}$ 就是纳税后厂商获得最大利润的产出水平. 于是，这时的征税收益函数为

$$T=tq=\frac{28t-t^2}{8}$$

要使税收 T 取得最大值，由 $T'=0$，得 $\frac{28-2t}{8}=0$，即 $t=14$ 为唯一驻点.

根据实际问题可判断出必有最大值，由于只有唯一驻点，故当 $t=14$ 时，T 取得最大值，此时的产出水平 $q=1.75$，最大收益为 $T=tq=14\times1.75=24.5$

(2) 易求得纳税前，当产出水平 $q=3.5$ 时，可获得最大利润 $L=47$，此时价格 $p=19.5$；将 $q=1.75$，$t=14$ 代入纳税后的利润函数 $L_t=R(q)-C_t(q)=-4q^2+(28-t)q-2$ 中，得到最大利润 $L=10.25$，此时产品价格为 $p=\frac{R}{q}\bigg|_{q=1.75}=(30-3q)\bigg|_{q=1.75}=24.75$

可见，因产品纳税，产出水平由 3.5 下降到 1.75；价格由 19.5 上升到 24.75；最大利润由 47 下降到 10.25.

思考与练习 3.2

1. 讨论下列函数的单调性，并指出单调区间

(1) $y=e^x-x+1$　(2) $f(x)=\arctan x-x$　(3) $y=2x^2-\ln x$

2. 求下列函数的极值点与极值

(1) $y=x-\ln(1+x^2)$　(2) $y=x^2e^{-x}$

(3) $y=2x^3-9x^2+12x-5$　(4) $y=x^2+\frac{1}{x}$

3. 中国的人口总数 P(以 10 亿为单位) 在 1993—1995 年间可近似地用方程 $P=1.15\times(1.014)^t$ 来计算，其中 t 是以 1993 年为起点的年数，请根据这一方程，说明在这段时间内中国人口总数是增长了还是减少了？

4. 血液从心脏流出，经主动脉后流到毛细血管，再通过静脉流回心脏. 医生建立了某病人在心脏收缩的一个周期内血压 P(单位：mmHg) 的数学模型 $P=\frac{25t^2+123}{t^2+1}$，$t$ 表示血液从心脏流出的时间(单位：秒). 问在心脏收缩的一个周期内，血压是单调增加的还是单调减少的？

5. 一汽车厂家测试新开发的汽车发动机的效率，发动机的效率 p(%) 与汽车的速度 v(单位：千米 / 小时) 之间的关系为 $p=0.768v-0.00004v^3$. 问当汽车的速度 v 是多少时，发动机的效率最大，最大效率是多少？

6. 铁路上 AB 段的距离为 100 km. 某食品加工厂 C 距离 A 处 20 km，AB 垂直于 AC(图 3-2-8). 为运输需要，要在 AB 线上选定一点 D 向加工厂修筑一条公

路. 已知铁路每千米的运费与公路每千米的运费之比为 3∶5. 为使食品加工厂的产品运到超市 B 的运费最省，问 D 点应选在何处？

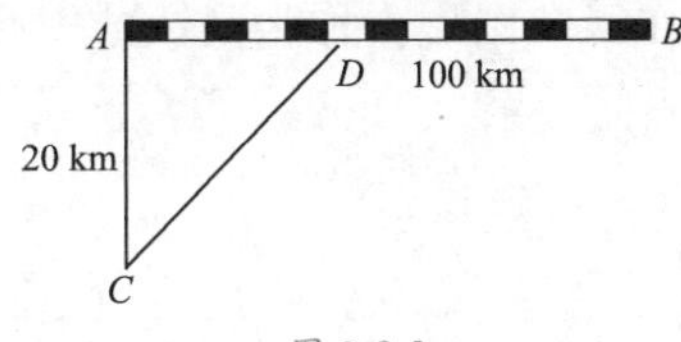

图 3-2-8

7. 设某商店以每件 10 元的进价购进一批衬衫，并设此种商品的需求函数 $Q=80-2P$（其中 Q 为需求量，单位为件，P 为销售价格，单位为元）. 问该商店应将售价定为多少元卖出，才能获得最大利润？最大利润是多少？

8. 一房地产公司有 50 套公寓要出租. 当租金定为每月 180 元时，公寓会全部租出去，当租金每月增加 10 元时，就有一套公寓租不出去，而租出去的房子每月需花费 20 元的整修维护费. 试问房租定为多少可获得最大收入？

9. 某不动产商行能以 5% 的年利率借得贷款，然后又把此贷款给顾客. 若商行能贷出的款额与贷出的利率的平方成反比（利率太高无人借款）. 问以多大的年利率贷出能使商行获利最大？

第三节 曲线的分析作图

一、案例分析：鱼缸里的水

有一高为 H、满缸水量为 V 的鱼缸的截面如图 3-3-1(a) 所示，其底部出现了一个小洞，满缸水从洞中流出. 若鱼缸水深为 h 时水的体积为 V，则函数 $V=f(h)$ 的大致图象可能是图 3-3-1(b) 中的（　　）.

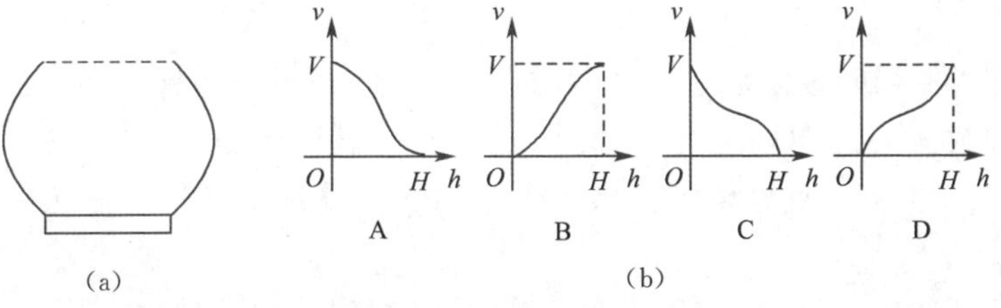

图 3-3-1

分析：我们可将水"流出"设想成"流入"，这样可知 V 随着 h 的增大而增大，但是每当 h 增加一个单位增量 Δh 时，根据鱼缸形状可知 V 的变化是开始时其增量越来越大,但经过中截面后其增量则越来越小,故 V 关于 h 的函数图象是 B. 对于 B 图形我们发现这是个递增函数,但是 ΔV 并不是一直随着 Δh 的增大而增大,而是先增后减,这反映在函数图形上称为函数的凹凸性.

二、曲线的凹凸性

定义 3.3.1 如图 3-3-2 所示,设函数 $f(x)$ 在区间 (a,b) 内连续,

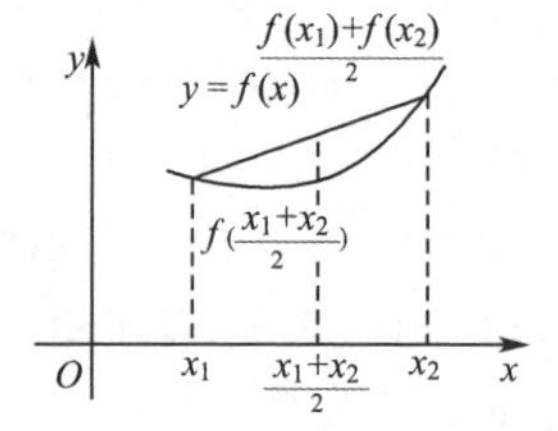

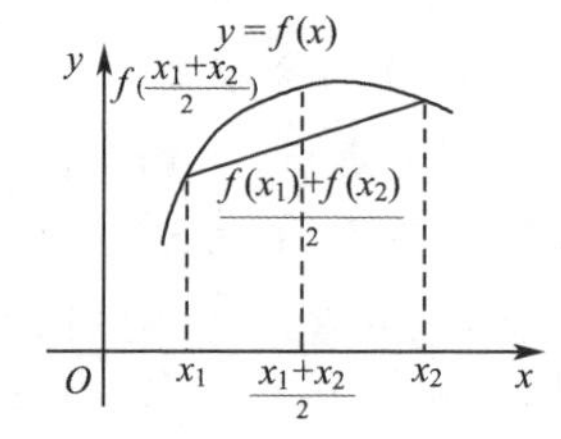

图 3-3-2

若对于 (a,b) 内任意两点 x_1,x_2,恒有

$$f\left(\frac{x_1+x_2}{2}\right)<\frac{f(x_1)+f(x_2)}{2},$$

则称 $f(x)$ 在区间 (a,b) 内的图形是凹的.

若对 (a,b) 内任意两点 x_1,x_2,恒有

$$f\left(\frac{x_1+x_2}{2}\right)>\frac{f(x_1)+f(x_2)}{2},$$

则称 $f(x)$ 在区间 (a,b) 内的图形是凸的.

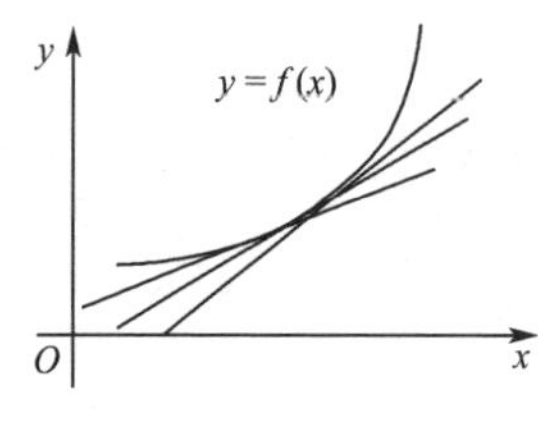

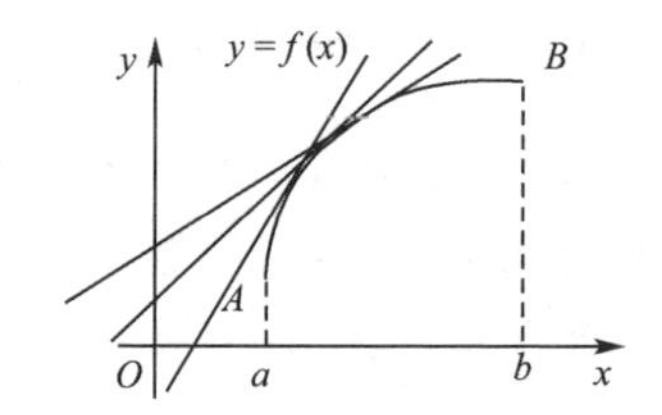

图 3-3-3

由图 3-3-3 知,设函数 $y=f(x)$ 在区间 (a,b) 可导,如果曲线 $y=f(x)$ 上每一点处导数 $f'(x)$ 单调递增,则曲线 $y=f(x)$ 在区间 (a,b) 内是凹的;如果曲线 $y=f(x)$ 上每一点处导数 $f'(x)$ 单调递减,则曲线 $y=f(x)$ 在区间 (a,b) 内是凸的.

定理 3.3.1 设 $y=f(x)$ 在区间 (a,b) 内具有二阶导数,

(1) 如果在 (a,b) 内恒有 $f''(x)>0$,则曲线 $y=f(x)$ 在 (a,b) 内是凹的;

(2) 如果在 (a,b) 内恒有 $f''(x)<0$,则曲线 $y=f(x)$ 在 (a,b) 内是凸的.

例 1 判定曲线 $y=\ln x$ 的凹凸性.

例1、例2讲解

解 函数的定义域为$(0,+\infty)$,

$$y'=\frac{1}{x},y''=-\frac{1}{x^2},$$

由于在$(0,+\infty)$内恒有 $y''<0$,故曲线 $y=\ln x$ 在$(0,+\infty)$内是凸的.

例 2 判定曲线 $y=x^3$ 的凹凸性.

解 函数的定义域为$(-\infty,+\infty)$,

$$y'=3x^2,y''=6x,$$

由于在$(-\infty,0)$内恒有 $y''<0$,而在$(0,+\infty)$上恒有 $y''>0$,

故曲线 $y=x^3$ 在$(-\infty,0)$内是凸的,而在$(0,+\infty)$内是凹的,这时点$(0,0)$为曲线由凸变凹的分界点.如图 3-3-4 所示.

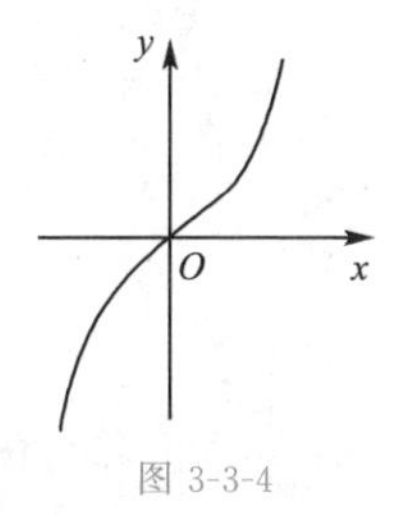

图 3-3-4

这种曲线凸凹的分界点,我们称为拐点.

三、拐点

定义 3.3.2 若连续曲线 $y=f(x)$ 上的点 P 的一边是凹的,而另一边是凸的,则称点 P 是曲线 $y=f(x)$ 的拐点.

注意:

1. 由于拐点是曲线凹凸的分界点,所以拐点左右两侧近旁 $f''(x)$ 必然异号,因此,曲线拐点的横坐标 x_0 只可能是使 $f''(x)=0$ 的点或 $f''(x)$ 不存在的点.从而如果函数 $y=f(x)$ 在定义域内具有二阶导数,就可以按下面的步骤来求曲线 $y=f(x)$ 的拐点.

(1) 写出函数的定义域;

(2) 求二阶导数 $f''(x)$,求出在定义域内使 $f''(x)=0$ 的点和 $f''(x)$ 不存在的点;

(3) 根据求出的点,把定义域分成若干区间,列表,然后由定理 3.3.1 判断这些点是否为拐点.

2. $f''(x_0)=0$,x_0 不一定为拐点,但二阶可导的拐点一定满足 $f''(x_0)=0$.

3. 函数的拐点即为其一阶导函数的极值点.

例3讲解

例 3 求曲线 $y=x^4-2x^3+1$ 的凹凸性及拐点.

解　函数的定义域为$(-\infty,+\infty)$,

$$y'=4x^3-6x^2,$$
$$y''=12x^2-12x=12x(x-1),$$

令 $y''=0$ 得 $x_1=0, x_2=1$,列表 3-3-1.

表 3-3-1

x	$(-\infty,0)$	0	$(0,1)$	1	$(1,+\infty)$
y''	+	0	−	0	+
y	∪	拐点	∩	拐点	∪

表中"∪"表示曲线是凹的,"∩"表示曲线是凸的.

所以,曲线在$(-\infty,0)$和$(1,+\infty)$上是凹的,在$(0,1)$上是凸的,点$(0,1)$和$(1,0)$都是拐点.

*四、曲线的渐近线

渐近线定义

我们知道双曲线$\frac{x^2}{a^2}-\frac{y^2}{b^2}=1$有两条渐近线$\frac{x}{a}+\frac{y}{b}=0$和$\frac{x}{a}-\frac{y}{b}=0$. 根据双曲线的渐近线,就容易看出双曲线在无穷远处的延伸状况. 对一般曲线,我们也希望知道其在无穷远处的变化趋势.

定义 3.3.3　如果一条曲线在它无限延伸的过程中,无限接近于一条直线,则称这条直线为该曲线的渐近线.

然而并不是任何曲线都有渐近线,下面两种渐近线需同学们掌握.

1. 水平渐近线

定义 3.3.4　若函数 $y=f(x)$ 的定义域是无穷区间,且有

$$\lim_{\substack{x\to+\infty \\ (x\to-\infty)}} f(x)=C \ (C\text{ 为常数}),$$

则称曲线 $y=f(x)$ 有水平渐近线 $y=C$.

如:函数 $y=\frac{1}{x}$,有$\lim\limits_{x\to\infty}\frac{1}{x}=0$,所以有一条水平渐近线 $y=0$.

2. 垂直渐近线

定义 3.3.5　若函数 $y=f(x)$ 在 $x=x_0$ 处间断,且有

$$\lim_{\substack{x\to x_0^+ \\ (x\to x_0^-)}} f(x)=\infty,$$

则称曲线 $y=f(x)$ 有垂直渐近线 $x=x_0$.

如：函数 $y=\frac{1}{x}$，有 $\lim\limits_{x\to 0}\frac{1}{x}=\infty$，所以有一条垂直渐近线 $x=0$.

*五、函数图象的描绘

在工程实践中经常用图象表示函数. 画出了函数的图象，使我们能直接地看到某些变化规律，无论是对于定性的分析还是对于定量的计算，都大有益处.

中学里学过的描点作图法，对于简单的平面曲线（如直线、抛物线）比较适用，但对于一般的平面曲线就不适用了. 因为我们不能保证所取的点是曲线上的关键点（最高点或最低点），也不能通过点来判定曲线的增减与凹凸性. 为了更准确、更全面地描绘曲线，我们必须确定出反映曲线主要特征的点与线. 一般需考虑如下几个方面：

(1) 确定函数的定义域与值域；

(2) 讨论函数的奇偶性与周期性；

(3) 确定函数的单调区间与极值点、凹凸区间与拐点；

(4) 考察曲线的渐近线，以把握曲线伸向无穷远的趋势；

(5) 取辅助点，如取曲线与坐标轴的交点等；

(6) 根据以上讨论，描点做出函数的图形.

例 4 做函数 $y=2x^3-3x^2$ 的图形.

解 (1) 函数的定义域为 $(-\infty,+\infty)$、值域为 $(-\infty,+\infty)$；

(2) 函数无奇偶性，也无周期性；

(3) $y'=6x^2-6x=6x(x-1)$，令 $y'=0$ 得驻点 $x_1=0,x_2=1$；

$y''=12x-6=6(2x-1)$，令 $y''=0$ 得 $x=\frac{1}{2}$；列表 3-3-2.

表 3-3-2

x	$(-\infty,0)$	0	$\left(0,\frac{1}{2}\right)$	$\frac{1}{2}$	$\left(\frac{1}{2},1\right)$	1	$(1,+\infty)$
y'	+	0	−	−	−	0	+
y''	−	−	−	0	+	+	+
y	↗	极大值 0	↘	拐点 $\left(\frac{1}{2},-\frac{1}{2}\right)$	↘	极小值 −1	↗

(4) 无渐近线；

(5) 辅助点：$\left(-\frac{1}{2},-1\right)$，$(0,0)$，$\left(\frac{3}{2},0\right)$；

(6) 描点作图，如图 3-3-5 所示.

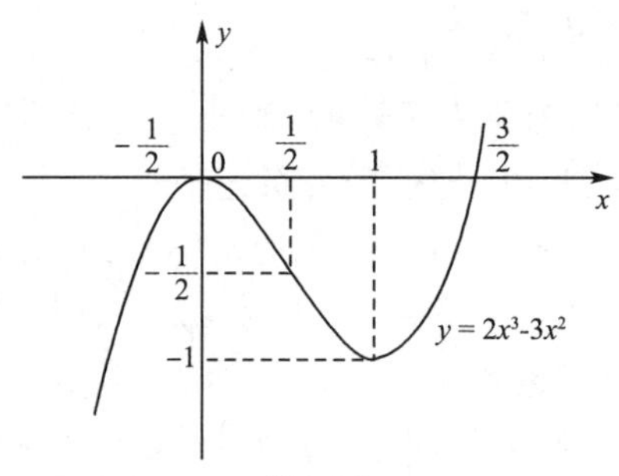

图 3-3-5

思考与练习 3.3

1. 判断

(1) 设函数 $y=f(x)$ 在区间 (a,b) 可导，如果曲线 $y=f(x)$ 上每一点处导数 $f'(x)$ 单调递增，则曲线 $y=f(x)$ 在区间 (a,b) 内是凹的.　(　　)

(2) 设函数 $y=f(x)$ 在区间 (a,b) 可导，如果曲线 $y=f(x)$ 上每一点处导数 $f'(x)$ 单调递减，则曲线 $y=f(x)$ 在区间 (a,b) 内是凹的.　(　　)

(3) 设函数 $y=f(x)$ 在区间 (a,b) 可导，$f''(x)>0$，则曲线 $y=f(x)$ 在区间 (a,b) 内是凹的.　(　　)

(4) 设函数 $y=f(x)$ 在区间 (a,b) 可导，$f''(x)<0$，则曲线 $y=f(x)$ 在区间 (a,b) 内是凸的.　(　　)

(5) 设函数 $y=f(x)$ 在区间 (a,b) 二阶可导，且 $f''(x_0)=0$，则 x_0 一定为拐点.　(　　)

2. 求下列函数的凹凸区间和拐点

(1) $y=x^2\ln x$

(2) $y=\frac{1}{x^2+1}$

(3) $y=\ln(1+x^2)$

(4) $y=x^3-5x^2+3x-5$

第四节 变化率的经济应用之边际分析

边际分析和弹性分析是经济数量分析的重要组成部分，是函数微分法的重要应用. 它密切联系了数学与经济问题. 在分析经济量的关系时，不仅要知道因变量依赖于自变量变化的函数关系，而且要进一步了解这个函数变化的速度，即函数的变化率 —— 边际函数；不仅要了解某个函数的绝对变化率，而且要进一步了解它的相对变化率 —— 弹性函数. 经过深层次的分析，就可以找到取得最佳经济效益的途径. 本节先讨论边际分析问题.

一、案例分析 —— 哪家公司更精明

从甲地开往乙地的长途车即将出发. 无论哪家公司的车，票价均为75元. 一名匆匆赶来的乘客见 A 公司的车上有空位，要求以50元的票价上车，被拒绝了. 他又找到也有空位的 B 公司的车，仍要求以50元的票价上车，售票员二话不说，收了50元，允许他上车了. 请问哪家公司的行为更理性呢？

分析　从题目的叙述来看，B 公司允许这名乘客以50元享受75元的运输服务，当然是亏了. 但是如果我们用数学上的边际分析法进行分析，B 公司的确比 A 公司精明.

“边际”可以理解为“增加的”意思，“边际量”也就是“增量”的意思. 确切地说就是，自变量的增量为1个单位时，因变量的增量就是边际量. 例如，生产要素(自变量)增加1个单位，产量(因变量)的增量为2个单位，因变量改变的这2个单位就是边际产量. 边际分析法就是分析自变量变动1个单位时，因变量会变动多少的方法.

二、边际分析概述

在案例分析中介绍了边际的概念. 所谓“边际”是指自变量增加1个单位时，因变量的增量. 那么，怎样用数学方法来描述呢？

在经济问题中，常常使用变化率的概念，变化率又分为平均变化率和瞬时变化率. 平均变化率就是函数增量与自变量增量之比，函数 $y=f(x)$ 在 $(x_0, x_0+\Delta x)$ 内的平均变化率为 $\dfrac{\Delta y}{\Delta x}$，例如，年产量的平均变化率、成本的平均变化率、利润的平均变化率等. 瞬时变化率就是函数对自变量的导数，即当自变量增量趋近

于零时,平均变化率的极限:

$$\lim_{\Delta x \to 0} \frac{f(x_0 + \Delta x) - f(x_0)}{\Delta x} = f'(x_0)$$

在经济学中,一个经济函数 $f(x)$ 的导数 $f'(x)$ 就称为该函数的边际函数. $f(x)$ 在点 $x = x_0$ 处的导数 $f'(x_0)$ 称为 $f(x)$ 在点 $x = x_0$ 处的变化率,也称为 $f(x)$ 在点 $x = x_0$ 处的边际函数值,它表示 $f(x)$ 在点 $x = x_0$ 处的变化速度.

现设 $y = f(x)$ 是一个可导的经济函数,于是当 $|\Delta x|$ 很小时,

$$f(x + \Delta x) - f(x) = f'(x)\Delta x + o(\Delta x) \approx f'(x)\Delta x$$

特别地,当 $\Delta x = 1$ 或 $\Delta x = -1$ 时,分别给出

$$f(x+1) - f(x) \approx f'(x) \quad f(x) - f(x-1) \approx f'(x)$$

因此边际函数值 $f'(x_0)$ 的经济意义是:经济函数 $f(x)$ 在点 $x = x_0$ 处,当自变量 x 再增加一个单位时,因变量 y 的改变量的近似值,或近似于经济函数值 $f(x_0)$ 与 $f(x_0 - 1)$ 之差,但在应用问题中解释边际函数值的具体意义时,常常略去“近似”二字.

例 1 设函数 $f(x) = x^2$,试求该函数在 $x = 2$ 时的边际函数值.

解　因为 $f'(x) = 2x$,所以 $f'(2) = 4$.

这表明:当 $x = 2$ 时,x 改变一个单位(增加或减少一个单位),$f(x)$ 约改变 4 个单位(增加或减少 4 个单位).

下面介绍几个经济学中常用的边际概念.

1. 边际成本

某产品的总成本是指生产一定数量的产品所需要的全部经济资源投入(劳力、原料、设备等)的价格或费用总额. 它由固定成本和可变成本两部分组成.

平均成本是生产一定量产品,平均每单位产品的成本.

边际成本是总成本的变化率.

在生产技术水平和生产要素的价格固定不变的条件下,成本是产量的函数.

设总成本函数 $C = C(q)$,q 为产量,则平均成本函数为

$$\overline{C} = \overline{C}(q) = \frac{C(q)}{q}$$

生产 q 个单位产品时的边际成本函数为

$$C' = C'(q)$$

$C'(q_0)$ 称为当产量为 q_0 时的边际成本. 西方经济学家对它的解释是:当生产 q_0 个单位产品前最后增加的那个单位产品所花费的成本,或生产 q_0 个单位产品后增加的那个单位产品所花费的成本. 这两种解释都是正确的.

一般地,边际成本 $C'(q_0)$ 表示当产量为 q_0 时,再生产 1 个单位产品,总成本

将改变 $C'(q_0)$ 个单位.

例 2 某工厂生产某种产品，总成本函数是 $C(q)=100+2q+0.05q^2$（元）.

(1) 试求固定成本与可变成本；

(2) 试求边际成本函数；

(3) 产量为 $q=100$ 时的边际成本，并说明其经济意义.

解 (1) 固定成本：$C_0=C(0)=100$；

可变成本：$C_1=2q+0.05q^2$.

(2) 边际成本函数：$C'(q)=2+0.1q$；

(3) 产量为 $q=100$ 时的边际成本为 $C'(100)=12$.

经济意义：当产量为 100 时，再生产 1 个单位产品，总成本将改变 12 个单位.

2. 边际需求

需求函数 $Q=Q(p)$（p 为价格）的导数 $Q'(p)$，称为价格为 p 单位时的边际需求.

边际需求 $Q'(p)$ 表示当价格为 p 时，价格再上涨 1 个单位，需求量将改变 $Q'(p)$ 个单位.

3. 边际收益

总收益函数 $R=R(q)$ 的导数 $R'(q)$，称为产量为 q 单位时的边际收益.

边际收益 $R'(q)$ 表示当产量为 q 时，再生产 1 个单位产品，总收益将改变 $R'(q)$ 个单位.

例 3 通过调查得知某种电器的需求函数为 $Q=1200-3p$，其中 p（单位：元）为电器的销售价格，Q（单位：件）为需求量.

(1) 试求边际需求函数；

(2) 试求销售该电器的边际收益函数；

(3) 试求当销售量 $Q=450$、600 和 750 件时的边际收益，并解释其经济意义.

解 (1) 边际需求函数 $Q'=-3$；

(2) 由需求函数知电器的价格为 $p=\frac{1}{3}(1200-Q)$，

总收益函数为

$$R(Q)=Q\cdot p=\frac{1}{3}Q\cdot(1200-Q)=400Q-\frac{1}{3}Q^2,$$

则边际收益函数为 $R'(Q)=400-\frac{2}{3}Q$；

(3) $R'(450)=400-\frac{2}{3}\cdot 450=100$,

$R'(600)=400-\frac{2}{3}\cdot 600=0$,

$R'(750)=400-\frac{2}{3}\cdot 750=-100$.

经济意义：当电器的销售量为 450 件时，$R'(450)=100>0$，此时再增加销售量，总收益会增加，而且再多销售一件电器，总收益会增加 100 元；当电器的销售量为 600 件时，$R'(600)=0$，说明总收益函数达到最大值，再增加销售量，总收益不会增加；电器的销售量为 750 件时，$R'(750)=-100<0$，此时再增加销售量，总收益会减少，而且再多销售一件电器，总收益将会减少 100 元.

4.边际利润

总利润函数 $L=L(q)$ 的导数 $L'(q)$，称为产量为 q 单位时的边际利润.

边际利润 $L'(q)$ 表示当产量为 q 时，再生产 1 个单位产品，总利润将改变 $L'(q)$ 个单位.

因为总利润函数等于总收益函数减去总成本函数，即

$$L(q)=R(q)-C(q)$$

上式两边求导，得

$$L'(q)=R'(q)-C'(q)$$

所以，边际利润函数等于边际收益函数减去边际成本函数.

例 4 某企业生产一种产品，每天的总利润函数 L（单位：元）与日产量 q（单位：吨）之间的函数关系式为 $L(q)=250q-5q^2$. 试求：

(1) 边际利润函数；

(2) 日产量分别为 10，25，30 吨时的边际利润，并说明其经济意义.

解 (1) 边际利润函数为 $L'(q)=250-10q$.

(2) $L'(10)=250-100=150$，表示当产量为 10 吨时，再生产 1 个单位产品，总利润将增加 150 元；

$L'(25)=250-250=0$，表示当产量为 25 吨时，总利润函数达到最大值，再增加销售量，总利润不会增加；

$L'(30)=250-300=-50$，表示当产量为 30 吨时，再增加销售量，总利润会减少，而且再生产 1 个单位产品，总利润将会减少 50 元.

例 5 某糕点商生产某种糕点的收益函数 $R(q)$ 与成本函数 $C(q)$ 分别为：

$$R(q)=\sqrt{q},C(q)=\frac{q+3}{\sqrt{q}+1},1\leqslant q\leqslant 15,$$

q 的单位：百千克，$R(q)$ 与 $C(q)$ 以千元计算.

试求糕点商应生产多少千克糕点才不赔钱？

解　利润函数 $L(q)=R(q)-C(q)=\sqrt{q}-\dfrac{q+3}{\sqrt{q}+1}$，

当 $L(q)=0$ 时才不赔钱，$L(q)>0$ 时会赚钱.

$$L(q)=\sqrt{q}-\frac{q+3}{\sqrt{q}+1}=\frac{\sqrt{q}-3}{\sqrt{q}+1}$$

由 $L(q)=0$ 得，当 $q=9$ 时才不赔钱；当 $q>9$ 时赚钱.

而　$L'(q)=\dfrac{2}{\sqrt{q}\,(\sqrt{q}+1)^2}>0$

边际利润恒大于零，表明多生产可以提高总利润(包含减少亏损的含义)，本题中，当 $q<900$ 千克时，多生产可以减少亏损，因为这时的总利润小于零，直到 900 千克以后，才能真正赚钱.

最后，从边际分析法上给出本节案例分析的解答.

在本案例分析中，当我们考虑是否让这名乘客以 50 元的票价上车时，实际上我们应该考虑的是边际成本和边际收益这两个概念. 边际成本是增加 1 名乘客所增加的成本. 在本例中，增加这 1 名乘客，所需磨损的汽车、汽油费、工作人员工资和过路费等都无需增加，对汽车来说多拉 1 名乘客少拉 1 名乘客几乎是一样的，所增加的成本仅仅是发给这名乘客的食物和饮料，假设这些食物和饮料价值 10 元，边际成本也就是 10 元. 边际收益是增加 1 名乘客所增加的收益. 在本例中，增加这 1 名乘客增加收益 50 元，边际收益是 50 元. 因为边际收益大于边际成本，所以让这名乘客上车是划算的.

思考与练习 3.4

1. 设某产品生产 q 千克时的总成本为 $C(q)=196+\dfrac{1000q}{1+q}$(元)，试求生产 49 千克时的总成本、平均成本及边际成本.

2. 设产品的需求量 Q 对价格 p 的函数关系为 $Q=1600\left(\dfrac{1}{4}\right)^{p}$，求边际需求函数，及当 $p=3$ 时的边际需求，并解释其经济意义.

3. 生产某产品的总收益函数为 $R(q)=200q-0.01q^2$(其中,q 是产量,单位:件),试求(1) 生产 50 件产品的边际收益是多少?

(2) 生产多少件产品时,总收益最大?最大收益为多少?

4. 某公司每月生产 q 吨煤的总收益函数为 $R(q)=100q-q^2$(万元),而生产 q 吨煤的总成本函数为 $C(q)=40+111q-7q^2+\frac{1}{3}q^3$(万元),试求:

(1) 边际收益函数、边际成本函数以及边际利润函数;

(2) 当产量分别为 10 吨,11 吨,12 吨时的边际收益、边际成本以及边际利润,并说明其经济意义.

5. 某乳酸酪商行发现它的收益函数 $R(q)$ 与成本函数 $C(q)$ 分别为

$$R(q)=12\sqrt{q}-q\sqrt{q},C(q)=3\sqrt{q}+4,0\leqslant q\leqslant 5,$$

q 的单位:千升,$R(q)$ 与 $C(q)$ 以千元计算.

试求该商行生产多少乳酸酪时获得利润最大.

第五节 变化率的经济应用之弹性分析

弹性分析也是经济分析中常用的一种分析方法,弹性概念在经济学中用得很广泛,它是指在一个经济函数中,因变量对自变量变化的反应程度.

一、案例分析

例 1 【降价问题】王阿姨去超市买毛巾,她发现有两款毛巾在搞活动,一款从 9 元下降到 7 元,一款由 8 元下降到 6.5 元,王阿姨算了算:

$$\frac{9-7}{9}\times 100\%\approx 22.2\% \quad \frac{8-6.5}{8}\times 100\%\approx 18.8\%$$

所以她认为第一款毛巾价格下降幅度大,所以她买了第一款.王阿姨在这里用到了相对改变量.

例 2 设函数 $y=2x^2$,当自变量 x 由10变到11时,y 由 200 变到 242,这时 $\Delta x=1$ 称为自变量 x 的绝对改变量,$\Delta y=42$ 称为函数 y 的绝对改变量,而 $\frac{\Delta x}{x}=\frac{1}{10}=10\%$ 称为自变量 x 的相对改变量,$\frac{\Delta y}{y}=\frac{42}{200}=21\%$ 称为函数 y 的相对改变量,函数 y 的相对改变量与自变量 x 的相对改变量之比 $\frac{\Delta y}{y}\Big/\frac{\Delta x}{x}=\frac{21\%}{10\%}=$

2.1,它表示 x 在区间[10,11]上从 $x=10$ 起,当 x 改变1%时,y 平均改变2.1%,我们将它称为 x 从10到11时,函数 $y=2x^2$ 的相对变化率.

以上两个例子中我们分别计算了自变量和因变量的改变量、相对改变量和相对变化率,而 y 对 x 的相对变化率则表达了 y 对 x 变化的灵敏度.

二、弹性与弹性函数

一般地,在函数 $y=f(x)$ 中,相对改变量表达了变量的变化幅度,而 y 对 x 的相对变化率则表达了 y 对 x 变化的灵敏度.有了这些认识后,我们可以给出以下定义:

定义3.5.1　设函数 $y=f(x)$,如果极限 $\lim\limits_{\Delta x\to 0}\dfrac{\Delta y/y}{\Delta x/x}$ 存在,则把

$$\lim_{\Delta x\to 0}\frac{\Delta y/y}{\Delta x/x}=\lim_{\Delta x\to 0}\frac{\Delta y}{\Delta x}\cdot\frac{x}{y}=\frac{x}{y}f'(x)$$

称为函数 $y=f(x)$ 在点 x 处的弹性(或弹性系数),记为

$$\frac{Ey}{Ex}=\frac{x}{y}f'(x)\quad 或\quad \frac{Ey}{Ex}=\frac{x}{y}\cdot\frac{dy}{dx}$$

注意:

(1) 函数 $f(x)$ 的弹性 $\dfrac{Ey}{Ex}$ 是函数 y 的相对改变量与自变量 x 的相对改变量之比的极限,或者说当自变量 x 变化1%时函数 y 发生E%的改变.

(2) 弹性计算公式 $\dfrac{Ey}{Ex}=\dfrac{x}{y}f'(x)$.

(3) 弹性可以定量地描述一个经济变量对另一个经济变量变化的反应程度.

三、经济学中常见的弹性函数

(1) 需求量的价格弹性

商品的需求量 Q 对价格 p 变化的反应程度称为需求弹性.

定义3.5.2　设某种商品的需求量 Q 是价格 p 的函数 $Q=f(p)$,则

$$E_d=\frac{EQ}{Ep}=f'(p)\frac{p}{Q}$$

称为该商品的需求价格弹性,简称为需求弹性.

一般地,价格上涨时,需求量将减少,所以常常假设需求函数是价格的减函数,从而需求的价格弹性一般为负值.为方便起见,常用 $|E_d|$ 表示需求弹性的大小.

注意：

需求弹性的经济意义：当某商品的价格上涨(或下跌)1% 时，需求弹性表示该商品需求量将减少(或增加) 约 $|E_d|$%.

① $|E_d|>1$：需求富有弹性，价格变动对需求量影响较大，降价；

② $|E_d|<1$：需求缺乏弹性，价格变动对需求量影响不大，提价；

③ $|E_d|=1$：需求具有单位弹性，临界状态，价格暂时不变；

④ $|E_d|=0$：需求完全没有弹性；

⑤ $|E_d|\to\infty$：需求具有完全弹性.

(2) 供给量的价格弹性

设价格函数 $Q=f(P)$，则供给弹性为 $E_S=\dfrac{dQ}{dP}\times\dfrac{P}{Q}$，式中 E_S 为供给的弹性. 它表示在价格为 P 时，价格上涨(下降)1% 时，供给量约增加(减少)E_S%，反映了当价格变动时供给量对价格相对变动的敏感程度.

(3) 收益弹性

收益的价格弹性 $\dfrac{ER}{EP}=\dfrac{dR}{dP}\times\dfrac{P}{R}=R'_P\,\dfrac{P}{R}$，其中收益函数是 $R=R(P)$.

收益的销售弹性 $\dfrac{ER}{EQ}=\dfrac{dR}{dQ}\times\dfrac{Q}{R}=R'_Q\,\dfrac{Q}{R}$，其中收益函数是 $R=R(Q)$.

例 3 某需求曲线为 $Q=-100P+3000$，求 $P=20$ 时的弹性.

解 $\dfrac{dQ}{dP}=-100$，

当 $P=20$ 时，$Q=1000$

所以 $E_d=-100\times\dfrac{20}{1000}=-2$.

例 4 设某产品的需求函数 $Q=9e^{-\frac{P}{3}}$，求

(1) 需求弹性函数；

(2) 当 $p=1$，$p=3$，$p=6$ 时的需求弹性，并说明其经济意义.

解 (1)$E_d=\dfrac{P}{Q}\cdot\dfrac{dQ}{dP}=-\dfrac{1}{3}P$.

(2)$E_{d=1}=-\dfrac{1}{3}\approx 0.33$，即当价格 $P=1$ 时，提价 1%，需求量只减少约 0.33%；

$E_{d=3}=-1$，即当价格 $P=3$ 时，提价 1%，需求量只减少 1%，此时价格最优，可获得最大收益；

$E_{d=6}=-2$，即当价格 $P=6$ 时，提价 1%，需求量只减少 2%；

例 5 设某商品的需求函数为 $Q=e^{-\frac{p}{5}}$，求：

(1) 需求弹性函数；

(2) $p=3,5,6$ 时的需求弹性，并说明其经济意义.

解 (1) $E_d=\frac{p}{Q}\cdot\frac{dQ}{dp}=\frac{p}{e^{-\frac{p}{5}}}\cdot\left(-\frac{1}{5}\right)e^{-\frac{p}{5}}=-\frac{p}{5}$

(2) $|E_d(3)|=0.6<1$，说明当 $p=3$ 时，需求变动的幅度小于价格变动的幅度，即 $p=3$ 时，价格上涨 1%，需求减少 0.6%；

$|E_d(5)|=1$，说明当 $p=5$ 时，价格与需求变动的幅度相同；

$|E_d(6)|=1.2>1$，说明当 $p=6$ 时，需求变动的幅度大于价格变动的幅度，即 $p=6$ 时，价格上涨 1%，需求减少 1.2%.

思考与练习 3.5

1. 判断题

(1) 弹性函数指的是 y 对 x 的相对改变量. ( )

(2) 弹性函数指的是 y 对 x 的相对变化率. ( )

(3) 若 $|E_d|>1$，称需求富有弹性. ( )

(4) 若 $|E_d|>1$，称需求缺乏弹性. ( )

(5) 若 $|E_d|=1$，称需求具有单位弹性. ( )

(6) 若 $|E_d|<1$，称需求缺乏弹性. ( )

(7) $|E_d|=0$，称需求完全没有弹性. ( )

(8) $|E_d|\to\infty$，称需求具有完全弹性. ( )

(9) $|E_d|\to\infty$，称需求完全没有弹性. ( )

(10) $|E_d|=1$，称需求完全没有弹性. ( )

2. 某商品需求函数为 $Q=f(p)=12-\frac{p}{2}$

(1) 求需求弹性函数；

(2) 求 $p=6$ 时的需求弹性，并解释其经济学意义；

(3) 在 $p=6$ 时，若价格上涨 1%，总收益增加还是减少？将变化多少？

学习指导

一、知识点总结

1. 洛必达法则：$\lim\limits_{x\to x_0}\frac{f(x)}{g(x)}=\lim\limits_{x\to x_0}\frac{f'(x)}{g'(x)}=A$（或 ∞）

2. 函数的单调性：函数 $y=f(x)$ 在 (a,b) 内，若有 $f'(x)>0$，则函数 $y=$

$f(x)$ 在(a,b)内是单调递增的;若有 $f'(x)<0$,则函数 $y=f(x)$ 在(a,b)内是单调递减的.

3. 函数的极值:在函数 $f(x)$ 的驻点和不可导点处,若 $f'(x)$ 左正右负,则为极大值点,若 $f'(x)$ 左负右正,则为极小值点.

4. 函数的最值:

(1) 求出函数 $f(x)$ 的所有驻点和不可导点;

(2) 求出函数 $f(x)$ 在驻点、不可导点和区间端点处的函数值;

(3) 比较各函数值的大小,其中最大的就是函数的最大值,最小的就是函数的最小值.

5. 凹凸性:如果在(a,b)内恒有 $f''(x)>0$,则曲线 $y=f(x)$ 在(a,b)内是凹的;如果在(a,b)内恒有 $f''(x)<0$,则曲线 $y=f(x)$ 在(a,b)内是凸的.

6. 拐点:凹凸的分界点.

7. 曲线的渐近线:若 $\lim\limits_{\substack{x\to+\infty \\ (x\to-\infty)}} f(x)=C$($C$ 为常数),则曲线有水平渐近线 $y=C$.

若函数 $y=f(x)$ 在 $x=x_0$ 处间断,且有 $\lim\limits_{\substack{x\to x_0^+ \\ (x\to x_0^-)}} f(x)=\infty$,则曲线有垂直渐近线 $x=x_0$.

8. 经济学中常用的边际函数与弹性函数.

二、主要题型及解题方法技巧

1. 求未定式极限

对于 $\frac{0}{0}$ 型、$\frac{\infty}{\infty}$ 型的未定式可以直接用洛必达法则求解,对于 $0\cdot\infty$、$\infty-\infty$ 等其他类型的未定式极限需要先转化为 $\frac{0}{0}$ 型、$\frac{\infty}{\infty}$ 型的未定式,再利用洛必达法则求解.

洛必达法则虽然是求未定式极限的一种有效方法,但如果能够与求极限的其他方法,如两个重要极限、无穷小的等价代换等结合使用,求解过程会更简洁.

2. 讨论函数的单调性

讨论函数的单调性时,首先要确定函数的定义域,再求出一阶导数并解出驻点和不可导点,用这些点把定义域分成若干个子区间,根据各子区间上导数的正负判断递增还是递减.

3. 求函数的极值:判断函数的极值有两种方法

方法 1:先求出函数的定义域,再求出一阶导数并解出驻点和不可导点,用

这些点把定义域分成若干个子区间,根据这些点左、右两边区间上一阶导数的正负来判断,若左边正、右边负,则该点为极大值点;若左边负、右边正,则该点为极小值点.

方法 2:用二阶导数来判定驻点是否为极值点,即若在驻点处的二阶导数小于零,则驻点为极大值点;若在驻点处的二阶导数大于零,则该点为极小值点.

4.最值问题

(1) 求闭区间上函数的最值:先求出驻点和不可导点,再求出驻点、不可导点及区间端点处的函数值,然后比较大小即可.

(2) 应用问题的最值:首先根据题意建立目标函数,给出实际意义下的定义域,然后求目标函数的导数并解出驻点,一般只有一个符合题意的驻点,而且该驻点就是所求的最值点,将其代入目标函数即可求出问题的最值.

5.求函数的凹凸性及拐点

先求出函数的定义域,再求二阶导数,解出二阶导数等于零的点和二阶导数不存在的点,用这些点把定义域分成若干个小区间,判断各小区间上二阶导数的符号,若大于零,则为凹区间;若小于零,则为凸区间.凹凸区间的分界点就是拐点.

6.函数图象的描绘

首先求出函数的定义域,再求出一阶导数和二阶导数,并解出一阶、二阶导数等于零的点和不存在的点,用这些点把定义域分成若干小区间,列表确定函数的单调区间、极值点与极值、凹凸区间与拐点,再求出曲线的渐近线和一些辅助点,最后描绘出函数的图象.

思维导图

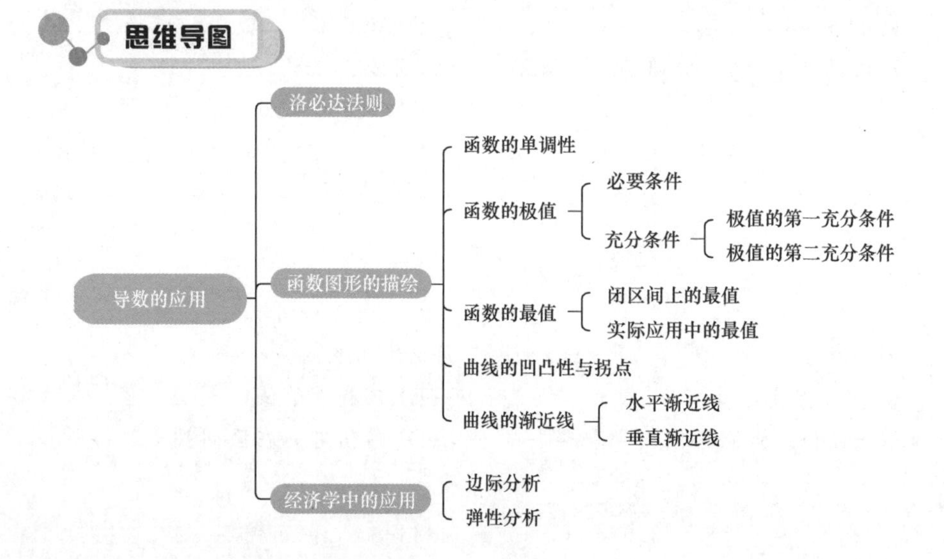

习题三

一、单项选择题

1. 满足方程 $f'(x)=0$ 的点，一定是函数 $y=f(x)$ 的(　　).

(A) 极大值点　　(B) 驻点

(C) 极小值点　　(D) 间断点

2. 函数 $f(x)=\arcsin x-x$ 的单调增加区间是(　　).

(A) $(-\infty,+\infty)$　　(B) $(-1,1)$

(C) $(0,1)$　　(D) $(-1,0)$

3. 若 x_0 是 $f(x)$ 的极值点，则(　　).

(A) $f'(x_0)=0$　　(B) x_0 为 $f(x)$ 的驻点

(C) x_0 为 $f(x)$ 的奇点　　(D) x_0 为 $f(x)$ 的驻点或奇点

4. 函数 $f(x)=x^2-2x+3$ 的驻点是(　　).

(A) $x=1$　　(B) $x=3$

(C) $x=0$　　(D) $x=-1,x=3$

5. 设函数 $y=f(x)$ 有连续的二阶导数，且 $f(0)=0,f'(0)=1,f''(0)=-2$，则 $\lim\limits_{x\to 0}\dfrac{f(x)-x}{x^2}=$(　　).

(A) 0　　(B) 1　　(C) -1　　(D) 2

6. 函数 $y=e^x+e^{-x}$ 在 $(-\infty,+\infty)$ 内是(　　).

(A) 单调增加　　(B) 单调减少

(C) 凸函数　　(D) 凹函数

7. 设函数 $y=f(x)$ 在点 x_0 取得极大值，则必有(　　).

(A) $f'(x_0)=0$　　(B) $f''(x_0)<0$

(C) $f'(x_0)=0$ 且 $f''(x_0)<0$　　(D) $f'(x_0)=0$ 或 $f'(x_0)$ 不存在

8. 设函数 $f(x)=ax^3-(ax)^2-ax-a$ 在 $x=1$ 处取得极小值 -2，则 $a=$(　　).

(A) $-\dfrac{1}{3}$　　(B) 0　　(C) $\dfrac{1}{3}$　　(D) 1

9. 设函数 $f(x)$ 在 $[a,b]$ 上连续，则下列说法正确的是(　　).

(A) 只有最大值　　(B) 只有最小值

(C) 最值一定在区间内部取得　　(D) 最值可能在区间端点取得

10. 函数 $f(x)=x\cdot\ln x$(　　).

(A) 在$(0,+\infty)$内单调递增　　(B) 在$(0,+\infty)$内单调递减

(C) 在$\left(0,\frac{1}{e}\right)$内单调递减　　(D) 在$\left(\frac{1}{e},+\infty\right)$内单调递减

11. 曲线 $y=x^2+2x+1, x\in\mathbf{R}$ 的凹凸性是(　　).

(A) 在$(-\infty,+\infty)$上是凸的　　(B) 在$(-\infty,+\infty)$上是凹的

(C) 在$(-\infty,0)$上是凸的　　(D) 在$(0,+\infty)$上是凹的

12. 已知 $f(x)$ 在 (a,b) 内连续,$x_0\in(a,b)$,$f'(x_0)=f''(x_0)=0$,则 $f(x)$ 在 x_0 处(　　).

(A) 取得极大值　　(B) 取得极小值

(C) $(x_0,f(x_0))$ 一定是拐点　　(D) 可能取得极值,也可能是拐点

13. 下列选项属于导数的应用是(　　).

(A) 求切线方程　　(B) 求向量之间的夹角

(C) 求矩阵的秩　　(D) 求线性规划的最优解

14. 已知函数 $f(x)$ 在 (a,b) 内具有二阶导数,则当(　　)时,$f(x)$ 在 (a,b) 内单调递增且是凹的.

(A) $f'(x)>0, f''(x)>0$　　(B) $f'(x)>0, f''(x)<0$

(C) $f'(x)<0, f''(x)>0$　　(D) $f'(x)<0, f''(x)<0$

二、判断题

1. 函数 $f(x)$ 在 $[a,b]$ 上的极大值一定大于极小值.　　(　　)

2. 一个函数的极值点一定是这个函数的驻点.　　(　　)

3. 若函数 $f(x)$ 在 x_0 处满足 $f'(x_0)=0$,则 $f(x)$ 在点 x_0 处一定取得极值.　　(　　)

4. 若函数 $f(x)$ 在 (a,b) 上连续,且 $x_0\in(a,b)$ 是最小值点,则 x_0 必是 $f(x)$ 的极小值点.　　(　　)

5. 若函数 $f(x)$ 在 x_0 处满足 $f''(x_0)>0$,则点 x_0 为极小值点.　　(　　)

6. 若函数 $f(x)$ 在 x_0 处满足 $f'(x_0)=0$,且 $f''(x_0)<0$,则函数 $f(x)$ 在 x_0 处取得极大值.　　(　　)

7. 若函数 $f(x)$ 在 x_0 点的左右两侧满足 $f''(x)$ 异号,则 $f(x_0)$ 是拐点.　　(　　)

8. 若函数 $y=f(x)$ 的导数 $f'(x)$ 是单调增加的,则 $y=f(x)$ 的图形是凸的.　　(　　)

三、计算下列极限

(1) $\lim\limits_{x\to 0}\dfrac{e^x-x-1}{x^2}$　　(2) $\lim\limits_{x\to +\infty}\dfrac{x}{1+\sqrt{x}}$

(3) $\lim\limits_{x\to a}\dfrac{x^m-a^m}{x^n-a^n}(a\neq 0)$　　(4) $\lim\limits_{x\to \frac{\pi}{4}}\dfrac{\sin x-\cos x}{1-\tan^2 x}$

(5) $\lim\limits_{x\to +\infty}\dfrac{e^x}{x^2+1}$　　(6) $\lim\limits_{x\to +\infty}\dfrac{x^5}{e^x}$

(7) $\lim\limits_{x\to 0}\left(\dfrac{1}{\sin x}-\dfrac{1}{x}\right)$　　(8) $\lim\limits_{x\to 0}\left(\dfrac{1}{\sin^2 x}-\dfrac{1}{x^2}\right)$

(9) $\lim\limits_{x\to +\infty}\dfrac{\dfrac{\pi}{2}-\arctan x}{\dfrac{1}{x}}$　　(10) $\lim\limits_{x\to 0}\dfrac{x-x\cos x}{x-\sin x}$

(11) $\lim\limits_{x\to +\infty}\dfrac{e^x+e^{-x}}{e^x-e^{-x}}$　　(12) $\lim\limits_{x\to \infty}\dfrac{x+\sin x}{x}$

四、求下列函数的单调性与极值

(1) $f(x)=(x^2-1)^3+1$　　(2) $f(x)=x-\dfrac{3}{2}x^{\frac{2}{3}}$

五、讨论曲线 $y=(x-1)^{\frac{1}{3}}+3$ 的凹凸性与拐点.

六、设有一个长 80 cm,宽 50 cm 的矩形铁皮,在铁皮的四个角上切去大小相同的小正方形,问切去的小正方形的边长为多少时,才能使得剩下的铁皮折成的无盖盒子的容积最大?最大为多少?

七、要铺设一石油管道,将石油从炼油厂输送到石油灌装点,如下图所示,炼油厂附近有一条宽 2.5 km 的河,灌装点在炼油厂的对岸沿河下游 10 km 处.如果在水中铺设管道的费用为 6 万元/km,在河边铺设管道的费用为 4 万元/km.试在河边找一点 P,使管道铺设费用最低.

第七题图

模块四

逆向思维的培养

—— 不定积分

数学史料

前面讨论了一元函数微分学，从本章开始我们将讨论它的相反问题——一元函数积分学，一元函数积分学有两个基本概念——不定积分和定积分.本章主要介绍不定积分的概念、性质以及基本积分方法.

学习目标

1. 理解原函数与不定积分的概念；
2. 熟练掌握不定积分的基本性质与基本积分公式；
3. 熟练掌握不定积分的凑微分法、换元积分法和分部积分法.

思政目标

通过学习不定积分，培养学生的类比、分析、归纳能力，严谨的思维品质以及探究意识。本模块知识点强调数学的基础性和应用性，注重计算能力的培养。通过不定积分公式的探索及推导过程，学生掌握"逻辑推理""等价转换""演绎归纳"等数学思想，体会从特殊到一般，由一般到特殊的数学思想方法，培养学生接受新事物的能力；通过学习积分法，培养学生创新开放思维，进一步启发学生在实际生活中学会灵活处理问题。整个模块通过了解积分学的发展历程，体会数学家追求科学道路的艰辛，培养学生坚韧的意志，传承科学家的奉献精神，激励学生努力学习，激发学生为目标奋斗的潜能，培养学生的大国工匠精神。

第一节 不定积分的概念与性质

一、案例分析

案例分析1

案例分析1 【曲线方程】

设曲线通过点(1,2)，且其上任一点处的切线斜率等于这点横坐标的2倍，求此曲线的方程.

分析：利用切线斜率与函数的导数关系解决问题.

设所求曲线方程为 $y=f(x)$，由题意，曲线上任一点 (x,y) 处的切线斜率为 $y'=2x$，且 $f(1)=2$，

由微分学知识知，$(x^2)'=2x$，故满足 $y'=2x$ 的所有函数为 $y=x^2+C$

把 $f(1)=2$ 代入，解得，$C=1$，所以所求曲线方程为 $y=x^2+1$.

案例分析2(理工类)【运动问题】

一物体由静止开始做直线运动，经 t 秒后的速度为 $3t^2$(米/秒)，问：经过3秒后物体离开出发点的距离是多少？

分析：利用瞬时速度与函数的导数关系求解.

由题意及导数的物理意义知，$s'(t)=v(t)=3t^2$

由微分学知识，$s(t)=t^3+C$

由条件 $t=0,s=0$，得，$C=0$

所以，该物体做直线运动的运动方程为 $s(t)=t^3$，经过3秒后物体离开出发点的距离是 $s(3)=27$ 米.

案例分析3(经管类)【成本问题】

一公司某产品的固定成本为80元，边际成本为 $(4x+20)$ 元，求该产品总成本的变化规律.

分析：利用边际成本函数与成本函数的导数关系求解.

设成本函数为 $C=C(x)$，由题意知，$C'(x)=4x+20$

由微分学知识，$C(x)=2x^2+20x+C$

由条件 $C(0)=80$，得，$C=80$

所以，该产品总成本的变化规律为 $C(x)=2x^2+20x+80$.

上面三个案例研究的都是：已知函数的导数，求函数表达式的问题，这样的问题称为原函数问题.

原函数定义

二、原函数

定义 4.1.1　已知函数 $f(x)$ 定义在区间 I 上，若存在可导函数 $F(x)$，使得对于区间 I 上的任一个 x，都有

$$F'(x)=f(x) \text{ 或 } \mathrm{d}F(x)=f(x)\mathrm{d}x,$$

则称函数 $F(x)$ 为 $f(x)$ 在区间 I 上的一个原函数.

如案例分析 1 中，函数 $y=x^2$ 是切线斜率 $2x$ 的一个原函数.

又如，$(\sin x)'=\cos x$，所以 $\sin x$ 是 $\cos x$ 的一个原函数. 显然，$\cos x$ 的原函数除了 $\sin x$ 以外，还有 $\sin x+1$、$\sin x-\sqrt{3}$，等等，只要与 $\sin x$ 相差一个常数的函数都是 $\cos x$ 的原函数. 一般地，有如下结论：

结论 1　若 $F(x)$ 是 $f(x)$ 在区间 I 上的一个原函数，则函数 $F(x)+C$（C 是任意常数）都是 $f(x)$ 在区间 I 上的原函数.

这说明：如果 $f(x)$ 有一个原函数，那么 $f(x)$ 就有无穷多个原函数.

事实上，因为 $F'(x)=f(x)$，故必有 $[F(x)+C]'=f(x)$.

这无穷多个原函数之间是什么关系呢？

结论 2　$f(x)$ 在区间 I 上的任何两个原函数之间只相差一个常数.

证明　设 $F(x)$，$G(x)$ 都是 $f(x)$ 在区间 I 上的原函数，则有

$$[F(x)-G(x)]'=F(x)'-G(x)'=f(x)-f(x)=0$$

则 $F(x)-G(x)=c_0$，（c_0 为某个常数），证毕.

三、不定积分

定义 4.1.2　设函数 $y=f(x)$ 在区间 I 上有定义，$F(x)$ 是 $f(x)$ 的一个原函数，称 $f(x)$ 的全体原函数为 $f(x)$ 在 I 上的不定积分，记作 $\int f(x)\mathrm{d}x$，即

$$\int f(x)\mathrm{d}x=F(x)+C$$

其中$\int$称为积分号，$f(x)$称为被积函数，x称为积分变量，$f(x)\mathrm{d}x$称为被积表达式，C称为积分常数.

由定义可知，求函数$f(x)$的不定积分，只需求出$f(x)$的一个原函数，然后再加上任意常数C即可.

例1、例2讲解

例1 求$\int x^2\mathrm{d}x$.

解 由于$\left(\frac{x^3}{3}\right)'=x^2$，所以$\frac{x^3}{3}$是$x^2$的一个原函数. 因此

$$\int x^2\mathrm{d}x=\frac{x^3}{3}+C$$

例2 求$\int\frac{1}{x}\mathrm{d}x$.

解 当$x>0$时，由于 $(\ln x)'=\frac{1}{x}$

所以$\ln x$是$\frac{1}{x}$在$(0,+\infty)$内的一个原函数，因此在$(0,+\infty)$内，有

$$\int\frac{1}{x}\mathrm{d}x=\ln x+C$$

当$x<0$时，由于 $[\ln(-x)]'=\frac{1}{-x}\cdot(-1)=\frac{1}{x}$

所以$\ln(-x)$是$\frac{1}{x}$在$(-\infty,0)$内的一个原函数，因此在$(-\infty,0)$内，有

$$\int\frac{1}{x}\mathrm{d}x=\ln(-x)+C$$

把以上结果综合起来，得

$$\int\frac{1}{x}\mathrm{d}x=\ln|x|+C$$

四、基本积分公式表

由不定积分的定义可知，求函数$f(x)$的不定积分，只需求出$f(x)$的一个原函数，再加上任意常数C即可，那么怎样求出原函数呢？这要比微分法困难得多，原因在于原函数的定义不像导数那样具有构造性，原函数的定义只告诉我们它是一个函数，其导数刚好等于$f(x)$，而没有指出由$f(x)$求出它的原函数的具体途径，因此，只能按照微分法的已知结果进行试探. 从每一个基本初等函数的导数公式相应得到一个不定积分公式.

例如：因为$\left(\frac{1}{\alpha+1}x^{\alpha+1}\right)'=x^{\alpha}$，所以$\frac{1}{\alpha+1}x^{\alpha+1}$是$x^{\alpha}$的一个原函数，于是有

$$\int x^{\alpha}\mathrm{d}x=\frac{1}{\alpha+1}x^{\alpha+1}+C(\alpha\neq-1)$$

类似地，可以得到其他积分公式．下面我们把一些基本的积分公式列成一个表，通常称为基本积分公式表．

1. $\int \mathrm{d}x=x+C$
2. $\int x^{\alpha}\mathrm{d}x=\frac{1}{\alpha+1}x^{\alpha+1}+C(\alpha\neq-1)$
3. $\int \frac{1}{x}\mathrm{d}x=\ln|x|+C$
4. $\int a^{x}\mathrm{d}x=\frac{a^{x}}{\ln a}+C(a>0,a\neq1)$
5. $\int \mathrm{e}^{x}\mathrm{d}x=\mathrm{e}^{x}+C$
6. $\int \cos x\mathrm{d}x=\sin x+C$
7. $\int \sin x\mathrm{d}x=-\cos x+C$
8. $\int \sec^{2}x\mathrm{d}x=\tan x+C$
9. $\int \csc^{2}x\mathrm{d}x=-\cot x+C$
10. $\int \sec x\tan x\mathrm{d}x=\sec x+C$
11. $\int \csc x\cot x\mathrm{d}x=-\csc x+C$
12. $\int \frac{1}{\sqrt{1-x^{2}}}\mathrm{d}x=\arcsin x+C$
13. $\int \frac{1}{1+x^{2}}\mathrm{d}x=\arctan x+C$

以上所列基本积分公式是求不定积分的基础，必须熟记．

例 3 求$\int x\cdot\sqrt{x}\,\mathrm{d}x$．

解 $\int x\cdot\sqrt{x}\,\mathrm{d}x=\int x^{\frac{3}{2}}\mathrm{d}x=\frac{x^{\frac{3}{2}+1}}{\frac{3}{2}+1}+C=\frac{2}{5}x^{\frac{5}{2}}+C$

例 4 求$\int \frac{\mathrm{d}x}{\sqrt{x}}$.

解 $$\int \frac{\mathrm{d}x}{\sqrt{x}}=\int x^{-\frac{1}{2}}\mathrm{d}x=\frac{1}{-\frac{1}{2}+1}x^{-\frac{1}{2}+1}+C=2x^{\frac{1}{2}}+C=2\sqrt{x}+C$$

五、不定积分的基本性质

根据不定积分的定义,直接得到下列性质:

性质 1 $[\int f(x)\mathrm{d}x]'=f(x)$ 或 $\mathrm{d}\int f(x)\mathrm{d}x=f(x)\mathrm{d}x$

性质 2 $\int F'(x)\mathrm{d}x=F(x)+C$ 或$\int \mathrm{d}F(x)=F(x)+C$

求不定积分的运算称为积分运算或积分法. 以上性质表明,积分运算与微分(求导) 运算互为逆运算. 即,如果先积分后微分,则二者的作用互相抵消,反之,如果先微分后积分,则二者的作用抵消后差一个常数项.

性质 3 设函数 $f(x)$ 及 $g(x)$ 的原函数存在,则

$$\int [f(x)+g(x)]\mathrm{d}x=\int f(x)\mathrm{d}x+\int g(x)\mathrm{d}x$$

注意:(1) 该性质对有限多个函数都成立.

(2) 分项积分后的每个不定积分都应加上一个任意常数,但由于任意两个常数的和仍是任意常数,因此只在结果中加上一个任意常数就可以了.

性质 4 设函数 $f(x)$ 的原函数存在,k 为非零常数,则

$$\int kf(x)\mathrm{d}x=k\int f(x)\mathrm{d}x$$

六、直接积分法

在求不定积分问题中,有些函数可以直接利用基本公式及不定积分的性质求出结果,但有些函数需进行恒等变形,然后利用积分基本公式及不定积分的性质求出结果,这种求不定积分的方法叫作直接积分法.

例 5 求$\int (x^2-3\cos x+5)\mathrm{d}x$.

解 $$\int (x^2-3\cos x+5)\mathrm{d}x=\int x^2\mathrm{d}x-3\int \cos x\mathrm{d}x+5\int \mathrm{d}x$$

$$=\frac{1}{3}x^3-3\sin x+5x+C$$

注意:检验积分结果是否正确,只需要对结果求导,看其导数是否等于被积

函数即可.

例 6 求$\int \frac{(x-1)^3}{x^2}\mathrm{d}x$.

解 $$\int \frac{(x-1)^3}{x^2}\mathrm{d}x=\int \frac{x^3-3x^2+3x-1}{x^2}\mathrm{d}x$$
$$=\int\left(x-3+\frac{3}{x}-\frac{1}{x^2}\right)\mathrm{d}x$$
$$=\int x\mathrm{d}x-3\int \mathrm{d}x+3\int \frac{1}{x}\mathrm{d}x-\int \frac{1}{x^2}\mathrm{d}x$$
$$=\frac{1}{2}x^2-3x+3\ln|x|+\frac{1}{x}+C$$

例 7 求$\int 2^x\mathrm{e}^x\mathrm{d}x$.

解 $$\int 2^x\mathrm{e}^x\mathrm{d}x=\int (2\mathrm{e})^x\mathrm{d}x$$
$$=\frac{(2\mathrm{e})^x}{\ln(2\mathrm{e})}+C$$
$$=\frac{2^x\mathrm{e}^x}{1+\ln 2}+C$$

例 8 求$\int \frac{x^2}{1+x^2}\mathrm{d}x$.

例8、例9讲解

解 $$\int \frac{x^2}{1+x^2}\mathrm{d}x=\int \frac{x^2+1-1}{1+x^2}\mathrm{d}x$$
$$=\int\left(1-\frac{1}{1+x^2}\right)\mathrm{d}x$$
$$=x-\arctan x+C$$

例 9 求$\int \frac{x^4}{1+x^2}\mathrm{d}x$.

解 $$\int \frac{x^4}{1+x^2}\mathrm{d}x=\int \frac{x^4-1+1}{1+x^2}\mathrm{d}x$$
$$=\int\left[(x^2-1)+\frac{1}{1+x^2}\right]\mathrm{d}x$$
$$=\int x^2\mathrm{d}x-\int \mathrm{d}x+\int \frac{1}{1+x^2}\mathrm{d}x$$
$$=\frac{1}{3}x^3-x+\arctan x+C$$

例 10 求$\int \frac{1}{x^2(1+x^2)}\mathrm{d}x$.

解 $$\int \frac{1}{x^2(1+x^2)}\mathrm{d}x=\int \frac{(1+x^2)-x^2}{x^2(1+x^2)}\mathrm{d}x$$

例10讲解

$$=\int\left(\frac{1}{x^2}-\frac{1}{1+x^2}\right)\mathrm{d}x$$

$$=\int \frac{1}{x^2}\mathrm{d}x-\int \frac{1}{1+x^2}\mathrm{d}x$$

$$=-\frac{1}{x}-\arctan x+C$$

例 11 求$\int \tan^2 x\,\mathrm{d}x$.

解 $$\int \tan^2 x\,\mathrm{d}x=\int \frac{\sin^2 x}{\cos^2 x}\mathrm{d}x=\int \frac{1-\cos^2 x}{\cos^2 x}\mathrm{d}x$$

$$=\int\left(\frac{1}{\cos^2 x}-1\right)\mathrm{d}x=\int(\sec^2 x-1)\mathrm{d}x$$

$$=\tan x-x+C$$

例 12 (结冰厚度问题)美丽的冰城因为积雪,滑冰场完全靠自然结冰,结冰的速度由$\frac{\mathrm{d}y}{\mathrm{d}t}=k\sqrt{t}$($k>0$为常数)确定,其中$y$是从结冰起到时刻$t$时冰的厚度,求结冰厚度$y$关于时间$t$的函数.

例12讲解

解 由题意,结冰厚度y关于时间t的函数为

$$y=\int k\sqrt{t}\,\mathrm{d}t=\frac{2}{3}k\cdot t^{\frac{3}{2}}+C$$

其中,常数C由结冰时间确定.

如果$t=0$时开始结冰,且厚度为0,即$y(0)=0$

代入上式得,$C=0$,此时结冰厚度y关于时间t的函数为$y=\frac{2}{3}k\cdot t^{\frac{3}{2}}$

思考与练习 4.1

1. 思考题

(1) 数学运算中存在哪些互逆运算?

(2) 原函数与不定积分是什么关系?

(3) 不定积分基本公式与导数公式有何区别与联系?

(4) 如何用不定积分知识求解本节的案例分析?试写出具体步骤.

2. 利用积分与微分的关系求下列不定积分

(1)($\quad$)$'=e^x$， $\int e^x dx=(\quad)$；

(2)($\quad$)$'=\frac{1}{x}$， $\int \frac{1}{x}dx=(\quad)$；

(3)($\quad$)$'=\cos x$， $\int \cos x\, dx=(\quad)$；

(4)($\quad$)$'=\sec^2 x$， $\int \sec^2 x\, dx=(\quad)$；

(5)($\quad$)$'=\frac{1}{\sqrt{1-x^2}}$， $\int \frac{1}{\sqrt{1-x^2}}dx=(\quad)$；

(6)($\quad$)$'=\frac{1}{1+x^2}$， $\int \frac{1}{1+x^2}dx=(\quad)$.

3. 验证下列等式是否成立

(1)$\int \frac{x}{\sqrt{1+x^2}}dx=\sqrt{1+x^2}+C$；

(2)$\int 2x e^{x^2}dx=e^{x^2}+C$；

(3)$\int \cos 2x\, dx=\frac{1}{2}\sin 2x+C$.

4. 求解下列不定积分

(1)$\int x^2\cdot\sqrt{x}\, dx$； (2)$\int (x^3-3\sin x+2)dx$；

(3)$\int \left(\frac{1}{x^2}-3\cos x+\frac{2}{x}\right)dx$； (4)$\int \frac{(x-\sqrt{x})(1+\sqrt{x})}{\sqrt[3]{x}}dx$；

(5)$\int 3^x\cdot e^x dx$； (6)$\int \frac{3^x}{5^x}dx$；

(7)$\int (5^x+\sec^2 x)dx$； (8)$\int (10^x-10^{-x})^2 dx$；

(9)$\int \sec x(\tan x-\sec x)dx$； (10)$\int \frac{2x^2+1}{x^2(1+x^2)}dx$

(11)$\int \frac{x^2+x+1}{x(1+x^2)}dx$； (12)$\int \frac{x^4+1}{x^2+1}dx$；

(13)$\int \frac{x^3+x-1}{1+x^2}dx$； (14)$\int \sin^2\frac{x}{2}dx$；

(15)$\int \frac{\cos 2x}{\sin^2 x}dx$； (16)$\int \frac{dx}{\cos^2 x\cdot\sin^2 x}$；

(17) $\int \frac{\cos 2x}{\sin x+\cos x}\mathrm{d}x$；　　(18) $\int \frac{\cos 2x}{\sin^2 x \cdot \cos^2 x}\mathrm{d}x$.

5. 已知一曲线上任一点处的切线斜率为 x^2，且该曲线通过点 $(0,2)$，求此曲线的方程.

6.（电流强度）已知一电路中电流强度关于时间的变化率为 $\frac{\mathrm{d}i}{\mathrm{d}t}=2t-0.03t^2$，若 $t=0$（单位：秒）时，$i=2$（单位：安），求电流强度 i 关于时间 t 的函数.

7.（自由落体运动）一物体在地球引力作用下做自由落体运动，重力加速度为 g.

(1) 求物体运动的速度方程与运动方程.

(2) 若一只球从一幢高楼的楼顶掉下，20 秒落地，求此楼的高度.

8. 已知边际成本为 $C'(x)=\frac{25}{\sqrt{x}}+7$，固定成本为 800，求总成本函数(单位：元).

9. 已知边际收益为 $R'(x)=a-bx$，求收益函数.

10.（城市人口）某城市在开始建设时的人口为 3 万人，一项城市扩建工程将使城市人口数量 p 从建设开始 t 年后以速率 $\frac{\mathrm{d}p}{\mathrm{d}t}=4500\sqrt{t}+1000$ 增加，试计算从建设开始 9 年后该城市的人口数量.

11.（空气污染）据统计资料显示，某城市夏天空气中 CO 的平均浓度为 3ppm，环保部门的研究预计，从现在开始 t 年，该城市夏天空气中的 CO 的平均浓度将以 $\frac{\mathrm{d}p}{\mathrm{d}t}=0.003t^2+0.06t+0.1$(ppm) 的改变率增长. 如果没有进一步的环境控制措施，问从现在开始 10 年后该城市夏天空气中的 CO 的平均浓度是多少？

12. 高速行驶的列车在快进站时必须进行制动减速，若列车制动后的速度为 $v=1-\frac{1}{3}t$(单位：km/min)，问该列车应在距离站台停靠点多远的地方开始制动？

第二节　换元积分法

利用直接积分法只能计算一些简单函数的不定积分，而对于复合函数的不定积分则不能解决，因而有必要进一步研究不定积分的其他计算方法. 本节我们将介绍计算不定积分的常用方法 —— 换元积分法. 换元积分法的基本思想是利用变量代换,将被积表达式转换为基本积分公式中的形式,从而计算出不定积分. 换元积分法分为第一换元积分法和第二换元积分法. 下面先介绍第一换元积分法.

一、第一换元积分法

思考:在基本积分公式里有$\int \cos x\,\mathrm{d}x=\sin x+C$,那么$\int \cos 2x\,\mathrm{d}x=\sin 2x+C$是否正确? 如果不正确,该如何求解?

分析:由于$(\sin 2x)'=2\cos 2x\neq \cos 2x$,因此不能利用基本积分公式$\int \cos x\,\mathrm{d}x=\sin x+C$求解,而$\cos 2x$也很难利用三角变换转化成基本积分公式表中的形式. 下面引入第一换元积分法来解决这一问题.

由$\int \cos x\,\mathrm{d}x=\sin x+C$可以推出$\int \cos u\,\mathrm{d}u=\sin u+C$,从而有

$$\int \cos 2x\,\mathrm{d}(2x)=\sin 2x+C,$$

而由微分公式$\mathrm{d}(2x)=(2x)'\mathrm{d}x=2\mathrm{d}x$,有$\mathrm{d}x=\frac{1}{2}\mathrm{d}(2x)$,

所以

$$\begin{aligned}\int \cos 2x\,\mathrm{d}x&=\frac{1}{2}\int \cos 2x\,\mathrm{d}(2x)\\&\xlongequal{\text{令 } 2x=u}\frac{1}{2}\int \cos u\,\mathrm{d}u\\&=\frac{1}{2}\sin u+C\\&\xlongequal{\text{回代 } u=2x}\frac{1}{2}\sin 2x+C\end{aligned}$$

验证$\left(\frac{1}{2}\sin 2x\right)'=\cos 2x$,这说明上面的方法是正确的.

这种积分方法的基本思想是先凑微分,再做变量代换,把要计算的积分化为基本公式的形式. 求出原函数后再换回原来的变量. 这种积分法通常称为第一换元积分法.

如果被积函数的形式是$f[\varphi(x)]\cdot\varphi'(x)$(或可以化为这种形式),且$u=\varphi(x)$在某区间$I$上可导,$f(u)$具有原函数$F(u)$,则可以在$\int f[\varphi(x)]\varphi'(x)\mathrm{d}x$

的被积函数中将 $\varphi'(x)\mathrm{d}x$ 凑成微分 $\mathrm{d}\varphi(x)$，再做变量代换 $u=\varphi(x)$，然后对新变量 u 求不定积分，就得到下面的第一换元积分法的求解公式：

$$\begin{aligned}\int f[\varphi(x)]\varphi'(x)\mathrm{d}x &\xlongequal{\text{凑微分}} \int f[\varphi(x)]\mathrm{d}\varphi(x) \\ &\xlongequal{\text{换元,令 }\varphi(x)=u} \int f(u)\mathrm{d}u \\ &\xlongequal{\text{求积分}} F(u)+C \\ &\xlongequal{\text{回代,令 }u=\varphi(x)} F[\varphi(x)]+C\end{aligned}$$

根据第一换元积分公式，求不定积分可按照以下步骤：

(1) 凑微分：将被积函数中的简单因子凑成复合函数中间变量的微分；

(2) 换元：引入中间变量作变量代换；

(3) 求积分：利用基本积分公式计算不定积分；

(4) 回代：变量还原.

注意：(1) 由上述公式可见，虽然不定积分 $\int f[\varphi(x)]\varphi'(x)\mathrm{d}x$ 是一个整体的记号，但是从形式上来看，被积表达式中的 $\mathrm{d}x$ 也可以当作自变量 x 的微分来对待，这样，$\varphi'(x)\mathrm{d}x=\mathrm{d}(\varphi(x))=\mathrm{d}u$ 就可以方便地应用到被积表达式中去.

(2) 第一换元积分法的关键是如何选取 $\varphi(x)$，并将 $\varphi'(x)\mathrm{d}x$ 凑成微分 $\mathrm{d}\varphi(x)$ 的形式，因此，第一换元积分法又称为"凑微分"法.

为使学生更容易掌握，我们将常用的凑微分法的类型分为以下几种：

1. 利用 $\mathrm{d}x=\frac{1}{a}\mathrm{d}(ax+b)$ 凑微分

例1讲解　例1讲解

例 1 求 $\int(2x+3)^2\mathrm{d}x$.

解　原式与积分式 $\int x^2\mathrm{d}x$ 相似，故将 $\mathrm{d}x$ 化成 $\mathrm{d}(2x+3)$，令 $u=2x+3$，则 $x=\frac{1}{2}(u-3)$，$\mathrm{d}x=\frac{1}{2}\mathrm{d}u$，于是

$$\int(2x+3)^2\mathrm{d}x=\int\frac{1}{2}u^2\mathrm{d}u=\frac{1}{2}\int u^2\mathrm{d}u=\frac{1}{6}u^3+C=\frac{1}{6}(2x+3)^3+C$$

例 2 求 $\int\frac{\mathrm{d}x}{3x-2}$.

解　原式与积分式 $\int\frac{1}{x}\mathrm{d}x$ 相似，故将 $\mathrm{d}x$ 化成 $\mathrm{d}(3x-2)$，令 $u=3x-2$，则 $x=\frac{1}{3}(u+2)$，$\mathrm{d}x=\frac{1}{3}\mathrm{d}u$，于是

$$\int \frac{dx}{3x-2}=\int \frac{1}{3}\cdot\frac{1}{u}du=\frac{1}{3}\int\frac{1}{u}du=\frac{1}{3}\ln|u|+C=\frac{1}{3}\ln|3x-2|+C$$

例 3 求$\int \frac{dx}{4+x^2}$.

解　原式与积分式$\int \frac{1}{1+x^2}dx$ 相似,故将被积函数转化为需要的形式

$$\int \frac{dx}{4+x^2}=\frac{1}{4}\int\frac{dx}{1+\frac{x^2}{4}}=\frac{1}{4}\int\frac{dx}{1+\left(\frac{x}{2}\right)^2}$$

$$=\frac{1}{2}\int\frac{1}{1+\left(\frac{x}{2}\right)^2}\left(\frac{x}{2}\right)'dx$$

$$=\frac{1}{2}\int\frac{1}{1+\left(\frac{x}{2}\right)^2}d\left(\frac{x}{2}\right)$$

$$\xlongequal{令 x=2u}\frac{1}{2}\int\frac{1}{1+u^2}du$$

$$=\frac{1}{2}\arctan u+C$$

$$\xlongequal{回代,令 u=\frac{x}{2}}\frac{1}{2}\arctan\frac{x}{2}+C$$

此方法熟练使用以后,可省略中间的换元步骤,直接用凑微分法“凑”成基本积分公式的形式,即可求得不定积分.

例 4 求$\int \sin 3x\,dx$.

解　$\int \sin 3x\,dx=\frac{1}{3}\int\sin 3x\,d(3x)=-\frac{1}{3}\cos 3x+C$

例 5 求$\int e^{-x}dx$.

解　$\int e^{-x}dx=-\int e^{-x}d(-x)=-e^{-x}+C$

2. 利用 $x^{\alpha}dx=\frac{1}{(\alpha+1)a}d(ax^{\alpha+1}+b)(\alpha\neq-1)$ 凑微分

例 6 求$\int x e^{x^2}dx$.

解　e^{x^2} 为复合函数,中间变量 $u=x^2$,且 $u'=(x^2)'=2x$,

则 $2x\,dx = du$，$x\,dx = \frac{1}{2}du$，于是

$$\int x e^{x^2} dx = \int \frac{1}{2} e^u du = \frac{1}{2}\int e^u du = \frac{1}{2}e^u + C = \frac{1}{2}e^{x^2} + C$$

例 7 求$\int x\sqrt{1-x^2}\,dx$.

解 $\sqrt{1-x^2}$ 为复合函数，令中间变量 $u = 1 - x^2$，且 $u' = (1-x^2)' = -2x$，则 $-2x\,dx = du$，$x\,dx = -\frac{1}{2}du$，于是

$$\int x\sqrt{1-x^2}\,dx = \int -\frac{1}{2}\sqrt{u}\,du = -\frac{1}{2}\int \sqrt{u}\,du$$

$$= -\frac{1}{3}u^{\frac{3}{2}} + C = -\frac{1}{3}(1-x^2)^{\frac{3}{2}} + C$$

例 8 求$\int \frac{1}{x^2}\cos\frac{1}{x}\,dx$.

解 $\cos\frac{1}{x}$ 为复合函数，令中间变量 $u = \frac{1}{x}$，且 $u' = \left(\frac{1}{x}\right)' = -\frac{1}{x^2}$，则 $-\frac{1}{x^2}dx = du$，$\frac{1}{x^2}dx = -du$，于是

$$\int \frac{1}{x^2}\cos\frac{1}{x}\,dx = \int -\cos u\,du = -\int \cos u\,du = -\sin u + C = -\sin\frac{1}{x} + C$$

3. 利用下列公式凑微分

(1) $\frac{1}{x}dx = d(\ln|x|) = \frac{1}{a}d(a\ln|x| + b)$

(2) $e^x dx = d(e^x) = \frac{1}{a}d(ae^x + b)$

(3) $\frac{1}{\sqrt{1-x^2}}dx = d(\arcsin x)$

(4) $\frac{1}{1+x^2}dx = d(\arctan x)$

例 9 求$\int \frac{\ln x}{x}\,dx$.

解 $\int \frac{\ln x}{x}dx = \int \frac{1}{x}\cdot \ln x\,dx = \int \ln x\,d\ln x = \frac{1}{2}\ln^2 x + C$

例 10 求$\int \frac{1}{x(1+2\ln x)}\,dx$.

解 $\int \frac{1}{x(1+2\ln x)}dx = \int \frac{1}{x} \cdot \frac{1}{1+2\ln x}dx$

$$= \int \frac{1}{1+2\ln x}d\ln x$$

$$= \frac{1}{2}\int \frac{1}{1+2\ln x}d(1+2\ln x)$$

$$= \frac{1}{2}\ln|1+2\ln x|+C$$

例 11 求$\int e^x \cdot \sin e^x dx$.

解 $\int e^x \cdot \sin e^x dx = \int \sin e^x de^x = -\cos e^x + C$

4. 三角函数类积分常用以下微分公式凑微分求解

$\cos x dx = d\sin x$，$\sin x dx = -d\cos x$，$\sec^2 x dx = d\tan x$，$\csc^2 x dx = -d\cot x$，$\sec x \cdot \tan x dx = d\sec x$，$\csc x \cdot \cot x dx = -d\csc x$ 等.

例 12 求$\int \tan x dx$.

解 $\int \tan x dx = \int \frac{\sin x}{\cos x}dx = \int \sin x \cdot \frac{1}{\cos x}dx =$

$$-\int \frac{1}{\cos x}d\cos x = -\ln|\cos x|+C$$

例 13 求$\int \cos^2 x dx$.

解 $\int \cos^2 x dx = \int \frac{1+\cos 2x}{2}dx = \frac{1}{2}(\int dx + \int \cos 2x dx)$

$$= \frac{1}{2}(x + \frac{1}{2}\int \cos 2x d2x)$$

$$= \frac{1}{2}(x + \frac{1}{2}\sin 2x) + C$$

$$= \frac{1}{2}x + \frac{1}{4}\sin 2x + C$$

注意：本题需先用半角公式作恒等变形，然后再积分.

例 14 求$\int \cos^3 x dx$.

解 $\int \cos^3 x dx = \int \cos^2 x \cdot \cos x dx$

$$= \int \cos^2 x d\sin x$$

$$=\int(1-\sin^2 x)\mathrm{d}\sin x$$

$$=\sin x-\frac{1}{3}\sin^3 x+C$$

5. 有理函数的不定积分

有理函数是指由两个多项式的商所表示的函数，由于该部分内容较复杂，在此只介绍几种题型.

例 15 求$\int\frac{1}{a^2-x^2}\mathrm{d}x$ （其中 $a>0$）.

解 $$\int\frac{1}{a^2-x^2}\mathrm{d}x=\int\frac{1}{2a}\left(\frac{1}{a+x}+\frac{1}{a-x}\right)\mathrm{d}x$$

$$=\frac{1}{2a}\int\frac{1}{a+x}\mathrm{d}x+\frac{1}{2a}\int\frac{1}{a-x}\mathrm{d}x$$

$$=\frac{1}{2a}\int\frac{1}{a+x}\mathrm{d}(a+x)+\frac{1}{2a}\int\frac{-1}{a-x}\mathrm{d}(a-x)$$

$$=\frac{1}{2a}\ln|a+x|-\frac{1}{2a}\ln|a-x|+C$$

$$=\frac{1}{2a}\ln\left|\frac{a+x}{a-x}\right|+C$$

例 16 求$\int\frac{1}{x^2+5x+4}\mathrm{d}x$.

解 $$\int\frac{1}{x^2+5x+4}\mathrm{d}x=\int\frac{1}{(x+1)(x+4)}\mathrm{d}x$$

$$=\int\frac{1}{x+1}\cdot\frac{1}{x+4}\mathrm{d}x$$

$$=\int\frac{1}{3}\left(\frac{1}{x+1}-\frac{1}{x+4}\right)\mathrm{d}x$$

$$=\frac{1}{3}\left(\int\frac{1}{x+1}\mathrm{d}x-\int\frac{1}{x+4}\mathrm{d}x\right)$$

$$=\frac{1}{3}\left(\int\frac{1}{x+1}\mathrm{d}(x+1)-\int\frac{1}{x+4}\mathrm{d}(x+4)\right)$$

$$=\frac{1}{3}(\ln|x+1|-\ln|x+4|)+C$$

$$=\frac{1}{3}\ln\left|\frac{x+1}{x+4}\right|+C$$

例 17 求$\int\frac{1}{x^2+4x+5}\mathrm{d}x$.

解 $\int \frac{1}{x^2+4x+5}dx = \int \frac{1}{(x+2)^2+1}dx$

$$= \int \frac{1}{(x+2)^2+1}d(x+2)$$

$$= \arctan(x+2)+C$$

例 18 求 $\int \frac{x-1}{x^2-2x+15}dx$.

解 $\int \frac{x-1}{x^2-2x+15}dx = \frac{1}{2}\int \frac{1}{x^2-2x+15}d(x^2-2x+15)$

$$= \frac{1}{2}\ln|x^2-2x+15|+C$$

通过上面的例子可以看到，在利用第一换元积分法求不定积分时，有时需要对被积函数做适当的代数运算或三角运算，然后再凑微分，技巧性比较强，无一般法则可循，因此，只有多练习，并在练习过程中，随时总结、归纳，积累经验，才能灵活运用.

二、第二换元积分法

引例 $\int \frac{1}{1+\sqrt{x}}dx$.

分析 不能直接利用基本公式，第一换元积分法也不能用，因为无法凑微分，此题的困难在于根号，一般来讲，当遇到根号，我们就要去根号，因此，不妨考虑通过换元法把根号去掉.

解 令 $\sqrt{x}=t$，则 $x=t^2$，$dx=d(t^2)=2t\,dt$，

$$\int \frac{1}{1+\sqrt{x}}dx = \int \frac{1}{1+t}\cdot 2t\,dt = 2\int \frac{t+1-1}{1+t}dt$$

$$= 2\int \left(1-\frac{1}{1+t}\right)dt$$

$$= 2t-2\ln|1+t|+C$$

$$= 2\sqrt{x}-2\ln(1+\sqrt{x})+C$$

引例的解法是如果不能直接利用基本公式，也不能利用第一换元积分法，而被积函数又含有根式时，可以考虑通过变量代换，将含有根式的被积函数转化为不含有根式的被积函数，使得新积分变量的不定积分更加易于求解，这就是第二换元积分法.

第二换元积分法：如果在不定积分 $\int f(x)dx$ 中，令 $x=\varphi(t)$，$\varphi(t)$ 有连续的

导数，且 $\varphi'(t)\neq 0$，$x=\varphi(t)$ 存在反函数 $t=\varphi^{-1}(x)$，则有

$$\int f(x)\mathrm{d}x \xlongequal{\text{换元 } x=\varphi(t)} \int f[\varphi(t)]\mathrm{d}\varphi(t)=\int f[\varphi(t)]\varphi'(t)\mathrm{d}t$$

$$\xlongequal{\text{积分}} F(t)+C$$

$$\xlongequal{\text{回代 } t=\varphi^{-1}(x)} F[\varphi^{-1}(x)]+C$$

利用第二换元积分法进行积分，重点是找到恰当的函数 $x=\varphi(t)$ 代入被积函数中，将被积函数化简为较容易求解的积分，并且在求出原函数后将 $t=\varphi^{-1}(x)$ 还原，常用的换元法有简单无理函数代换法、三角函数代换法等. 上述引例用的就是简单无理函数代换法，三角函数代换法较为复杂，本处略.

例 19 $\int \frac{1}{\sqrt[3]{x}+\sqrt{x}}\mathrm{d}x$

解 令 $\sqrt[6]{x}=t$，则 $x=t^6$，$\mathrm{d}x=\mathrm{d}(t^6)=6t^5\mathrm{d}t$，

$$\begin{aligned}\int \frac{1}{\sqrt[3]{x}+\sqrt{x}}\mathrm{d}x &= \int \frac{1}{t^2+t^3}\cdot 6t^5\mathrm{d}t = 6\int \frac{t^3}{1+t}\mathrm{d}t\\ &= 6\int \frac{t^3+1-1}{1+t}\mathrm{d}t = 6\int\left(t^2-t+1-\frac{1}{1+t}\right)\mathrm{d}t\\ &= 6\left(\frac{1}{3}t^3-\frac{1}{2}t^2+t-\ln|1+t|\right)+C\\ &= 2t^3-3t^2+6t-6\ln|1+t|+C\\ &= 2\sqrt{x}-3\sqrt[3]{x}+6\sqrt[6]{x}-6\ln(1+\sqrt[6]{x})+C\end{aligned}$$

用第二类换元积分法主要解决含根式的积分问题，但也要具体问题具体分析，如积分 $\int\sqrt{2x+1}\,\mathrm{d}x$，$\int x\sqrt{x^2-1}\,\mathrm{d}x$ 等，使用第一类换元积分法更为简便.

思考与练习 4.2

1. 思考题

(1) 当被积函数是三角函数的偶数次方和奇数次方时如何求解？

(2) 使用换元积分法时有哪些注意事项？

(3) 若 $\int f(x)\mathrm{d}x=F(x)+C$，求 $\int f(ax+b)\mathrm{d}x$.

2. 用第一换元积分法求下列不定积分

(1) $\int (2x+5)^4\mathrm{d}x$　　(2) $\int \sqrt{3x-2}\,\mathrm{d}x$

(3) $\int \frac{\mathrm{d}x}{1-2x}$　　(4) $\int \cos(5x-2)\mathrm{d}x$

(5) $\int e^{2x}\,dx$　　(6) $\int \frac{x}{1+x^2}dx$

(7) $\int \frac{\cos\sqrt{x}}{\sqrt{x}}dx$　　(8) $\int \frac{\ln^2 x}{x}dx$

(9) $\int \frac{e^x}{1+e^x}dx$　　(10) $\int \frac{dx}{a^2+x^2}(a>0)$

(11) $\int \frac{dx}{9+4x^2}$　　(12) $\int \sin^2 x\cdot\cos x\,dx$

(13) $\int \sin^2 x\,dx$　　(14) $\int \sin^3 x\,dx$

(15) $\int \frac{dx}{x^2-x-2}$　　(16) $\int \frac{dx}{x^2+2x+3}$

3. 用第二换元积分法求下列不定积分

(1) $\int \frac{1}{1+\sqrt[3]{x}}dx$　　(2) $\int \frac{\sqrt{x}}{1+\sqrt[3]{x}}dx$

(3) $\int \frac{1}{x+\sqrt{x}}dx$　　(4) $\int \frac{1}{\sqrt{x}(1+\sqrt[3]{x})}dx$

4. 已知一电场中质子运动时的加速度为 $a(t)=-20(1+2t)^{-2}$(单位：m/s^2). 若 $t=0$ s 时，$v=0.3$ m/s. 求质子的运动速度函数.

5. 资本存量函数的导数称为净投资，已知净投资 $I(t)=3\sqrt{t+1}$(单位：万元 / 年)，初始资本为 500 万元，求资本存量函数.

第三节　分部积分法

换元积分法是一种重要的积分方法，但是它却不能解决如 $\int \ln x\,dx$，$\int x\cdot\cos x\,dx$ 等这类简单的积分问题，为此，本节将从两个函数乘积的求导法则入手，来推得另一个求积分的基本方法 —— 分部积分法.

设函数 $u=u(x)$，$v=v(x)$ 具有连续导数，由函数乘积的导数公式有

$$(u\cdot v)'=u'\cdot v+u\cdot v'$$

两边求不定积分，得

$$\int (u\cdot v)'dx=\int u'\cdot v\,dx+\int u\cdot v'dx$$

即，$$u\cdot v=\int v\mathrm{d}u+\int u\mathrm{d}v$$

移项，得

$$\int u\mathrm{d}v=u\cdot v-\int v\mathrm{d}u$$

这个式子称为分部积分公式，这种方法称为分部积分法.

上式等号右边是不含积分号的 $u\cdot v$ 及含积分号的$\int v\mathrm{d}u$ 之差. 如果$\int v\mathrm{d}u$ 容易求出，则可求出积分$\int u\mathrm{d}v$. 因此，分部积分法的关键是恰当地选取 u 和 v，选取 u 和 v 的一般原则是：

分部积分公式

(1) 用凑微分法容易求出 v；

(2) 积分$\int v\mathrm{d}u$ 比积分$\int u\mathrm{d}v$ 简单易求.

注意：分部积分公式的特点是两边的积分中 u 和 v 恰好交换了位置，当$\int u\mathrm{d}v$ 不易计算，而$\int v\mathrm{d}u$ 比较容易计算时，就可以使用这个公式.

以下通过例子说明分部积分公式适用的题型及如何选择 $u=u(x)$，$v=v(x)$.

例 1 求$\int x\cdot\cos x\,\mathrm{d}x$.

解 令 $u=x$，$\mathrm{d}v=\cos x\,\mathrm{d}x$，则 $v=\sin x$，于是

$$\int x\cos x\,\mathrm{d}x=\int x\,\mathrm{d}(\sin x)=x\sin x-\int\sin x\,\mathrm{d}x$$

$$=x\sin x-(-\cos x)+C=x\sin x+\cos x+C$$

此题若令 $u=\cos x$，$\mathrm{d}v=x\,\mathrm{d}x$，则 $v=\frac{1}{2}x^2$，于是

$$\int x\cos x\,\mathrm{d}x=\int\cos x\,\mathrm{d}\left(\frac{1}{2}x^2\right)$$

$$=\cos x\cdot\frac{1}{2}x^2-\int\frac{1}{2}x^2\mathrm{d}(\cos x)$$

$$=\frac{1}{2}x^2\cos x+\int\frac{1}{2}x^2\sin x\,\mathrm{d}x$$

这样得到的积分$\int\frac{1}{2}x^2\sin x\,\mathrm{d}x$ 反而比原积分$\int x\cos x\,\mathrm{d}x$ 更难求了. 所以在分部积分法中，$u=u(x)$ 和 $\mathrm{d}v=\mathrm{d}v(x)$ 的选择不是任意的，如果选取不当，就得不出结果.

例 2 求$\int x\cdot e^x dx$.

解　设$u=x$，$dv=e^x dx$，则$v=e^x$，于是

$$\int x\cdot e^x dx=\int x de^x=xe^x-\int e^x dx=xe^x-e^x+C$$

注意：在分部积分法中，u及dv的选择是有一定规律的. 当被积函数为幂函数与正(余)弦或指数函数的乘积时，往往选取幂函数为u.

例 3 求$\int \ln x dx$.

解　$u=\ln x$，$dv=dx$，则$du=\frac{1}{x}dx$，$v=x$，应用分部积分公式得，

$$\begin{aligned}\int \ln x dx&=x\cdot\ln x-\int x d\ln x\\&=x\cdot\ln x-\int x\cdot\frac{1}{x}dx\\&=x\cdot\ln x-x+C\end{aligned}$$

例 4 求$\int x\cdot\ln x dx$.

解　为使v容易求得，选取$u=\ln x$，$dv=x dx=d\left(\frac{x^2}{2}\right)$，则$v=\frac{1}{2}x^2$，于是

$$\begin{aligned}\int x\ln x dx&=\frac{1}{2}\int\ln x dx^2=\frac{1}{2}x^2\ln x-\frac{1}{2}\int x^2 d(\ln x)\\&=\frac{1}{2}x^2\ln x-\frac{1}{2}\int x dx\\&=\frac{1}{2}x^2\ln x-\frac{1}{4}x^2+C\end{aligned}$$

例 5 求$\int \arctan x dx$.

解　设$u=\arctan x$，$dv=dx$，则$v=x$，于是

$$\begin{aligned}\int\arctan x dx&=x\arctan x-\int x d(\arctan x)\\&=x\arctan x-\int x\cdot\frac{1}{1+x^2}dx\\&=x\arctan x-\frac{1}{2}\int\frac{1}{1+x^2}d(1+x^2)\\&=x\arctan x-\frac{1}{2}\ln|1+x^2|+C\end{aligned}$$

例 6 求$\int x\cdot\arctan x\,\mathrm{d}x$.

解 $$\int x\cdot\arctan x\,\mathrm{d}x=\int\arctan x\,\mathrm{d}\left(\frac{1}{2}x^2\right)$$
$$=\frac{1}{2}x^2\arctan x-\frac{1}{2}\int x^2\,\mathrm{d}(\arctan x)$$
$$=\frac{1}{2}x^2\arctan x-\frac{1}{2}\int x^2\cdot\frac{1}{1+x^2}\mathrm{d}x$$
$$=\frac{1}{2}x^2\arctan x-\frac{1}{2}\int\left(1-\frac{1}{1+x^2}\right)\mathrm{d}x$$
$$=\frac{1}{2}x^2\arctan x-\frac{1}{2}(x-\arctan x)+C$$

注意:(1) 如果被积函数含有对数函数或反三角函数,可以考虑用分部积分法,并设对数函数或反三角函数为 u.

(2) 在分部积分法应用熟练后,可把认定的 u,$\mathrm{d}v$ 记在心里而不写出来,直接在分部积分公式中应用.

例 7 求$\int \mathrm{e}^x\cdot\sin x\,\mathrm{d}x$.

解 $$\int \mathrm{e}^x\cdot\sin x\,\mathrm{d}x=\int \mathrm{e}^x\,\mathrm{d}(-\cos x)$$
$$=-\mathrm{e}^x\cos x+\int \mathrm{e}^x\cos x\,\mathrm{d}x$$
$$=-\mathrm{e}^x\cos x+\int \mathrm{e}^x\,\mathrm{d}(\sin x)$$
$$=-\mathrm{e}^x\cos x+\mathrm{e}^x\sin x-\int \mathrm{e}^x\sin x\,\mathrm{d}x$$

由于上式第三项就是所求的积分$\int \mathrm{e}^x\sin x\,\mathrm{d}x$,把它移到等式左边,得

$$2\int \mathrm{e}^x\sin x\,\mathrm{d}x=\mathrm{e}^x(\sin x-\cos x)+2C$$

故 $$\int \mathrm{e}^x\sin x\,\mathrm{d}x=\frac{1}{2}\mathrm{e}^x(\sin x-\cos x)+C$$

注意:如果被积函数为指数函数与正(余)弦函数的乘积,可任选择其一为 u,但一经选定,在后面的解题过程中要始终选择其为 u.

例 8 求$\int \mathrm{e}^{\sqrt{x}}\,\mathrm{d}x$.

解 先去根号,设$\sqrt{x}=t$,则 $x=t^2$,$\mathrm{d}x=2t\,\mathrm{d}t$,于是

$$\int e^{\sqrt{x}}\,dx=\int e^{t}\cdot 2t\,dt=2\int t\,de^{t}=2te^{t}-2\int e^{t}\,dt$$
$$=2te^{t}-2e^{t}+C=2e^{\sqrt{x}}(\sqrt{x}-1)+C$$

思考与练习 4.3

求下列不定积分

(1) $\int x\cdot\sin x\,dx$　　(2) $\int x^{2}\cos x\,dx$

(3) $\int x^{2}\cdot e^{x}\,dx$　　(4) $\int x^{2}\cdot\ln x\,dx$

(5) $\int\frac{\ln x}{\sqrt{x}}dx$　　(6) $\int x\cdot e^{-x}\,dx$

(7) $\int\arcsin x\,dx$　　(8) $\int\sin\sqrt{x}\,dx$

学习指导

一、知识点总结

(一) 概念

原函数:已知函数 $f(x)$ 定义在区间 I 上,若存在可导函数 $F(x)$,使得对于区间 I 上的任一个的 x,都有 $F'(x)=f(x)$,则称函数 $F(x)$ 为 $f(x)$ 在区间 I 上的一个原函数.

不定积分:$f(x)$ 的不定积分是 $f(x)$ 的全体原函数,即 $\int f(x)dx=F(x)+C$.

(二) 性质

1. 不定积分与导数或微分互为逆运算,即

$$\left[\int f(x)dx\right]'=f(x)\ \text{或}\ d\int f(x)dx=f(x)dx$$

$$\int F'(x)dx=F(x)+C\ \text{或}\int dF(x)=F(x)+C$$

2. 两个函数之和的不定积分等于各自不定积分的和,被积函数的非零常数因子可移到积分号外. 即

设函数 $f(x)$ 及 $g(x)$ 的原函数存在,则

$$\int[f(x)+g(x)]dx=\int f(x)dx+\int g(x)dx$$

设函数 $f(x)$ 的原函数存在,k 为非零常数,则

$$\int kf(x)\mathrm{d}x = k\int f(x)\mathrm{d}x$$

(三) 基本积分法

1. 直接积分法:直接使用不定积分的运算性质和基本积分公式求不定积分.

2. 第一换元积分法:

$$\int f[\varphi(x)]\varphi'(x)\mathrm{d}x \xlongequal{\text{凑微分}} \int f[\varphi(x)]\mathrm{d}\varphi(x) \xlongequal{\text{换元,令 }\varphi(x)=u} \int f(u)\mathrm{d}u$$

$$\xlongequal{\text{求积分}} F(u)+C \xlongequal{\text{回代,令 }u=\varphi(x)} F[\varphi(x)]+C$$

3. 第二换元积分法:

$$\int f(x)\mathrm{d}x \xlongequal{\text{换元 }x=\varphi(t)} \int f[\varphi(t)]\mathrm{d}\varphi(t) = \int f[\varphi(t)]\varphi'(t)\mathrm{d}t$$

$$\xlongequal{\text{积分}} F(t)+C \xlongequal{\text{回代 }t=\varphi^{-1}(x)} F[\varphi^{-1}(x)]+C$$

4. 分部积分法:$\int u\mathrm{d}v = u\cdot v-\int v\mathrm{d}u$

二、主要题型及解题方法与技巧

1. 直接积分法

计算简单的不定积分,有时只需要按不定积分的性质和基本公式进行计算,有时需要先利用代数运算或三角恒等变形将被积函数进行恒等变形,然后分项求解.

2. 第一换元积分法(凑微分法)

基本积分公式中的积分变量换成任一可导函数,公式仍成立,这就大大扩充了基本积分公式的使用范围.

3. 第二换元积分法

第二换元积分法分为整体代换和三角代换,本书只介绍了整体代换.

设 $x=\varphi(t)$,$\varphi(t)$ 可导,$\varphi'(t)$ 连续,则

$$\int f(x)\mathrm{d}x = \int f[\varphi(t)]\varphi'(t)\mathrm{d}t = F(t)+C = F[\varphi^{-1}(x)]+C$$

4. 分部积分法

$$\int u\mathrm{d}v = u\cdot v-\int v\mathrm{d}u$$

应用分部积分公式应注意:

(1)v 要用凑微分容易求出;

(2)$\int v\mathrm{d}u$ 比 $\int u\mathrm{d}v$ 容易求.

不定积分的计算要根据被积函数的特征灵活运用积分方法.在具体问题中,

常常是各种方法的综合使用,针对不同的问题采用不同的积分方法.求不定积分比求导数要难得多,尽管有一些规律可循,但是在具体运用时,却有很复杂的情况,需要灵活掌握,因此应通过多做练习来积累经验,熟悉技巧,才能熟练掌握.

思维导图

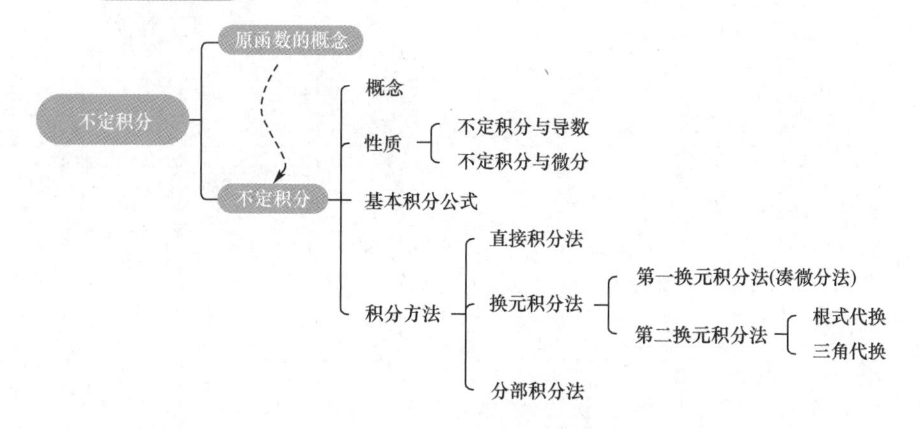

习题四

一、单项选择题

1. 函数 $f(x)$ 的(　　)原函数称为 $f(x)$ 的不定积分.

(A) 唯一一个　　(B) 某一个

(C) 所有　　(D) 任意一个

2. 若 $F'(x)=f(x)$,则 $\int \mathrm{d}F(x)=$(　　).

(A) $f(x)$　　(B) $F(x)$

(C) $f(x)+C$　　(D) $F(x)+C$

3. 如果函数 $f(x)$ 有原函数,则原函数有(　　).

(A) 一个　　(B) 两个

(C) 无穷多个　　(D) 有限($\geqslant 3$)个

4. 下列等式成立的是(　　).

(A) $\int x^{\alpha}\mathrm{d}x=\frac{1}{1+\alpha}x^{\alpha-1}+C$　　(B) $\int \tan x\,\mathrm{d}x=\frac{1}{1+x^{2}}+C$

(C) $\int \sin x\,\mathrm{d}x=-\cos x+C$　　(D) $\int a^{x}\mathrm{d}x=a^{x}\ln a+C$

5. 若 $F_1(x)$ 和 $F_2(x)$ 是 $f(x)$ 的两个不同的原函数，则 $F_1(x)-F_2(x)=$ (　　).

(A) $f(x)$　　(B) 0

(C) 一次函数　　(D) 常数

6. 设 $\int f(x)\mathrm{d}x=\cos x+C$，则 $f(x)=$ (　　).

(A) $\sin x$　　(B) $-\sin x$

(C) $\cos x$　　(D) $-\cos x$

7. $\int \sin x\,\mathrm{d}x=$ (　　).

(A) $-\cos x$　　(B) $-\cos x+C$

(C) $\cos x$　　(D) $\cos x+C$

8. 若 $f'(x)=2x$，则 $f(x)$ 可以是(　　).

(A) x^2+3　　(B) $x+5$

(C) x^3+C　　(D) $2x^2-2$

9. 以下关于不定积分，错误的是(　　).

(A) 求不定积分就是求导数的逆运算

(B) $\mathrm{d}\int \cos 2x\,\mathrm{d}x=\cos 2x\,\mathrm{d}x$

(C) $\int \mathrm{d}\cos 2x=\cos 2x$

(D) $(\int \cos 2x\,\mathrm{d}x)'=\cos 2x$

10. $\int \mathrm{d}\cos x=$ (　　).

(A) $\cos x$　　(B) $\cos x+C$

(C) $-\sin x$　　(D) $-\sin x+C$

11. 下列运算的结果正确的是(　　).

(A) $(\sin 2x)'=\cos 2x$　　(B) $(\sqrt{x})'=\dfrac{1}{\sqrt{x}}$

(C) $\int \dfrac{1}{1+x}\mathrm{d}x=\ln|1+x|+C$　　(D) $\int 2x\,\mathrm{d}x=2+C$

12. 下列凑微分正确的是(　　).

(A) $\cos 2x\,\mathrm{d}x=\mathrm{d}(\sin 2x)$　　(B) $\ln x\,\mathrm{d}x=\mathrm{d}\left(\dfrac{1}{x}\right)$

(C) $\dfrac{1}{x^2}\mathrm{d}x=-\mathrm{d}\left(\dfrac{1}{x}\right)$　　(D) $\arctan x\,\mathrm{d}x=\mathrm{d}\left(\dfrac{1}{1+x^2}\right)$

13. $\int x\,\mathrm{d}\cos x=($　　$)$.

(A) $\frac{1}{2}x^2\cos x+C$　　(B) $x\cos x-\sin x+C$

(C) $x\cos x+\sin x+C$　　(D) $x\sin x-\cos x+C$

二、判断题

1. $\int F'(x)\mathrm{d}x=F(x)+C$.　(　　)

2. $\int \mathrm{d}F(x)=F(x)$.　(　　)

3. $\mathrm{d}\int(\mathrm{e}^{2x}-x)\mathrm{d}x=(\mathrm{e}^{2x}-x)\mathrm{d}x$.　(　　)

4. $y=\sin 2x$ 是 $y=\cos 2x$ 的一个原函数.　(　　)

5. 若 $f'(x)=\sin x$，则 $f(x)$ 一定为 $\cos x$.　(　　)

6. $\int \tan x\,\mathrm{d}x=\frac{1}{1+x^2}+C$.　(　　)

7. 设 $F(x)$ 是 $f(x)$ 的一个原函数，则 $\int F(x)\mathrm{d}x=f(x)+C$.　(　　)

8. $\int \frac{1}{x}\mathrm{d}x=\ln|x|$.　(　　)

9. 设 $F(x)$ 是 $f(x)$ 的一个原函数，则 $F(x)+3$ 也是 $f(x)$ 的原函数.　(　　)

三、求下列不定积分

(1) $\int\left(\mathrm{e}^x-3x^2+\frac{1}{x}\right)\mathrm{d}x$　　(2) $\int \frac{2x^3-x^2-1}{x^2}\mathrm{d}x$

(3) $\int\left(\frac{5\cos x}{3}-1+\frac{2}{1+x^2}\right)\mathrm{d}x$　　(4) $\int x^2\cdot\cos(x^3)\mathrm{d}x$

(5) $\int(\mathrm{e}^x-\cos x+\sin x)\mathrm{d}x$　　(6) $\int \frac{1-x^2}{1+x^2}\mathrm{d}x$

(7) $\int \cos(2x+1)\mathrm{d}x$　　(8) $\int(2x+5)^{10}\mathrm{d}x$

(9) $\int \sin^2 x\cos x\,\mathrm{d}x$　　(10) $\int \frac{1}{1+\sqrt{3x}}\mathrm{d}x$

(11) $\int x\mathrm{e}^{2x}\mathrm{d}x$　　(12) $\int \ln(x+1)\mathrm{d}x$

(13) $\int \frac{1}{4x^2-9}\mathrm{d}x$　　(14) $\int \mathrm{e}^{\sqrt[3]{x}}\mathrm{d}x$

四、若 e^{-x} 是 $f(x)$ 的一个原函数，求$\int xf(x)\mathrm{d}x$.

五、已知某厂生产的产品总产量 $Q(t)$ 的变化率是时间 t 的函数 $Q'(t)=136t+20$，当 $t=0$ 时，$Q=0$，求该产品的总产量函数 $Q(t)$.

六、某工厂生产某种产品，已知生产 x 个单位时的边际收入为 $R'(x)=200-\frac{x}{100}(x\geqslant 0)$，求生产了 50 个单位产品时的总收入.

七、已知某种商品的需求函数为 $x=100-5p$，其中 x 为需求量(单位：件)，p 为单价(单位：元/件). 又已知此种商品的边际成本为 $C'(x)=10-0.2x$，且 $C(0)=10$，试确定当销售单价为多少时，总利润最大，并求出最大利润.

八、经研究发现，某小伤口表面修复的速度为$\frac{\mathrm{d}A}{\mathrm{d}t}=-5t^{-2}$($t$ 的单位：天；$1\leqslant t\leqslant 5$)，其中 A(单位：cm^2) 表示伤口的面积，假设 $A(1)=5$，问病人受伤 5 天后伤口的表面积有多大？

模块五

总量分析问题

——定积分及应用

数学史料

定积分是高等应用数学中的又一个重要的基本概念,无论在理论上还是在实际应用中,都有着十分重要的意义. 本章将从实际问题出发引出定积分的概念,然后讨论定积分的基本性质,揭示定积分与不定积分之间的关系,并给出定积分的计算方法及应用.

学习目标

1. 理解定积分的概念和性质;
2. 理解变上限的定积分作为其上限的函数及其求导定理,熟悉牛顿-莱布尼茨公式;
3. 熟练掌握定积分的换元积分法和分部积分法;
4. 会利用定积分计算平面图形的面积,会利用定积分求解一些简单的几何与经济应用问题;
5. 了解无穷限广义积分收敛与发散的概念,会计算无穷限广义积分.

思政目标

通过学习定积分知识，培养学生的辩证思维能力，挖掘学生潜力，激发学生想象力和创造力，提高其解决实际问题的能力。定积分概念用“化整为零、积零为整”的思想引入，启示学生要学会运用科学的辩证方法，将大而复杂的问题尽可能分成小而简单的问题去解决，用智慧去分解问题，理性平和地去做事；通过微积分基本公式的学习，体会事物间的相互转化，对立统一的辩证关系，培养学生辩证唯物主义观点，提高理性思维能力；通过学习定积分的换元积分法，学生在今后的生活、工作、学习中会灵活处理问题，多方面思考，事半功倍；学习定积分的分部积分法，引导学生在生活中处理任何事情，要遵循一定的原则，培养学生开阔眼界，遇事要及时改变思路，化繁为简，提升解决问题的能力；学习无穷积分，教会学生做事情要掌握事情的本质，了解事物发展的方向，再去解决问题，否则，就会被表面现象所迷惑.

本模块内容让学生进一步认识矛盾和对立统一的哲学思想，同时让其体会“工匠”精神，培养其精益求精的品质和学会用所学知识解决实际问题的能力。同样，理解从局部去解决整体的问题，运用科学的辩证方法能够帮助学生解决问题。

第一节 定积分的概念与性质

一、定积分的概念

1. 案例分析 1

定积分历史背景

欧式建筑(图 5-1-1) 的突出特点之一是它的窗户的形状和门洞的形状，学生在欣赏欧式建筑的同时有没有考虑过这种窗户的采光面积如何求解呢？

图 5-1-1

图 5-1-2 是某窗户的平面图，其曲线段是抛物线形，试计算窗户的采光面积.

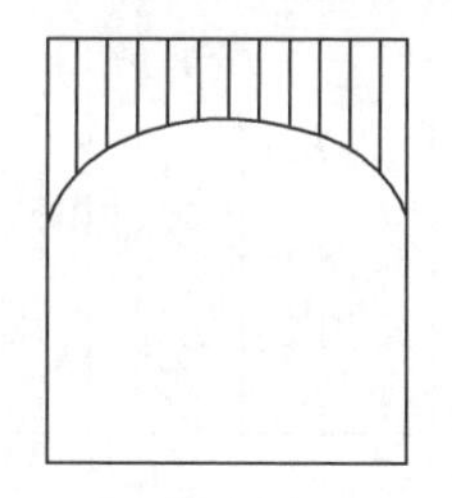

图 5-1-2

定积分实际背景

分析　容易看出，将长方形的面积减去图中阴影部分的面积即得所求的面积. 因此，只需求出图中阴影部分的面积即可.

下面来研究如何求该部分的面积.

为方便求解，将图 5-1-2 中阴影部分旋转 180°，得到图 5-1-3.

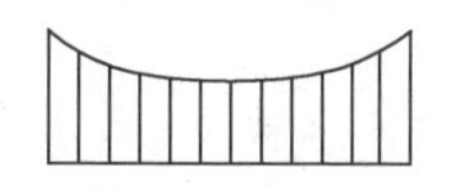

图 5-1-3

该图形由三条直线与一条连续曲线围成，其中三条直线中有两条相互平行且与第三条直线垂直，这样的图形称为曲边梯形. 只要我们求解出曲边梯形的面积，窗户的采光面积就迎刃而解了. 下面给出曲边梯形的具体定义并给出曲边梯形的面积的求解方法.

定义 5.1.1　在直角坐标系中，由连续曲线 $y=f(x)(f(x)>0)$，直线 $x=a$，$x=b$，以及 x 轴所围成的平面图形称为曲边梯形，其中区间 $[a,b]$ 的长度称为曲边梯形的底,如图 5-1-4 所示. 下面讨论曲边梯形的面积.

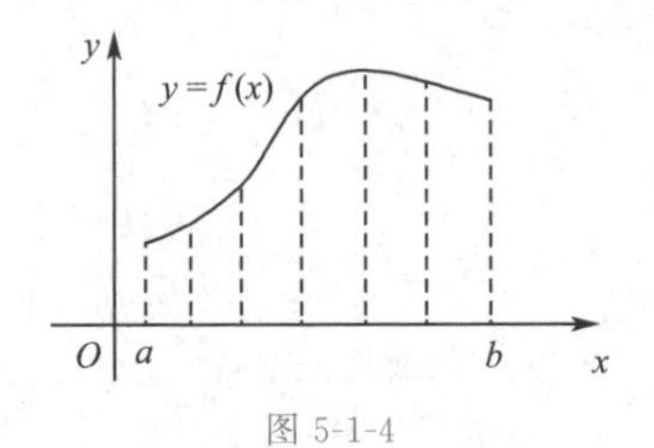

图 5-1-4

(1) 分析:曲边梯形是一种不规则四边形,其面积比较难求,而四边形中矩形的面积等于(底 × 高),把曲边梯形与矩形比较发现,矩形的高是常量,而曲边梯形的高 $f(x)$ 是变量;矩形的四条边都是直的,而曲边梯形有一条边是弯曲的. 我们会求矩形的面积,也就是会求常量的直边的图形面积,而不会求解变量的曲边的图形面积,这就启发我们将变量的曲边图形转化成常量的直边图形,因此,我们采用"以直代曲"的思想,用平行于 y 轴的一组平行线将曲边梯形分割成若干个小曲边梯形,如图 5-1-5 所示,

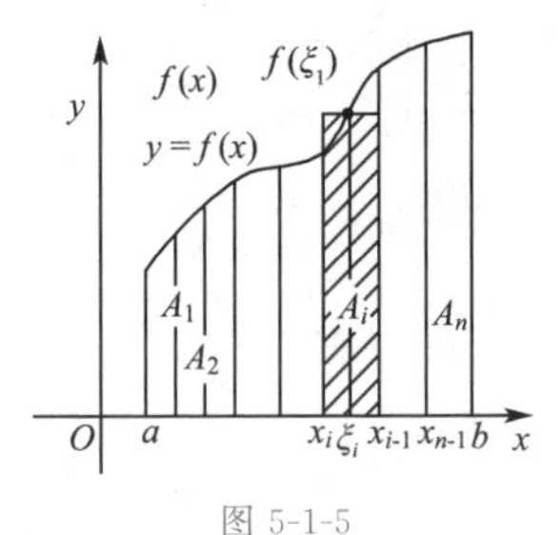

图 5-1-5

在每个小曲边梯形中,以 $y=f(x)$ 在任一点处的值为高得出的小矩形的面积近似代替小曲边梯形的面积,而曲边梯形的面积的近似值就可以看作若干个小矩形的面积之和,分割得越细,近似程度越好,欲求面积的精确值,引入极限即可解决.

(2) 求解过程:

首先,分割. 在区间$[a,b]$内任意插入 $n-1$ 个分点,依次为

$$a=x_0<x_1<x_2<\cdots<x_{i-1}<x_i<\cdots<x_{n-1}<x_n=b,$$

这些点把$[a,b]$分割成 n 个小区间:

$$[x_0,x_1],[x_1,x_2],\cdots,[x_{i-1},x_i],\cdots,[x_{n-1},x_n].$$

每个小区间的区间长度为

$$\Delta x_1=x_1-x_0,\Delta x_2=x_2-x_1,\cdots,\Delta x_i=x_i-x_{i-1},\cdots,\Delta x_n=x_n-x_{n-1}$$

再用直线 $x=x_i$,$i=1,2,\cdots,n-1$ 把曲边梯形分割成 n 个小曲边梯形. 它们的面积分别记为

$$\Delta A_1, \Delta A_2, \cdots, \Delta A_i, \cdots, \Delta A_n.$$

其次,近似代替.当小曲边梯形的个数 n 越来越大时,分割越来越细,其曲边长度越接近底的长度,因此我们用小矩形近似代替小曲边梯形,从而用小矩形的面积近似代替小曲边梯形的面积.即,在每个小区间 $[x_{i-1}, x_i]$ $(i=1,2,\cdots,n)$ 上任取一点 ξ_i $(x_{i-1} \leqslant \xi_i \leqslant x_i)$,用以 $f(\xi_i)$ 为高,以 $[x_{i-1}, x_i]$ 为底的小矩形的面积来近似代替相应的小曲边梯形的面积 ΔA_i,即

$$\Delta A_i = f(\xi_i)\Delta x_i, (i=1,2,\cdots,n)$$

再次,求和.将这 n 个小矩形的面积加起来就得到所求曲边梯形面积的近似值,即

$$\begin{aligned} A &\approx \Delta A_1 + \Delta A_2 + \cdots + \Delta A_i + \cdots + \Delta A_n \\ &= f(\xi_1)\Delta x_1 + f(\xi_2)\Delta x_2 + \cdots + f(\xi_i)\Delta x_i + \cdots + f(\xi_n)\Delta x_n \\ &= \sum_{i=1}^{n} f(\xi_i)\Delta x_i \end{aligned}$$

最后,取极限.当分点个数越多,每个小曲边梯形越细时,所求得的曲边梯形面积 A 的近似值就越接近 A 的精确值,因此,要求曲边梯形面积 A 的精确值,只需要无限地增加分点,使得每个小曲边梯形的宽度趋于零,若记 $\lambda = max\{\Delta x_1, \Delta x_2, \cdots, \Delta x_n\}$,则上述条件可表述为 $\lambda \to 0$.当 $\lambda \to 0$ 时,取上述和式的极限,便得到曲边梯形的面积为

$$A = \lim_{\lambda \to 0} \sum_{i=1}^{n} f(\xi_i)\Delta x_i$$

求曲边梯形面积的这种方法概括起来就是"分割、近似代替、求和、取极限"的过程.由于曲边梯形的面积是一个客观存在的常量,所以上述极限与对区间 $[a, b]$ 的分割以及点 ξ_i 的选取无关.

案例分析 2(理工类)

问题:汽车以速度 v 做匀速直线运动时,经过时间 t 所行驶的路程为 $S=vt$.如果汽车做变速直线运动,在时刻 t 的速度为 $v(t)=-t^2+2$(单位:km/h),那么汽车在 $0 \leqslant t \leqslant 1$(单位:h) 这段时间内行驶的路程 S(单位:km) 是多少?

分析:与求曲边梯形面积类似,采取"以不变代变"的方法,把求变速直线运动的路程问题,划归为匀速直线运动的路程问题.把区间 $[0,1]$ 分成 n 个小区间,在每个小区间上,由于 $v(t)$ 的变化很小,可以近似地看作汽车做匀速直线运动,从而求得汽车在每个小区间上行驶路程的近似值,再求和得 S 的近似值,最后让 n 趋近于无穷大就得到 S 的精确值.

(思想:用划归为各个小区间上匀速直线运动路程和无限逼近的思想方法求出变速直线运动的路程).

解 (1) 分割

在时间区间 $[0,1]$ 上等间隔地插入 $n-1$ 个点，将区间 $[0,1]$ 等分成 n 个小区间：

$$\left[0,\frac{1}{n}\right],\left[\frac{1}{n},\frac{2}{n}\right],\cdots,\left[\frac{n-1}{n},1\right]$$

记第 i 个区间为 $\left[\frac{i-1}{n},\frac{i}{n}\right]$ $(i=1,2,\cdots,n)$，其长度为

$$\Delta t=\frac{i}{n}-\frac{i-1}{n}=\frac{1}{n}$$

把汽车在时间段 $\left[0,\frac{1}{n}\right],\left[\frac{1}{n},\frac{2}{n}\right],\cdots,\left[\frac{n-1}{n},1\right]$ 上行驶的路程分别记作：

$$\Delta S_1,\Delta S_2,\cdots,\Delta S_n$$

显然，

$$S=\sum_{i=1}^{n}\Delta S_i$$

(2) 近似代替

当 n 很大，即 Δt 很小时，在区间 $\left[\frac{i-1}{n},\frac{i}{n}\right]$ 上，可以认为函数 $v(t)=-t^2+2$ 的值变化很小，近似于一个常数，不妨认为它近似地等于左端点 $\frac{i-1}{n}$ 处的函数值 $v\left(\frac{i-1}{n}\right)=-\left(\frac{i-1}{n}\right)^2+2$，从物理意义上看，即汽车在时间段 $\left[\frac{i-1}{n},\frac{i}{n}\right]$ $(i=1,2,\cdots,n)$ 上的速度变化很小，不妨认为它近似地以时刻 $\frac{i-1}{n}$ 处的速度 $v\left(\frac{i-1}{n}\right)=-\left(\frac{i-1}{n}\right)^2+2$ 做匀速直线运动，即在局部小范围内"以匀速代变速"，于是用小矩形的面积 $\Delta S'_i$ 近似地代替 ΔS_i，则有

$$\begin{aligned}\Delta S_i\approx\Delta S'_i&=v\left(\frac{i-1}{n}\right)\cdot\Delta t=\left[-\left(\frac{i-1}{n}\right)^2+2\right]\cdot\frac{1}{n}\\&=-\left(\frac{i-1}{n}\right)^2\cdot\frac{1}{n}+\frac{2}{n}\quad(i=1,2,\cdots,n)\end{aligned}\qquad ①$$

(3) 求和

由式 ①，

$$\begin{aligned}S_n=\sum_{i=1}^{n}\Delta S'_i&=\sum_{i=1}^{n}v\left(\frac{i-1}{n}\right)\cdot\Delta t=\sum_{i=1}^{n}\left[-\left(\frac{i-1}{n}\right)^2\cdot\frac{1}{n}+\frac{2}{n}\right]\\&=-0\cdot\frac{1}{n}-\left(\frac{1}{n}\right)^2\cdot\frac{1}{n}-\cdots-\left(\frac{n-1}{n}\right)^2\cdot\frac{1}{n}+2\end{aligned}$$

$$=-\frac{1}{n^3}[1^2+2^2+\cdots+(n-1)^2]+2$$

$$=-\frac{1}{n^3}\frac{(n-1)n(2n-1)}{6}+2$$

$$=-\frac{1}{3}\left(1-\frac{1}{n}\right)\left(1-\frac{1}{2n}\right)+2$$

从而得到 S 的近似值 $S \approx S_n=-\frac{1}{3}\left(1-\frac{1}{n}\right)\left(1-\frac{1}{2n}\right)+2$

(4) 取极限

当 n 趋向于无穷大时，即 Δt 趋向于 0 时，$S_n=-\frac{1}{3}\left(1-\frac{1}{n}\right)\left(1-\frac{1}{2n}\right)+2$ 趋向于 S，从而有

$$S=\lim_{n\to\infty}S_n=\lim_{n\to\infty}\sum_{i=1}^{n}\frac{1}{n}\cdot v\left(\frac{i-1}{n}\right)=\lim_{n\to\infty}\left[-\frac{1}{3}\left(1-\frac{1}{n}\right)\left(1-\frac{1}{2n}\right)+2\right]=\frac{5}{3}$$

思考：结合求曲边梯形面积的过程，汽车行驶的路程 S 与由直线 $t=0$，$t=1$，$v=0$ 和曲线 $v=-t^2+2$ 所围成的曲边梯形的面积有什么关系？

结合上述求解过程可知，汽车行驶的路程 $S=\lim\limits_{n\to\infty}S_n$ 在数据上等于由直线 $t=0$，$t=1$，$v=0$ 和曲线 $v=-t^2+2$ 所围成的曲边梯形的面积.

一般地，如果物体做变速直线运动，速度函数为 $v=v(t)$，那么我们也可以采用"分割、近似代替、求和、取极限"的方法，利用"以不变代变"的方法及无限逼近的思想，求出它在 $a\leqslant t\leqslant b$ 内所做的位移 S.

以上两个案例虽然实际背景不同，但都是采用"分割、近似代替、求和、取极限"的方法，得到一个具有相同结构的和式的极限，这就是定积分的思想，将上述实际问题从数量关系上加以抽象概括，就得到定积分的概念.

2. 定积分的概念

定义 5.1.2 设函数 $f(x)$ 在区间 $[a,b]$ 上有界，在区间 $[a,b]$ 内任意插入 $n-1$ 个分点，依次为

$$a=x_0<x_1<x_2<\cdots<x_{i-1}<x_i<\cdots<x_{n-1}<x_n=b,$$

这些点把 $[a,b]$ 分割成 n 个小区间

$$[x_0,x_1],[x_1,x_2],\cdots,[x_{i-1},x_i],\cdots,[x_{n-1},x_n].$$

各个小区间的区间长度为

$$\Delta x_1=x_1-x_0,\Delta x_2=x_2-x_1,\cdots,\Delta x_i=x_i-x_{i-1},\cdots,\Delta x_n=x_n-x_{n-1}$$

在每个小区间 $[x_{i-1},x_i]$ $(i=1,2,\cdots,n)$ 上任取一点 ξ_i $(x_{i-1}\leqslant\xi_i\leqslant x_i)$，做函数值 $f(\xi_i)$ 与小区间长度 Δx_i 的乘积 $f(\xi_i)\Delta x_i$ $(i=1,2,\cdots,n)$，并做和式

$$\sum_{i=1}^{n} f(\xi_i)\Delta x_i$$

记$\lambda=\max\{\Delta x_1,\Delta x_2,\cdots,\Delta x_n\}$，如果不论对区间$[a,b]$如何分割，也不论在小区间$[x_{i-1},x_i]$上点$\xi_i$如何选取，只要当$\lambda\to 0$时，和式的极限

$$\lim_{\lambda\to 0}\sum_{i=1}^{n} f(\xi_i)\Delta x_i$$

存在，则称函数$f(x)$在区间$[a,b]$上可积，称极限值为函数$f(x)$在区间$[a,b]$上的定积分，记作$\int_a^b f(x)\mathrm{d}x$，即

$$\int_a^b f(x)\mathrm{d}x=\lim_{\lambda\to 0}\sum_{i=1}^{n} f(\xi_i)\Delta x_i$$

其中$f(x)$称为被积函数，$f(x)\mathrm{d}x$称为被积表达式，x称为积分变量，$[a,b]$称为积分区间，a称为积分下限，b称为积分上限.

根据定积分的定义，本节开头两个案例都可用定积分记号来表示：

(1) 连续曲线$y=f(x)\geqslant 0$在$[a,b]$上形成的曲边梯形面积为$A=\int_a^b f(x)\mathrm{d}x$；

(2) 做变速直线运动的物体，速度函数为$v=-t^2+2$，那么它在$0\leqslant t\leqslant 1$内所做的位移$S=\int_0^1(-t^2+2)\mathrm{d}t$.

定积分概念

关于定积分的概念需要注意以下几点：

(1) 定积分$\int_a^b f(x)\mathrm{d}x$是和式$\sum_{i=1}^{n} f(\xi_i)\Delta x_i$的极限值，是一个确定的常数，它的值只与被积函数$f(x)$和积分区间$[a,b]$有关，而与积分变量所用的符号无关，即

$$\int_a^b f(x)\mathrm{d}x=\int_a^b f(u)\mathrm{d}u=\int_a^b f(t)\mathrm{d}t$$

(2) 定积分值与区间的分割方法及ξ_i的选取无关.

(3) 定义中要求$a<b$，为以后方便计算定积分及应用，我们对定积分做以下两点补充规定：

当$a>b$时，$\int_a^b f(x)\mathrm{d}x=-\int_b^a f(x)\mathrm{d}x$；

当$a=b$时，$\int_a^a f(x)\mathrm{d}x=0$.

3. 定积分的几何意义

设函数$f(x)$在区间$[a,b]$上连续，其定积分的几何意义分以下三种情况讨

论：

(1) 若在区间$[a,b]$上恒有$f(x)\geqslant 0$，那么定积分$\int_a^b f(x)\mathrm{d}x$在几何上表示由直线$x=a$，$x=b(a\neq b)$，$y=0$(x轴)和曲线$y=f(x)$所围成的曲边梯形的面积A，即$\int_a^b f(x)\mathrm{d}x=A$，如图5-1-6所示.

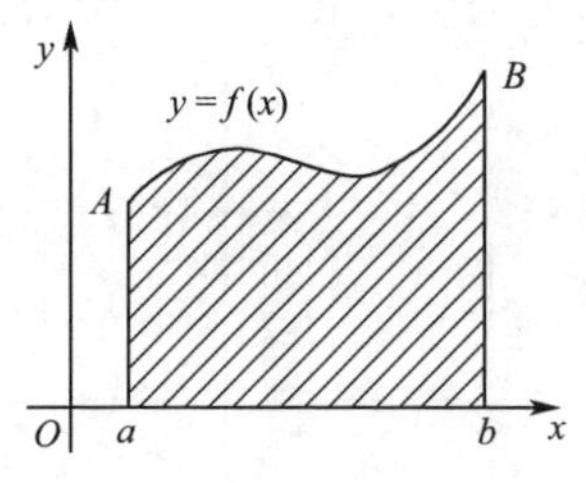

图 5-1-6

(2) 若在区间$[a,b]$上恒有$f(x)\leqslant 0$，那么定积分$\int_a^b f(x)\mathrm{d}x$在几何上表示由直线$x=a$，$x=b(a\neq b)$，$y=0$(x轴)和曲线$y=f(x)$所围成的曲边梯形的面积的相反数，即$\int_a^b f(x)\mathrm{d}x=-A$，如图5-1-7所示.

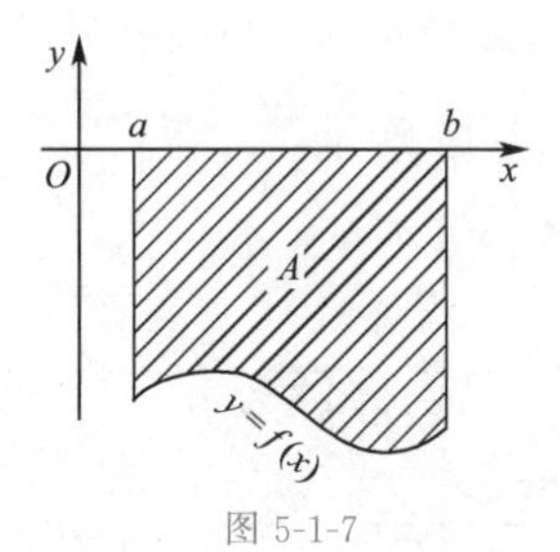

图 5-1-7

定积分几何意义

(3) 若在区间$[a,b]$上$f(x)$有正有负，那么定积分$\int_a^b f(x)\mathrm{d}x$在几何上表示x轴上方图形的面积与x轴下方图形的面积的代数和，即

$$\int_a^b f(x)\mathrm{d}x=A_1-A_2+A_3,$$

如图5-1-8所示.

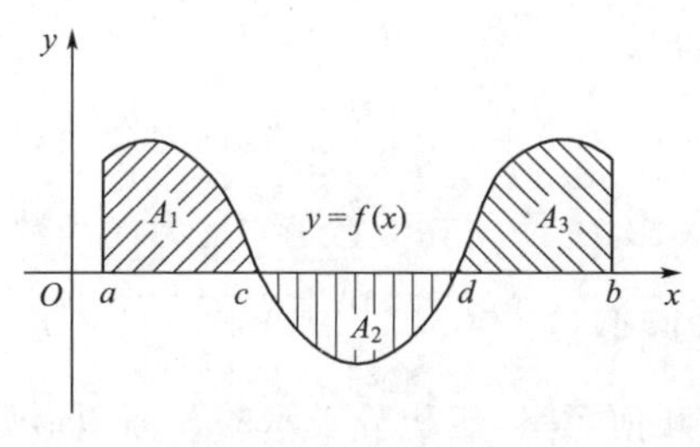

图 5-1-8

例 1 用定积分的几何意义求解下列定积分.

(1)$\int_0^2 x\,\mathrm{d}x$　　　　(2)$\int_0^1 \sqrt{1-x^2}\,\mathrm{d}x$

解　(1) 由定积分的几何意义，定积分$\int_0^2 x\,\mathrm{d}x$ 表示由直线 $x=0$，$x=2$，x 轴和曲线 $y=x$ 所围成的图形的面积，如图 5-1-9 所示，

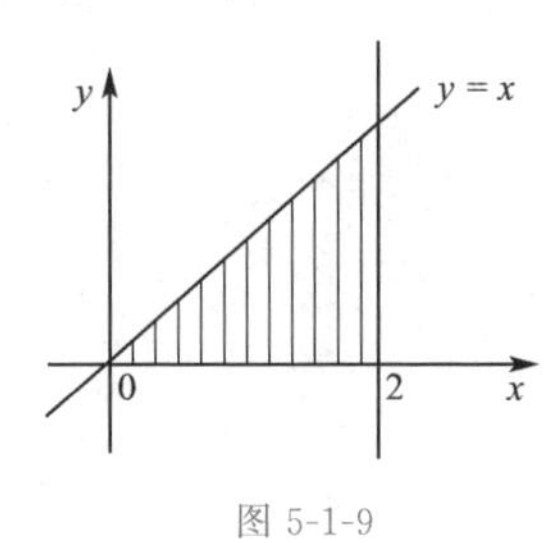

图 5-1-9

所以

$$\int_0^2 x\,\mathrm{d}x=\frac{1}{2}\times 2\times 2=2$$

(2)$\int_0^1 \sqrt{1-x^2}\,\mathrm{d}x$ 在几何上表示由曲线 $y=\sqrt{1-x^2}$，$x=0$，$x=1$ 及 x 轴围成的曲边梯形的面积，如图 5-1-10 所示，

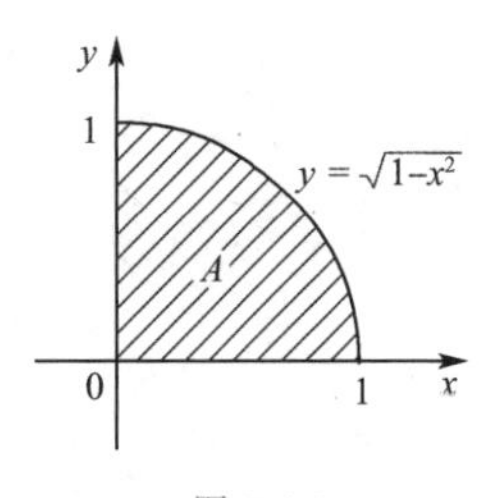

图 5-1-10

所求面积为四分之一圆的面积. 即

$$\int_0^1 \sqrt{1-x^2}\,\mathrm{d}x=\frac{\pi}{4}$$

例2讲解

例 2 利用定积分的几何意义画图说明以下等式成立.

(1) 若函数 $y=f(x)$ 在 $[-a,a]$ 上连续且为奇函数，则$\int_{-a}^{a} f(x)\,\mathrm{d}x=0$

(2) 若函数 $y=f(x)$ 在 $[-a,a]$ 上连续且为偶函数，

则$\int_{-a}^{a} f(x)\,\mathrm{d}x=2\int_0^a f(x)\,\mathrm{d}x$

解　由定积分的几何意义，定积分表示的几何图形如图 5-1-11 所示

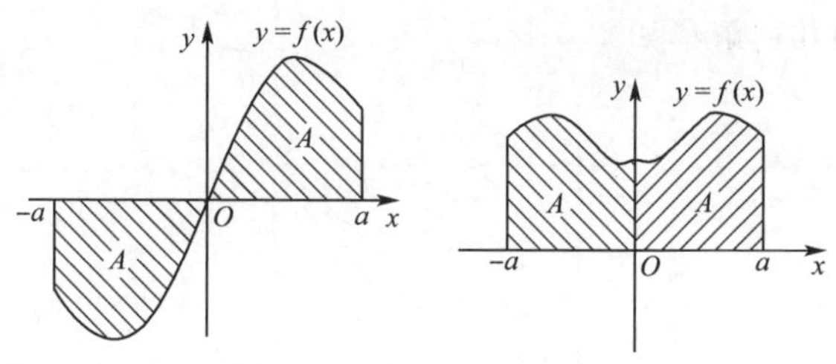

图 5-1-11

由图形可知,奇函数在关于原点对称的区间上定积分值为零,偶函数在关于原点对称的区间上定积分为其一半区间上的 2 倍,故等式均成立.

二、定积分的性质

设 $f(x)$ 和 $g(x)$ 在 $[a,b]$ 上可积,根据定积分的定义和几何意义可以推证定积分的以下性质:

性质 1 被积函数中的常数因子可直接提到积分号前面,即

$$\int_a^b kf(x)\mathrm{d}x = k\int_a^b f(x)\mathrm{d}x(\text{其中 } k \text{ 为常数})$$

性质 2 两个函数的代数和的积分等于它们积分的代数和,即

$$\int_a^b [f(x) \pm g(x)]\mathrm{d}x = \int_a^b f(x)\mathrm{d}x \pm \int_a^b g(x)\mathrm{d}x$$

这一性质可以推广到有限个函数的代数和的情况.

性质 3 若在区间 $[a,b]$ 上 $f(x) \equiv 1$,则 $\int_a^b 1\mathrm{d}x = \int_a^b \mathrm{d}x = b-a$

推论 若在区间 $[a,b]$ 上 $f(x)=k$,则 $\int_a^b k\,\mathrm{d}x = k(b-a)$

即,常数 k 在 $[a,b]$ 上的定积分等于常数 k 乘以积分上限与积分下限的差.

性质 4 (积分对区间的可加性) 对任意点 c,都有下式成立:

$$\int_a^b f(x)\mathrm{d}x = \int_a^c f(x)\mathrm{d}x + \int_c^b f(x)\mathrm{d}x$$

性质 5 (比较性) 如果在区间 $[a,b]$ 上,$f(x) \leqslant g(x)$,则

$$\int_a^b f(x)\mathrm{d}x \leqslant \int_a^b g(x)\mathrm{d}x$$

特别地,如果在区间 $[a,b]$ 上,$f(x) \leqslant 0$,则 $\int_a^b f(x)\mathrm{d}x \leqslant 0$.

性质 6 (估值定理) 若函数 $f(x)$ 在 $[a,b]$ 上的最大值与最小值分别为 M 和 m,则

$$m(b-a) \leqslant \int_a^b f(x)\mathrm{d}x \leqslant M(b-a)$$

估值定理的几何解释如图 5-1-12 所示.

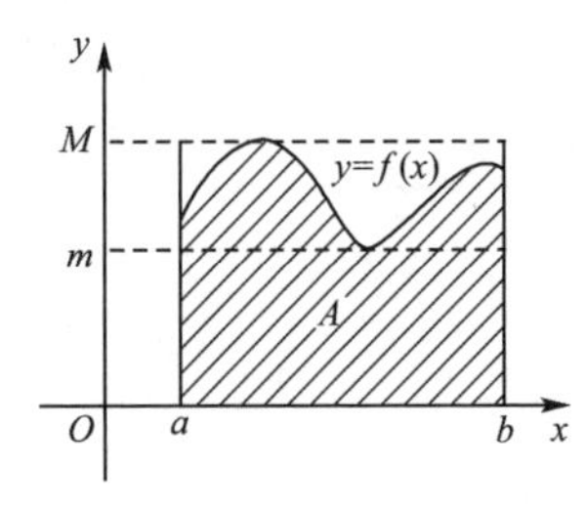

图 5-1-12

性质 7 （积分中值定理） 若函数 $f(x)$ 在区间$[a,b]$上连续,则在$[a,b]$上至少存在一点 ξ,使得

$$\int_a^b f(x)\mathrm{d}x = f(\xi)(b-a)(a \leqslant \xi \leqslant b)$$

上式称为积分中值公式.通常称$\dfrac{1}{b-a}\displaystyle\int_a^b f(x)\mathrm{d}x$ 为函数 $f(x)$ 在区间$[a,b]$上的平均值,它是有限个数的算数平均值的推广.

积分中值定理的几何意义是:如图 5-1-13 所示,在闭区间$[a,b]$上至少存在一点 $\xi \in [a,b]$,使得以 $f(\xi)$ 为高,以$(b-a)$为底的矩形面积恰好是由曲线 $y=f(x)$,直线 $x=a$,$x=b$ 及 x 轴围成的曲边梯形的面积,即

$$\int_a^b f(x)\mathrm{d}x = f(\xi)(b-a)(a \leqslant \xi \leqslant b)$$

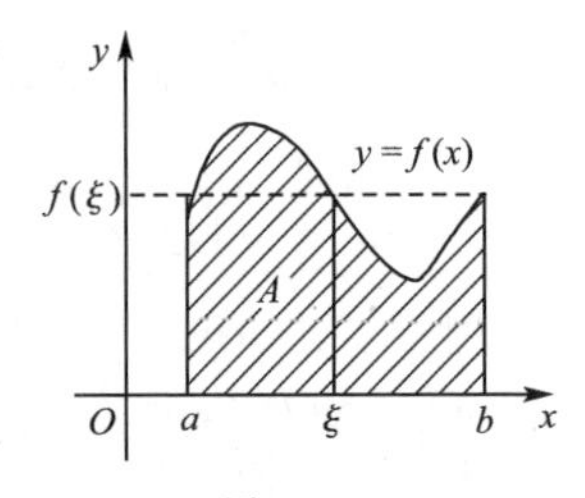

图 5-1-13

这里 $f(\xi)$ 就是 $f(x)$ 在区间$[a,b]$上的平均高度,也称为连续函数 $f(x)$ 在区间$[a,b]$上的平均值,用此公式可以求解气温在一昼夜的平均温度、化学反应的平均速度等.

例 3 利用定积分的性质,比较定积分$\int_0^1 x\mathrm{d}x$ 与$\int_0^1 x^2\mathrm{d}x$ 的大小.

解　由于在区间$[0,1]$上,$x \geqslant x^2$,

故由定积分的性质 5 有$\int_0^1 x\mathrm{d}x \geqslant \int_0^1 x^2\mathrm{d}x$

例 4 利用定积分的性质,估计定积分$\int_0^2 e^{-x^2}dx$ 的值.

解　为求被积函数 e^{-x^2} 在 $[0,2]$ 上的最大值与最小值,令 $f(x)=e^{-x^2}$,其导数为

$$f'(x)=-2xe^{-x^2}$$

对任意 $x\in[0,2]$,都有 $f'(x)=-2xe^{-x^2}\leqslant 0$

所以,曲线 $f(x)=e^{-x^2}$ 在闭区间 $[0,2]$ 单调递减,因此,$f(x)=e^{-x^2}$ 的最大值 M 和最小值 m 分别为 $M=f(0)=1$,$m=f(2)=e^{-4}$

由估值定理,得 $e^{-4}(2-0)\leqslant\int_0^2 e^{-x^2}dx\leqslant 1\cdot(2-0)$

即 $2e^{-4}\leqslant\int_0^2 e^{-x^2}dx\leqslant 2$

思考与练习 5.1

1.(1) 针对案例分析 1,量出某个窗户的相关数据,并利用定积分的定义求解面积.

(2) 定积分与不定积分有何区别与联系.

2.利用定积分的几何意义计算下列定积分:

(1)$\int_1^2(x+1)dx$　(2)$\int_{-1}^1|x|dx$　(3)$\int_{-\pi}^{\pi}\sin x\,dx$　(4)$\int_{-a}^a\sqrt{a^2-x^2}dx$

3.利用定积分的性质比较下列每组积分的大小.

(1)$\int_0^1 x^2dx$ 与$\int_0^1 x^3dx$　(2)$\int_1^2\ln x\,dx$ 与$\int_1^2\ln^2 x\,dx$

(3)$\int_0^{\frac{\pi}{2}}\sin x\,dx$ 与$\int_0^{\frac{\pi}{2}}\sin^2 x\,dx$　(4)$\int_0^1 e^x dx$ 与$\int_0^1(x+1)dx$

4.利用定积分的性质估计定积分$\int_{\frac{\pi}{4}}^{\frac{5\pi}{4}}(1+\sin^2 x)dx$ 的值.

第二节　微积分基本定理

定积分作为一种特定和式的极限,直接按定义计算是很复杂、很困难的,本节将通过对定积分与原函数关系的讨论,寻找计算定积分的简便而有效的方法.

下面先从实际问题中寻找解决问题的线索,为此,对变速直线运动中遇到的

路程函数 $s(t)$ 与速度函数 $v(t)$ 之间的联系做进一步的研究.

案例分析：设某物体做直线运动，已知速度 $v=v(t)$ 是时间间隔 $[T_1,T_2]$ 上的连续函数,试求这段时间间隔内的路程 s.

由上一节的案例分析 2 讨论的问题可知,这段时间间隔内的路程 $s(t)$ 可用定积分来表示,即 $s=\int_{T_1}^{T_2}v(t)\mathrm{d}t$

另一方面,这段路程又可通过路程函数 $s(t)$ 在区间 $[T_1,T_2]$ 上的增量来表示,即 $s(T_2)-s(T_1)$

由此可见,路程函数 $s(t)$ 与速度函数 $v(t)$ 之间有如下的关系：

$$\int_{T_1}^{T_2}v(t)\mathrm{d}t=s(T_2)-s(T_1)$$

由于 $s'(t)=v(t)$,即路程函数是速度函数的原函数,所以上式表示速度函数 $v(t)$ 在 $[T_1,T_2]$ 上的定积分等于 $v(t)$ 的原函数 $s(t)$ 在区间 $[T_1,T_2]$ 上的变化量.那么,这一结论是否具有普遍性呢？下面的讨论将给出肯定的回答.

一、积分上限函数

先看一个例子,利用定积分的几何意义知,定积分

$$\int_0^1 x\,\mathrm{d}x=\frac{1}{2}\times1\times1=\frac{1}{2}\times1^2$$

下面我们保持被积函数和积分下限不变,而让积分上限 1 变动起来,

当 1 变为 2 时,有 $\int_0^2 x\,\mathrm{d}x=\frac{1}{2}\times2\times2=\frac{1}{2}\times2^2$

积分上限函数定义

当 1 变为 3 时,有 $\int_0^3 x\,\mathrm{d}x=\frac{1}{2}\times3\times3=\frac{1}{2}\times3^2$

……

当 1 变为 x 时,有 $\int_0^x x\,\mathrm{d}x=\frac{1}{2}\times x\times x=\frac{1}{2}x^2$

由此看出,随着积分上限的变化,定积分值也随之变化,也就是说,定积分值是积分上限的函数,由于定积分值与积分变量无关,所以,为避免引起混淆,我们把积分变量改用其他符号,如 t 表示,则上述当 1 变为 x 时,有 $\int_0^x t\,\mathrm{d}t=\frac{1}{2}x^2$,像这样的函数叫作积分上限函数,下面给出具体定义.

定义 5.2.1　设函数 $f(x)$ 在区间 $[a,b]$ 上连续,x 为 $[a,b]$ 上的一点,函数 $f(x)$ 在部分区间 $[a,x]$ 上的定积分为 $\int_a^x f(t)\mathrm{d}t$,其值随着 x 的变化而变化,是

关于 x 的一个函数,把它记为 $\Phi(x)$,即

$$\Phi(x)=\int_a^x f(t)\mathrm{d}t(a\leqslant x\leqslant b)$$

这个积分称为变上限的积分,$\Phi(x)$ 称为积分上限函数.

从几何上看,积分上限函数表示曲线 $y=f(x)$ 在区间 $[a,x]$ 上的曲边梯形的面积,如图 5-2-1 所示

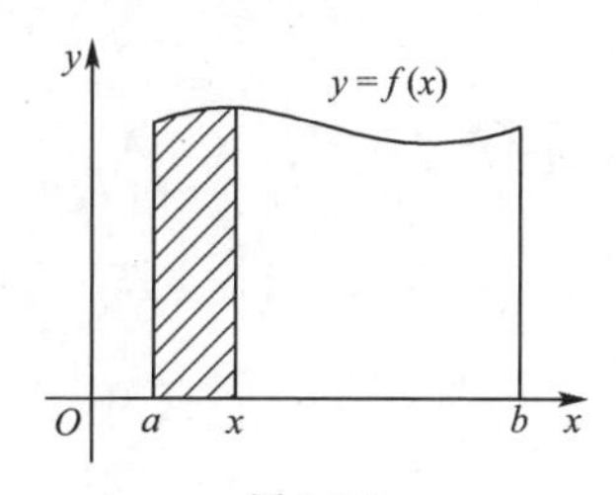

图 5-2-1

积分上限函数有下面重要的性质:

定理 5.2.1 若函数 $f(x)$ 在区间 $[a,b]$ 上连续,则积分上限函数

$$\Phi(x)=\int_a^x f(t)\mathrm{d}t$$

在区间 $[a,b]$ 上可导,且其导函数为

$$\Phi'(x)=\frac{\mathrm{d}}{\mathrm{d}x}\int_a^x f(t)\mathrm{d}t=f(x)(a\leqslant x\leqslant b)$$

这个定理说明,若函数 $f(x)$ 在区间 $[a,b]$ 上连续,则函数 $f(x)$ 在区间 $[a,b]$ 上一定存在原函数,且变上限积分 $\Phi(x)=\int_a^x f(t)\mathrm{d}t$ 就是 $f(x)$ 在区间 $[a,b]$ 上的一个原函数.因此,这一定理又称为原函数存在定理.

例 1 已知 $\Phi(x)=\int_0^x \cos\sqrt{t}\,\mathrm{d}t$,求 $\Phi'(x)$.

解 由定理,得

$$\Phi'(x)=\frac{\mathrm{d}}{\mathrm{d}x}\int_0^x \cos\sqrt{t}\,\mathrm{d}t=\cos\sqrt{x}$$

例 2 已知 $\Phi(x)=\int_x^1 \cos\sqrt{t}\,\mathrm{d}t$,求 $\Phi'(x)$.

解 $\Phi(x)$ 不是积分上限函数,需要先进行转化,

$$\Phi(x)=\int_x^1 \cos\sqrt{t}\,\mathrm{d}t=-\int_1^x \cos\sqrt{t}\,\mathrm{d}t$$

所以,$\Phi'(x)=(-\int_1^x \cos\sqrt{t}\,\mathrm{d}t)'=-\cos\sqrt{x}$

例 3 求 $\frac{\mathrm{d}}{\mathrm{d}x}\int_0^{x^2} \mathrm{e}^t\,\mathrm{d}t$.

解　因为上限 x^2 是 x 的函数，所以 $\int_0^{x^2} e^t dt$ 是关于 x 的复合函数，令 $x^2=u$，则函数 $\int_0^{x^2} e^t dt$ 可看成是由 $\Phi(u)=\int_0^u e^t dt$ 与 $u=x^2$ 复合而成的复合函数. 由复合函数的求导法则，得

$$\frac{d}{dx}\int_0^{x^2} e^t dt = e^{x^2} \cdot (x^2)' = 2x e^{x^2}$$

例 4　求 $\frac{d}{dx}(\int_x^{x^2} \sqrt{1-t^2}\,dt)$.

解　$\int_x^{x^2} \sqrt{1-t^2}\,dt = \int_x^0 \sqrt{1-t^2}\,dt + \int_0^{x^2} \sqrt{1-t^2}\,dt$

所以

$$\begin{aligned}\frac{d}{dx}(\int_x^{x^2} \sqrt{1-t^2}\,dt) &= \frac{d}{dx}(\int_x^0 \sqrt{1-t^2}\,dt) + \frac{d}{dx}(\int_0^{x^2} \sqrt{1-t^2}\,dt) \\ &= \frac{d}{dx}(-\int_0^x \sqrt{1-t^2}\,dt) + \frac{d}{dx}(\int_0^{x^2} \sqrt{1-t^2}\,dt) \\ &= -\sqrt{1-x^2} + 2x\sqrt{1-x^4}\end{aligned}$$

例 5　求 $\lim\limits_{x\to 0}\frac{\int_0^x \sin t\,dt}{x^2}$.

解　这是一个 $\frac{0}{0}$ 型未定式的极限，由洛必达法则，有

$$\lim_{x\to 0}\frac{\int_0^x \sin t\,dt}{x^2} = \lim_{x\to 0}\frac{\sin x}{2x} = \frac{1}{2}$$

牛顿-莱布尼茨公式

二、微积分基本定理

定理 5.2.2　设函数 $f(x)$ 在 $[a,b]$ 上连续，若 $F(x)$ 是 $f(x)$ 的任意一个原函数，则

$$\int_a^b f(x)dx = F(b) - F(a)$$

这个公式称为牛顿 - 莱布尼茨公式或称为微积分基本公式.

证明　已知 $F(x)$ 是 $f(x)$ 的一个原函数，又由定理 5.2.1 知，$\Phi(x)=\int_a^x f(t)dt$ 也是 $f(x)$ 在 $[a,b]$ 上的一个原函数，即

$$F'(x)=f(x),\quad (\int_a^x f(t)dt)' = f(x)$$

从而
$$F'(x)=\left(\int_a^x f(t)\mathrm{d}t\right)'$$
所以
$$\int_a^x f(t)\mathrm{d}t=F(x)+C \quad ①$$
把 $x=a$ 代入式 ①，得$\int_a^a f(t)\mathrm{d}t=F(a)+C$，而$\int_a^a f(t)\mathrm{d}t=0$

所以
$$C=-F(a)$$
于是式 ① 变为
$$\int_a^x f(t)\mathrm{d}t=F(x)-F(a) \quad ②$$
再把 $x=b$ 代入式 ②，得
$$\int_a^b f(t)\mathrm{d}t=F(b)-F(a)$$
从而有
$$\int_a^b f(x)\mathrm{d}x=F(b)-F(a)$$
证毕.

为方便起见，通常把 $F(b)-F(a)$ 简记为 $F(x)\Big|_a^b$，所以牛顿-莱布尼茨公式可改写为
$$\int_a^b f(x)\mathrm{d}x=F(x)\Big|_a^b=F(b)-F(a)$$
微积分基本定理揭示了定积分与不定积分之间的联系，它把求定积分的问题转化为求原函数的问题，因此，要求连续函数 $f(x)$ 在$[a,b]$上的定积分，只需经过以下步骤：

(1) 求出被积函数 $f(x)$ 在$[a,b]$上的一个原函数 $F(x)$；

(2) 将积分上限 b、积分下限 a 分别代入原函数 $F(x)$，求 $F(b)$、$F(a)$；

(3) 计算出差值 $F(b)-F(a)$，即为定积分$\int_a^b f(x)\mathrm{d}x$ 的值.

例 6 计算$\int_0^1 x^2\mathrm{d}x$.

解 $\int_0^1 x^2\mathrm{d}x=\frac{1}{3}x^3\Big|_0^1=\frac{1}{3}$

例 7 计算$\int_1^2 \frac{1}{x}\mathrm{d}x$.

解 $\int_1^2 \frac{1}{x}\mathrm{d}x=\ln|x|\Big|_1^2=\ln2-\ln1=\ln2$

例8讲解

例 8 计算$\int_0^2 |x-1|\mathrm{d}x$.

解　此题需要先去掉绝对值符号，才能计算定积分，因为

$$|x-1|=\begin{cases}1-x, x<1\\ x-1, x\geqslant 1\end{cases}$$

所以，$\int_0^2|x-1|\mathrm{d}x=\int_0^1(1-x)\mathrm{d}x+\int_1^2(x-1)\mathrm{d}x$

$$=(x-\frac{1}{2}x^2)\Big|_0^1+\left(\frac{1}{2}x^2-x\right)\Big|_1^2$$

$$=\left(1-\frac{1}{2}\right)-(0-0)+(2-2)-\left(\frac{1}{2}-1\right)$$

$$=1$$

例 9　位于河边的一家造纸厂向河中排放含四氯化碳的污水，当地环保部门发现后，责令该厂立即安装过滤装置，以减慢并最终停止四氯化碳排入河中，当过滤装置安装完毕，并开始工作到污液排放停止，四氯化碳的排放速度 $v(t)$（单位：立方米 / 年）可以由模型 $v(t)=\frac{3}{4}t^2-6t+12$ 逼近，其中 t 是从过滤装置开始工作时计算的时间. 问从过滤装置开始工作到污液完全停止需要用多长时间？在这段时间里有多少四氯化碳流入河中？

解　过滤装置开始工作到污液排放完全停止，这段时间里四氯化碳流入河中的量用 Q 来表示.

令 $v(t)=\frac{3}{4}t^2-6t+12=0$ 得 $t=4$，

于是有 $Q=\int_0^4 v(t)\mathrm{d}t=\int_0^4\left(\frac{3}{4}t^2-6t+12\right)\mathrm{d}t=\left(\frac{1}{4}t^3-3t^2+12t\right)\Big|_0^4$

$$=16$$

即从过滤装置开始工作到污液排放完全停止需要用 4 年时间，在这段时间里有 16 m^3 四氯化碳流入河中.

例 10　生产某产品的边际成本函数为 $C'(x)=3x^2-14x+100$，固定成本为 $C(0)=1000$，求生产 x 个产品的总成本函数.

例10讲解

解　因为 $\int_0^x C'(x)\mathrm{d}x=C(x)-C(0)$

所以 $C(x)=C(0)+\int_0^x C'(x)\mathrm{d}x$

$$=1000+\int_0^x(3x^2-14x+100)\mathrm{d}x$$

$$=1000+x^3-7x^2+100x.$$

思考与练习 5.2

1.(1) 使用牛顿-莱布尼茨公式需要注意什么？

(2) $\int f(x)\mathrm{d}x$、$\int_a^b f(x)\mathrm{d}x$、$\int_a^x f(x)\mathrm{d}x$ 有何区别与联系？

2. 求下列函数的导数.

(1) $\dfrac{\mathrm{d}}{\mathrm{d}x}\int_a^x \cos(t^2-1)\mathrm{d}t$

(2) $\dfrac{\mathrm{d}}{\mathrm{d}x}\int_0^x \sqrt{1+t^2}\,\mathrm{d}t$

(3) $\dfrac{\mathrm{d}}{\mathrm{d}x}\int_x^1 t^2\sin 2t\,\mathrm{d}t$

(4) $\dfrac{\mathrm{d}}{\mathrm{d}x}\int_{x^2}^{x^3} \sin t^2\,\mathrm{d}t$

3. 求下列极限.

(1) $\lim\limits_{x\to 0}\dfrac{\int_0^x \sin t^2\,\mathrm{d}t}{x^3}$

(2) $\lim\limits_{x\to 0}\dfrac{\int_0^{x^2} \ln(1+t)\mathrm{d}t}{x^4}$

4. 计算下列定积分.

(1) $\int_0^2 (2x-3)\mathrm{d}x$

(2) $\int_0^2 (3x^2-2x+1)\mathrm{d}x$

(3) $\int_4^9 \sqrt{x}(1+\sqrt{x})\mathrm{d}x$

(4) $\int_1^2 \left(x-\dfrac{1}{x}\right)^2\mathrm{d}x$

(5) $\int_1^{\sqrt{3}} \dfrac{1}{1+x^2}\mathrm{d}x$

(6) $\int_0^{\frac{\pi}{4}} \sec^2 x\,\mathrm{d}x$

(7) $\int_0^1 (\mathrm{e}^t-t)\mathrm{d}t$

(8) $\int_0^{\frac{\pi}{2}} (2\sin x+\cos x)\mathrm{d}x$

(9) $\int_0^1 |2x-1|\mathrm{d}x$

(10) $\int_0^{\pi} |\cos x|\mathrm{d}x$

5. 已知一电路中电流强度关于时间的变化率为 $\dfrac{\mathrm{d}i}{\mathrm{d}t}=4t-0.6t^2$，求在 $t=5$ 到 $t=10$ 时电流强度的变化量.

6. 已知汽车以速度 $v(t)=2t^2$（米/秒）行驶，求汽车在 $t=0$ 秒到 $t=5$ 秒行驶的路程.

7. 一辆汽车正以 10 m/s 的速度匀速直线行驶，突然发现前方有一障碍物，于是以 $-1\ \mathrm{m/s^2}$ 的加速度匀减速停下，求汽车的刹车路程.

8. 已知边际收益为 $R'(x)=78-2x$，设 $R(0)=0$，求收益函数 $R(x)$.

9. 设某商品的边际收益为 $R'(Q)=200-\dfrac{Q}{100}$.

(1) 求销售 50 个商品时的总收益和平均收益；

(2) 如果已经销售了 100 个商品，求再销售 100 个商品的总收益和平均收益；

第三节 定积分的换元积分法与分部积分法

牛顿-莱布尼茨公式给出了求定积分的基本方法，具体步骤是：先找出被积函数的一个原函数，再计算原函数在上、下限处的差值. 可以看出，求定积分的问题就归结为求原函数的问题，从而可以把求不定积分的方法转移到定积分的计算中来，因此，在一定条件下，可以用换元积分法和分部积分法来计算定积分. 下面先探讨两个案例.

案例分析 1 【石油消耗量】近年来，世界范围内每年的石油消耗率呈指数增长，增长指数大约为 0.07. 1970 年初，石油消耗量大约为 161 亿桶. 设 $R(t)$ 表示从 1970 年起第 t 年的石油消耗率，已知 $R(t)=161\mathrm{e}^{0.07t}$（亿桶）. 试用此式计算从 1970 年到 1990 年间石油消耗的总量.

分析：设 $T(t)$ 表示从 1970 年($t=0$) 起到 t 年间石油消耗的总量. 则 $T'(t)$ 就是石油消耗率 $R(t)$，即 $T'(t)=R(t)$，于是由变化率求总改变量，得

$$T(20)-T(0)=\int_0^{20} T'(t)\mathrm{d}t=\int_0^{20} R(t)\mathrm{d}t=\int_0^{20} 161\mathrm{e}^{0.07t}\mathrm{d}t$$

案例分析 2 【电能】在电力需求的电涌时期，消耗电能的速度 r 可以近似地表示为 $r=t\mathrm{e}^{-t}$（t 单位：h），求在前两个小时内消耗的总电能 E（单位：J）.

分析：由变化率求总改变量，得

$$E=\int_0^2 r\,\mathrm{d}t=\int_0^2 t\mathrm{e}^{-t}\mathrm{d}t$$

这两个案例中定积分的求解没有直接可用的公式，需要用换元积分法或分部积分法求解.

一、换元积分法

定积分换元法

先看一个例题.

引例 计算 $\displaystyle\int_0^4 \frac{1}{1+\sqrt{x}}\mathrm{d}x$.

解法 1 先使用不定积分的换元法，求出被积函数的原函数.

令 $\sqrt{x}=t$，则 $x=t^2$，$\mathrm{d}x=\mathrm{d}(t^2)=2t\,\mathrm{d}t$，

$$\int \frac{1}{1+\sqrt{x}}\mathrm{d}x = \int \frac{1}{1+t} \cdot 2t\,\mathrm{d}t = 2\int \frac{t+1-1}{1+t}\mathrm{d}t$$

$$= 2\int \left(1 - \frac{1}{1+t}\right)\mathrm{d}t = 2t - 2\ln|1+t| + C$$

$$= 2\sqrt{x} - 2\ln(1+\sqrt{x}) + C$$

再用牛顿 - 莱布尼茨公式,求出定积分的值.

$$\int_0^4 \frac{1}{1+\sqrt{x}}\mathrm{d}x = (2\sqrt{x} - 2\ln(1+\sqrt{x}))\Big|_0^4 = 4 - 2\ln 3$$

解法 2 在使用不定积分换元法的同时,将积分上、下限换为与新变量相匹配的数值.

令 $\sqrt{x}=t$,则 $x=t^2$,$\mathrm{d}x=\mathrm{d}(t^2)=2t\,\mathrm{d}t$,

当上限 $x=4$ 时,$t=2$;当下限 $x=0$ 时,$t=0$,于是有

$$\int_0^4 \frac{1}{1+\sqrt{x}}\mathrm{d}x = \int_0^2 \frac{1}{1+t}2t\,\mathrm{d}t = 2\int_0^2 \frac{t}{1+t}\mathrm{d}t$$

$$= 2\int_0^2 \frac{t+1-1}{1+t}\mathrm{d}t = 2\int_0^2 \left(1 - \frac{1}{1+t}\right)\mathrm{d}t$$

$$= 2\left(\int_0^2 \mathrm{d}t - \int_0^2 \frac{1}{1+t}\mathrm{d}t\right) = 2\left((2-0) - \ln|1+t|\,\Big|_0^2\right)$$

$$= 2(2-\ln 3) = 4 - 2\ln 3$$

比较两种解法发现,第二种解法比第一种解法更简单,因为它省去了还原步骤.它的特点是把积分变量 x 换成 t 的同时,把 x 的上限 4 和下限 0 分别换成了 t 的上限 2 和下限 0,也就是当原积分变量 x 的积分区间为[0,4]时,引入代换 $\sqrt{x}=t$ 后,新积分变量 t 的积分区间为[0,2].第二种方法用的就是定积分的换元法.这种方法总结为如下定理:

定理 5.3.1 设函数 $f(x)$ 在闭区间$[a,b]$上连续,且 $x=\varphi(t)$,满足以下条件:

(1)$\varphi(t)$ 在闭区间$[\alpha,\beta]$上单调且有连续导数;

(2) 当 t 在$[\alpha,\beta]$上变化时,$x=\varphi(t)$ 在$[a,b]$上变化,且 $\varphi(\alpha)=a$,$\varphi(\beta)=b$;

则有

$$\int_a^b f(x)\mathrm{d}x = \int_\alpha^\beta f[\varphi(t)]\varphi'(t)\mathrm{d}t$$

这种方法的特点是:换元同时换限,原函数无须还原.

使用时应切记:x 的上限对应 t 的上限,x 的下限对应 t 的下限.

例 1 求定积分 $\int_1^4 \frac{1}{x+\sqrt{x}}\mathrm{d}x$.

解　令$\sqrt{x}=t$，则$x=t^2$，$dx=d(t^2)=2t\,dt$，

当上限$x=4$时，$t=2$；当下限$x=1$时，$t=1$，于是有

$$\int_1^4\frac{1}{x+\sqrt{x}}dx=\int_1^2\frac{1}{t^2+t}2t\,dt=2\int_1^2\frac{1}{t+1}dt$$

$$=2\ln|t+1|\Big|_1^2=2(\ln3-\ln2)=2\ln\frac{3}{2}$$

例 2 求定积分$\int_0^1 e^{-x}dx$.

解　令$-x=t$，则$x=-t$，$dx=-dt$，

当上限$x=1$时，$t=-1$，当下限$x=0$时，$t=0$，于是有

$$\int_0^1 e^{-x}dx=-\int_0^{-1}e^t dt$$

$$=-e^t\Big|_0^{-1}=-(e^{-1}-1)$$

$$=1-e^{-1}$$

例 3 计算$\int_0^1 x e^{x^2}dx$.

解　$\int_0^1 x e^{x^2}dx=\frac{1}{2}\int_0^1 e^{x^2}dx^2=\frac{1}{2}e^{x^2}\Big|_0^1=\frac{1}{2}(e-1)$

例 4 求定积分$\int_0^1\sqrt{1-x^2}dx$.

解法 1　令$x=\sin t$，$t\in\left[-\frac{\pi}{2},\frac{\pi}{2}\right]$，则$dx=d\sin t=\cos t\,dt$，$\sqrt{1-x^2}=\cos$

t

当$x=0$时，$t=0$，当$x=1$时，$t=\frac{\pi}{2}$，于是有

$$\int_0^1\sqrt{1-x^2}dx=\int_0^{\frac{\pi}{2}}\cos t\cos t\,dt=\int_0^{\frac{\pi}{2}}\cos^2 t\,dt$$

$$=\int_0^{\frac{\pi}{2}}\frac{1+\cos2t}{2}dt=\frac{1}{2}\left(t+\frac{1}{2}\sin2t\right)\Big|_0^{\frac{\pi}{2}}=\frac{\pi}{4}$$

解法 2　由定积分的几何意义可知，$\int_0^1\sqrt{1-x^2}dx$ 的值为位于第一象限的四分之一单位圆的面积$\frac{\pi}{4}$.

案例分析 1 的解如下：

$$T(20)-T(0)=\int_0^{20}T'(t)dt=\int_0^{20}R(t)dt=\int_0^{20}161e^{0.07t}dt=\frac{161}{0.07}\int_0^{20}e^{0.07t}d0.$$

07t

$$=\frac{161}{0.07}\cdot e^{0.07t}\Big|_0^{20}=2300(e^{1.4}-1)\approx 7027$$

即从1970年到1990年间石油消耗的总量为7027桶.

二、分部积分法

设函数 $u(x),v(x)$ 在区间 $[a,b]$ 上具有连续导数,则

$$\int_a^b u(x)\mathrm{d}v(x)=u(x)\cdot v(x)\Big|_a^b-\int_a^b v(x)\mathrm{d}u(x)$$

或简写成

$$\int_a^b u\mathrm{d}v=u\cdot v\Big|_a^b-\int_a^b v\mathrm{d}u$$

上述公式称为定积分的分部积分公式.

与不定积分的分部积分公式相比,上式只是增加了积分上、下限,因此,在运用时可将原函数已经积出的部分 $u\cdot v$ 先用上、下限代入.

例5 求定积分 $\int_1^e \ln x\,\mathrm{d}x$.

解 $\int_1^e \ln x\,\mathrm{d}x=x\cdot\ln x\Big|_1^e-\int_1^e x\,\mathrm{d}\ln x$

$$=e-\int_1^e x\cdot\frac{1}{x}\mathrm{d}x$$

$$=e-(e-1)=1$$

例6 求定积分 $\int_0^{\pi} x\cdot\cos x\,\mathrm{d}x$.

解 $\int_0^{\pi} x\cdot\cos x\,\mathrm{d}x=\int_0^{\pi} x\,\mathrm{d}\sin x$

$$=x\cdot\sin x\Big|_0^{\pi}-\int_0^{\pi}\sin x\,\mathrm{d}x$$

$$=\cos x\Big|_0^{\pi}=-2$$

案例分析2讲解

应用案例1讲解

案例分析2的解如下:

$$E=\int_0^2 r\,\mathrm{d}t=\int_0^2 t e^{-t}\mathrm{d}t=-\int_0^2 t\,\mathrm{d}e^{-t}=-t\cdot e^{-t}\Big|_0^2+\int_0^2 e^{-t}\mathrm{d}t$$

$$=-2e^{-2}-e^{-t}\Big|_0^2$$

$$=-2e^{-2}-(e^{-2}-1)$$

$$=1-3e^{-2}\approx 0.594$$

即在前两个小时内消耗的总电能 E 为0.594 J.

思考与练习 5.3

1. 应用定积分的换元积分法和分部积分法计算定积分时有哪些需要注意的地方？

2. 计算下列定积分

(1) $\int_{1}^{e} \frac{\ln x}{x} dx$

(2) $\int_{e}^{e^2} \frac{1}{x \cdot \ln x} dx$

(3) $\int_{0}^{1} \frac{x^2}{1+x^2} dx$

(4) $\int_{\frac{1}{\pi}}^{\frac{2}{\pi}} \frac{\sin \frac{1}{y}}{y^2} dy$

(5) $\int_{0}^{1} \frac{e^x}{1+e^x} dx$

(6) $\int_{0}^{8} \frac{1}{1+\sqrt[3]{x}} dx$

(7) $\int_{0}^{2} \frac{1}{1+\sqrt{2x}} dx$

(8) $\int_{0}^{4} \sqrt{16-x^2} dx$

3. 计算下列定积分

(1) $\int_{0}^{\frac{\pi}{2}} x \cdot \sin x \, dx$

(2) $\int_{1}^{e} x \cdot \ln x \, dx$

(3) $\int_{0}^{\frac{\pi}{2}} t^2 \cdot \cos t \, dt$

(4) $\int_{0}^{1} x^2 \cdot e^x \, dx$

(5) $\int_{0}^{1} e^{\sqrt{x}} dx$

(6) $\int_{0}^{1} \arctan x \, dx$

(7) $\int_{0}^{2} \ln(x+\sqrt{1+x^2}) dx$

(8) $\int_{0}^{\frac{\pi}{2}} e^x \cdot \sin x \, dx$

4.【商品销售量】某种商品一年中的销售速度为 $v(t)=100+100\sin\left(2\pi t-\frac{\pi}{2}\right)$，($t$ 的单位：月；$0 \leqslant t \leqslant 12$)，求此商品前 3 个月的销售总量.

5.【电路中的电量】设导线在时刻 t(单位：s) 的电流为 $i(t)=0.006t \cdot \sqrt{t^2+1}$，求在时间间隔$[1,4]s$ 内流过导线横截面的电量 $Q(t)$(单位：A).

6.【石油总产量】经济学家研究一口新井的原油生产速度 $R(t)$(t 的单位：年) 为 $R(t)=1-0.02t\sin(2\pi t)$，求开始 3 年内生产的石油总量.

第四节 广义积分

案例分析【传染病分析】

如果某种传染病在流行期间人们被传染的速度可以近似地表示为 $r=15000te^{-0.2t}$，其中 r 的单位是：人/天，t 为传染病开始流行的天数，若不加控制，最终将会传染多少人？

分析：由题意得，$t\in[0,+\infty)$. 已知速度求总传染人数，就是求速度函数在 $[0,+\infty)$ 上的积分 $\int_0^{+\infty}15000te^{-0.2t}\mathrm{d}t$.

前面讨论定积分时，都是考虑在有限区间上的有界函数的积分，但是本例中的积分区间是无穷区间，另外，在用定积分处理实际问题时，还会遇到被积函数在积分区间上是无界函数的情形. 这样的积分叫作广义积分. 本节仅介绍积分区间为无穷区间的广义积分.

定义 5.4.1　设函数 $f(x)$ 在区间 $[a,+\infty)$ 上连续，取 $b>a$，若极限

$$\lim_{b\to+\infty}\int_a^b f(x)\mathrm{d}x$$

存在，则称此极限为函数 $f(x)$ 在无穷区间 $[a,+\infty)$ 上的广义积分，记作 $\int_a^{+\infty}f(x)\mathrm{d}x$

即
$$\int_a^{+\infty}f(x)\mathrm{d}x=\lim_{b\to+\infty}\int_a^b f(x)\mathrm{d}x$$

这时也称广义积分 $\int_a^{+\infty}f(x)\mathrm{d}x$ 收敛；若上述极限不存在，称广义积分 $\int_a^{+\infty}f(x)\mathrm{d}x$ 发散.

类似地，可定义函数 $f(x)$ 在区间 $(-\infty,b]$ 和区间 $(-\infty,+\infty)$ 上的广义积分：

若极限 $\lim\limits_{a\to-\infty}\int_a^b f(x)\mathrm{d}x$ 存在，则称广义积分 $\int_{-\infty}^b f(x)\mathrm{d}x$ 收敛，否则就称广义积分 $\int_{-\infty}^b f(x)\mathrm{d}x$ 发散.

设函数 $f(x)$ 在区间 $(-\infty,+\infty)$ 上连续，若广义积分 $\int_{-\infty}^c f(x)\mathrm{d}x$ 和

$\int_{c}^{+\infty} f(x)\mathrm{d}x$（其中 c 为任意常数）都收敛，则称上述两广义积分之和为函数 $f(x)$ 在区间$(-\infty,+\infty)$上的广义积分，记作$\int_{-\infty}^{+\infty} f(x)\mathrm{d}x$，也称广义积分 $\int_{-\infty}^{+\infty} f(x)\mathrm{d}x$ 收敛；否则就称广义积分$\int_{-\infty}^{+\infty} f(x)\mathrm{d}x$ 发散.

上述广义积分统称为无穷区间的广义积分.

例 1 计算$\int_{0}^{+\infty} \mathrm{e}^{-x}\mathrm{d}x$.

解

$$\begin{aligned}\int_{0}^{+\infty} \mathrm{e}^{-x}\mathrm{d}x &= \lim_{b\to+\infty}\int_{0}^{b} \mathrm{e}^{-x}\mathrm{d}x \\ &= \lim_{b\to+\infty}(-\mathrm{e}^{-x})\Big|_{0}^{b} \\ &= \lim_{b\to+\infty}(1-\mathrm{e}^{-b}) \\ &= 1\end{aligned}$$

为书写简便，通常把 $\lim\limits_{b\to+\infty}\left(F(x)\Big|_{a}^{b}\right)$ 记为 $F(x)\Big|_{a}^{+\infty}$，

$\lim\limits_{a\to-\infty}\left(F(x)\Big|_{a}^{b}\right)$ 记为 $F(x)\Big|_{-\infty}^{b}$，

$\lim\limits_{a\to-\infty}\left(F(x)\Big|_{a}^{c}\right)+\lim\limits_{b\to+\infty}\left(F(x)\Big|_{c}^{b}\right)$ 记为 $F(x)\Big|_{-\infty}^{+\infty}$

例 2 讨论 $I=\int_{0}^{+\infty}\frac{1}{1+x^{2}}\mathrm{d}x$ 的敛散性.

解 由于

$$\begin{aligned}I &= \int_{0}^{+\infty}\frac{1}{1+x^{2}}\mathrm{d}x \\ &= \arctan x\Big|_{0}^{+\infty} \\ &= \lim_{x\to+\infty}\arctan x \\ &= \frac{\pi}{2}\end{aligned}$$

故，$I=\int_{0}^{+\infty}\frac{1}{1+x^{2}}\mathrm{d}x$ 收敛.

类似，$\int_{-\infty}^{0}\frac{1}{1+x^{2}}\mathrm{d}x=\frac{\pi}{2}$，$\int_{-\infty}^{+\infty}\frac{1}{1+x^{2}}\mathrm{d}x=\pi$.

例 3 讨论 $p-$积分 $I=\int_{1}^{+\infty}\frac{1}{x^{p}}\mathrm{d}x$ 的敛散性.

解 $p=1$ 时，$\int_{1}^{+\infty}\frac{1}{x}\mathrm{d}x=\ln x\Big|_{1}^{+\infty}=+\infty$，广义积分发散；

$p>1$ 时，$\int_{1}^{+\infty}\frac{1}{x^{p}}\mathrm{d}x=\frac{1}{1-p}x^{1-p}\Big|_{1}^{+\infty}$

$$=\lim_{p\to+\infty}\frac{1}{1-p}x^{1-p}-\frac{1}{1-p}$$

$$=\frac{1}{p-1}\text{，广义积分收敛；}$$

$p<1$ 时，$\int_{1}^{+\infty}\frac{1}{x^{p}}\mathrm{d}x=\frac{1}{1-p}x^{1-p}\Big|_{1}^{+\infty}$

$$=\lim_{p\to+\infty}\frac{1}{1-p}x^{1-p}-\frac{1}{1-p}$$

$$=+\infty\text{，广义积分发散.}$$

综上，当 $p\leqslant1$ 时，广义积分 $I=\int_{1}^{+\infty}\frac{1}{x^{p}}\mathrm{d}x$ 发散，

当 $p>1$ 时，广义积分 $I=\int_{1}^{+\infty}\frac{1}{x^{p}}\mathrm{d}x$ 收敛于$\frac{1}{p-1}$.

思考与练习 5.4

1. 思考：广义积分与定积分有何区别与联系？
2. 讨论下列广义积分的敛散性.

(1) $\int_{1}^{+\infty}\frac{1}{x^{2}}\mathrm{d}x$　　(2) $\int_{-\infty}^{+\infty}\mathrm{e}^{x}\mathrm{d}x$

(3) $\int_{-\infty}^{0}x\mathrm{e}^{x}\mathrm{d}x$　　(4) $\int_{0}^{+\infty}\frac{x}{1+x^{2}}\mathrm{d}x$

3. 给出本节案例分析的解答.

第五节 定积分的应用

定积分的概念是在研究众多实际问题中形成的，所以它的应用也是多方面的，只要是最后能归结为总和的极限的问题，都可以利用定积分计算，这里只介绍几何上与经济上的定积分应用问题.

一、定积分在几何上的应用

案例分析【游泳池的表面面积】 一个工程师正用CAD软件设计一个游泳池，游泳池的表面是由曲线 $y=\dfrac{800x}{(x^2+10)^2}$，$y=0.5x^2-4x$ 以及 $x=8$（单位：米）围成的图形，如图5-5-1所示，求此游泳池的表面面积.

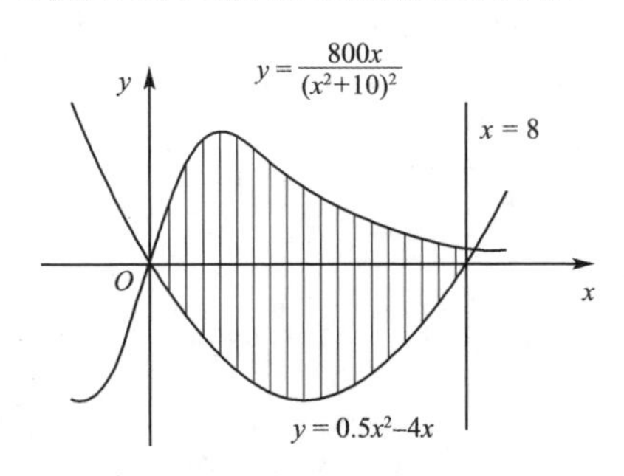

图 5-5-1

分析：由图5-5-1可知，游泳池平面图形被 x 轴分割为上、下两部分，通过定积分几何意义的学习，我们知道，如果在区间 $[a,b]$ 上 $f(x)$ 符号有正有负，那么定积分 $\int_a^b f(x)\mathrm{d}x$ 在几何上表示 x 轴上方图形的面积与 x 轴下方图形的面积的代数和，因此，游泳池的表面面积可以表示为 x 轴上方图形的面积与 x 轴下方图形的面积差，即

$$\begin{aligned}
A&=\int_0^8 \frac{800x}{(x^2+10)^2}\mathrm{d}x-\int_0^8(0.5x^2-4x)\mathrm{d}x\\
&=400\int_0^8 \frac{1}{(x^2+10)^2}\mathrm{d}(x^2+10)-\left(\frac{0.5}{3}x^3-2x^2\right)\Bigg|_0^8\\
&=-400\cdot\frac{1}{x^2+10}\Bigg|_0^8-\left(\frac{1}{6}\times 8^3-2\times 8^2\right)\\
&=-400\left(\frac{1}{74}-\frac{1}{10}\right)+\frac{128}{3}\\
&=\frac{8576}{111}\approx 77.26
\end{aligned}$$

所以，游泳池的表面面积约为77.26平方米.

进一步分析上述面积求解公式发现，两个定积分的积分限是一样的，因此可以对表面面积的表达式做如下变形：

$$A=\int_0^8 \frac{800x}{(x^2+10)^2}\mathrm{d}x-\int_0^8(0.5x^2-4x)\mathrm{d}x$$

$$=\int_0^8\left[\frac{800x}{(x^2+10)^2}-(0.5x^2-4x)\right]\mathrm{d}x$$

结合图形发现上述定积分的被积函数恰好是阴影部分上方边界函数减去下方边界函数，积分限恰好是阴影部分的左右边界值，也就是说阴影部分的面积是其上方边界函数减去下方边界函数在其左右边界范围的定积分. 这种方法就是求平面图形面积的方法，而求平面图形的面积是定积分的几何应用之一，下面就来介绍定积分的几何应用.

1. 直角坐标系下平面图形的面积

由定积分的几何意义知，

(1) 若在区间$[a,b]$上恒有$f(x)\geqslant 0$，如图 5-5-2 所示.

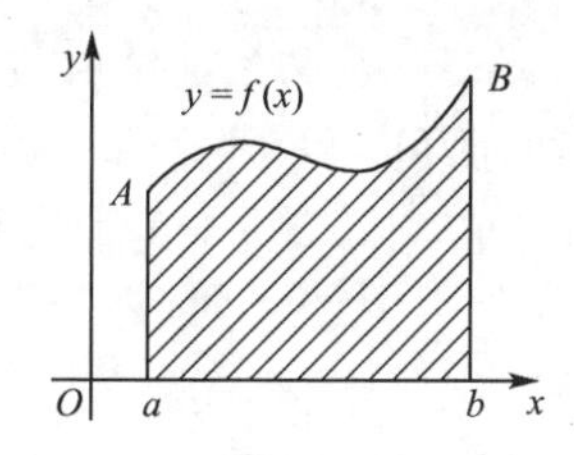

图 5-5-2

则由直线$x=a,x=b(a\neq b),y=0$(x轴)和曲线$y=f(x)$所围成的曲边梯形的面积为$A=\int_a^b f(x)\mathrm{d}x$.

(2) 若在区间$[a,b]$上恒有$f(x)\leqslant 0$，如图 5-5-3 所示.

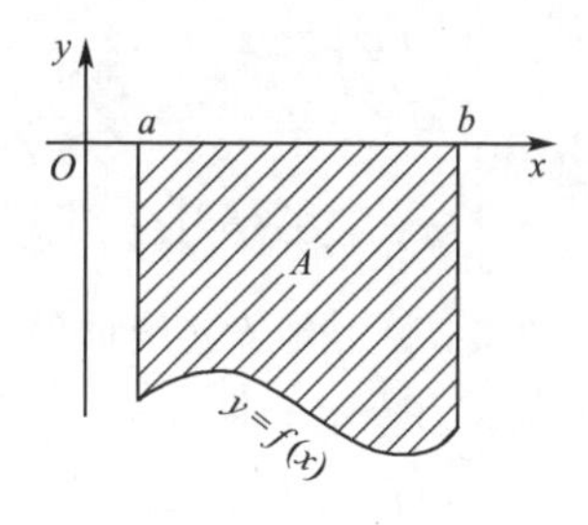

图 5-5-3

则由直线$x=a,x=b(a\neq b),y=0$(x轴)和曲线$y=f(x)$所围成的曲边梯形的面积为$A=-\int_a^b f(x)\mathrm{d}x$.

(3) 若在区间$[a,b]$上$f(x)$有正有负，如图 5-5-4 所示.

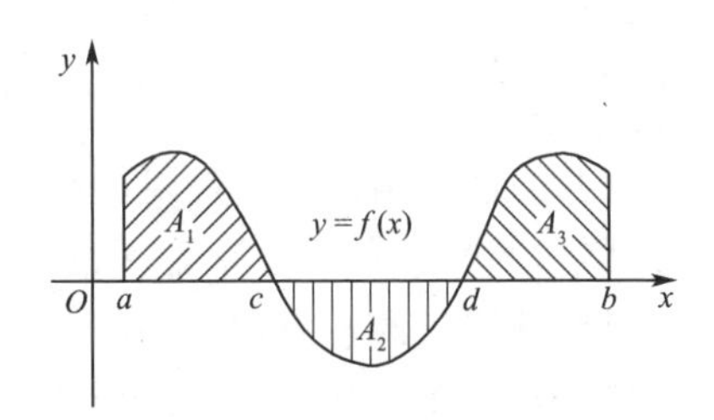

图 5-5-4

则由直线 $x=a$,$x=b(a\neq b)$,$y=0$(x 轴)和曲线 $y=f(x)$ 所围成的平面图形的面积为

$$A=\int_a^c f(x)\mathrm{d}x-\int_c^d f(x)\mathrm{d}x+\int_d^b f(x)\mathrm{d}x$$

(4) 由直线 $x=a$,$x=b(a<b)$ 及两条连续曲线 $y=f(x)$,$y=g(x)$($f(x)\geqslant g(x)$)所围成的平面图形的面积,等于曲线 $y=f(x)$ 在区间$[a,b]$上的曲边梯形的面积与曲线 $y=g(x)$ 在区间$[a,b]$上的曲边梯形的面积之差,如图 5-5-5 所示.

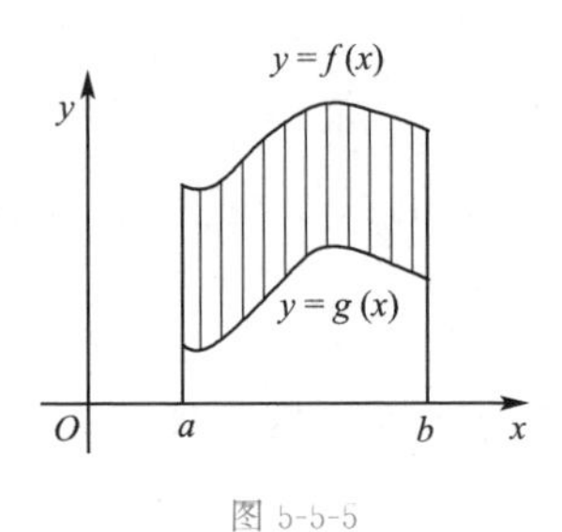

图 5-5-5

其面积为:

$$A=\int_a^b f(x)\mathrm{d}x-\int_a^b g(x)\mathrm{d}x=\int_a^b (f(x)-g(x))\mathrm{d}x$$

(5) 由直线 $y=c$,$y=d(c<d)$ 及两条连续曲线 $x=\varphi(y)$,$x=\psi(y)$($\psi(y)\geqslant\varphi(y)$)所围成的平面图形的面积,等于曲线 $x=\psi(y)$ 在区间$[c,d]$上的曲边梯形的面积与曲线 $x=\varphi(y)$ 在区间$[c,d]$上的曲边梯形的面积之差,如图 5-5-6 所示.

其面积为

$$A=\int_c^d \psi(y)\mathrm{d}y-\int_c^d \varphi(y)\mathrm{d}y=\int_c^d (\psi(y)-\varphi(y))\mathrm{d}y$$

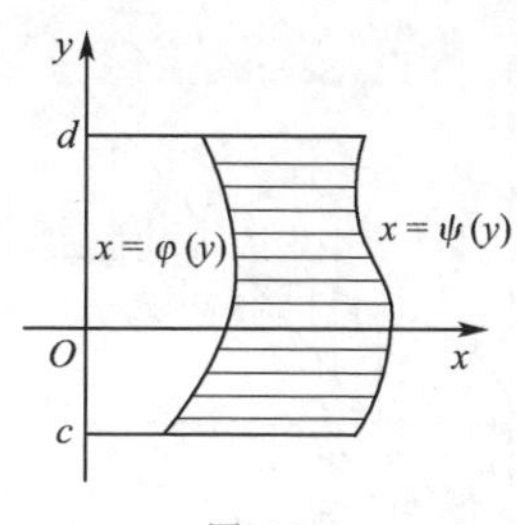

图 5-5-6

例 1 求曲线 $y=x^2$ 与直线 $y=x$ 围成图形的面积.

解　两曲线围成的图形如图 5-5-7 所示,

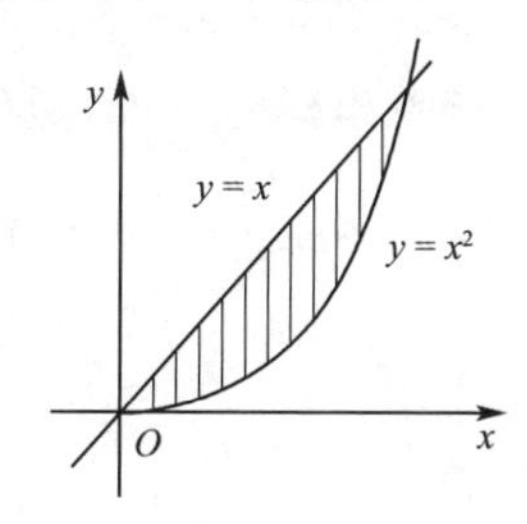

图 5-5-7

联立方程组 $\begin{cases} y=x^2 \\ y=x \end{cases}$ 得,交点坐标为(0,0),(1,1)

所求图形面积为

$$A=\int_0^1 (x-x^2)\mathrm{d}x=\left(\frac{1}{2}x^2-\frac{1}{3}x^3\right)\Big|_0^1=\frac{1}{2}-\frac{1}{3}=\frac{1}{6}$$

所以,所求平面图形面积为 $\frac{1}{6}$.

小结:

求平面图形面积的具体步骤

(1) 描绘平面图形简图;

(2) 联立曲线方程求出曲线与坐标轴及曲线间的交点坐标,从而确定积分区间 $[a,b]$;

(3) 确定上、下两条曲线的方程 $f(x)$、$g(x)$,写出积分表达式

$$A=\int_a^b (f(x)-g(x))\mathrm{d}x;$$

(4) 计算定积分求出面积值,并给出结论.

例 2 求由抛物线 $y^2=2x$ 与直线 $x-y=4$ 围成图形的面积.

解　两曲线围成的图形如图 5-5-8 所示,

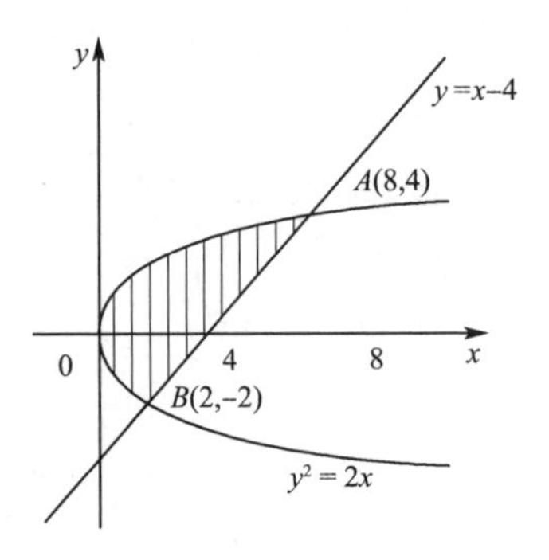

图 5-5-8

联立方程组$\begin{cases}y^2=2x\\x-y=4\end{cases}$得,交点坐标为 $A(8,4)B(2,-2)$,

如果仍以 x 为积分变量,该图形需要分割成两个部分来求;如果更换 y 作为积分变量,它的变化范围为 $[-2,4]$,

于是所求面积为

$$A=\int_{-2}^{4}(y+4-\frac{1}{2}y^2)\mathrm{d}y$$

$$=\left(\frac{1}{2}y^2+4y-\frac{1}{6}y^3\right)\Big|_{-2}^{4}=18$$

所以,所求平面图形面积为 18.

由本例题可见,合理地选取积分变量是很重要的.

2. 平面直角坐标系下平面曲线的弧长(理工类)

设有一光滑曲线 $y=f(x)$($y=f(x)$ 是可导函数),如图 5-5-9 所示,

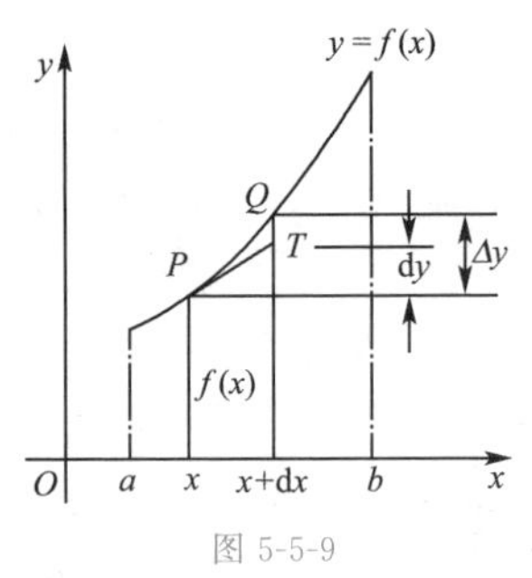

图 5-5-9

则从 $x=a$ 到 $x=b$ 的曲线弧长 L 为

$$L=\int_{a}^{b}\sqrt{1+(y')^2}\,\mathrm{d}x$$

例 3 求曲线 $y=\frac{2}{3}x^{\frac{3}{2}}$ 上 x 从 0 到 3 的弧长.

解　$y'=\sqrt{x}$，于是所求弧长为

$$L=\int_0^3\sqrt{1+(\sqrt{x})^2}\,dx=\int_0^3\sqrt{1+x}\,dx$$
$$=\frac{2}{3}(1+x)^{\frac{3}{2}}\Big|_0^3=\frac{14}{3}$$

二、定积分在经济学上的应用(经管类)

1. 利用定积分求原经济函数问题

在经济管理中，由边际函数求总函数(原函数)，一般采用不定积分或求一个变上限的定积分来解决. 例如可以求总需求函数、总成本函数、总收入函数以及总利润函数.

设经济应用函数 $u(x)$ 的边际函数为 $u'(x)$，则有

$$\int_0^x u'(x)\,dx=u(x)-u(0)$$

即，

$$u(x)=u(0)+\int_0^x u'(x)\,dx$$

例 4 已知某商品的需求量是价格 p 的函数，且边际需求为 $Q'(p)=-4$，该商品的最大需求量为 80($p=0$ 时，$Q=80$)，求需求量与价格的函数关系.

解　由变上限的定积分公式，得

$$Q(p)=Q(0)+\int_0^p Q'(p)\,dp$$
$$=80+\int_0^p(-4)\,dp$$
$$=80-4p$$

例 5 已知生产某产品 x 台的边际成本为 $C'(x)=0.2x+1$(万元/台)，边际收入为 $R'(x)=30-0.4x$(万元/台).

(1) 若固定成本为 $C(0)=20$(万元/台)，求总成本函数，总收入函数和总利润函数；

(2) 当产量从 40 台增加到 80 台时，总成本与总收入的增量.

解　(1) 总成本为 $C(x)=C(0)+\int_0^x C'(x)\,dx$

$$=20+\int_0^x[0.2x+1]\,dx$$
$$=20+0.1x^2+x$$

由于当产量为零时总收入为零，即 $R(0)=0$，于是

$$\begin{aligned}\text{总收入函数为 } R(x) &= R(0)+\int_0^x R'(x)\mathrm{d}x \\ &= 0+\int_0^x (30-0.4x)\mathrm{d}x \\ &= 30x-0.2x^2\end{aligned}$$

$$\begin{aligned}\text{总利润函数为 } L(x) &= R(x)-C(x) \\ &= 30x-0.2x^2-(20+0.1x^2+x) \\ &= 29x-0.3x^2-20\end{aligned}$$

(2) 当产量从 40 台增加到 80 台时，总成本的增量为

$$\begin{aligned}C(80)-C(40) &= \int_{40}^{80} C'(x)\mathrm{d}x \\ &= \int_{40}^{80}(0.2x+1)\mathrm{d}x \\ &= (0.1x^2+x)\Big|_{40}^{80} \\ &= 520(\text{万元})\end{aligned}$$

当产量从 40 台增加到 80 台时，总收入的增量为

$$\begin{aligned}R(80)-R(40) &= \int_{40}^{80} R'(x)\mathrm{d}x \\ &= \int_{40}^{80}(30-0.4x)\mathrm{d}x \\ &= (30x-0.2x^2)\Big|_{40}^{80} \\ &= 1200-960=240(\text{万元})\end{aligned}$$

2. 利用定积分变化率求总量问题

例 6 已知某产品总产量的变化率是 $Q'(t)=20+12t$(件 / 天)，求从第 5 天到第 10 天，产品的总产量.

解　该产品的总产量为

$$\begin{aligned}Q(t) &= \int_5^{10} Q'(t)\mathrm{d}t=\int_5^{10}(20+12t)\mathrm{d}t=(20t+6t^2)\Big|_5^{10} \\ &= (200+600)-(100+150)=550(\text{件})\end{aligned}$$

3. 利用总积分求经济函数的最值问题

例 7 设生产 x 个产品的边际成本是 $C'(x)=100+2x$，其固定成本是 1000 元，产品单价为 500 元. 假设生产的产品全部售出，问产量为多少时获得利润最大？最大利润是多少？

解　总成本函数为

$$C(x)=\int_0^x C'(t)\mathrm{d}t+C(0)$$

$$=\int_0^x (100+2t)\mathrm{d}t+1000=100x+x^2+1000.$$

总收益函数为　$R(x)=500x$.

总利润函数为　$L(x)=R(x)-C(x)$

$$=500x-(100x+x^2+1000)=400x-x^2-1000.$$

$L'(x)=400-2x, L''(x)=-2$

由 $L'(x)=0$ 得驻点为，$x=200$，

因为 $L''(200)=-2<0$，所以，$x=200$ 是极大值点，

又由于驻点是唯一的，所以 $x=200$ 是最大值点.

即产量为 200 时，利润最大，最大利润为

$L(200)=400\times 200-200^2-1000=39000$(元).

思考与练习 5.5

1. 针对本章的第一个案例分析(欧式窗户问题)，量出某个窗户的相关数据，并求面积.

2. 求曲线 $y=\cos x\,(0\leqslant x\leqslant 2\pi)$ 与 x 轴围成图形的面积.

3. 求曲线 $y=x^2$ 与 $y^2=x$ 围成图形的面积.

4. 求曲线 $y=x^2$ 与直线 $x+y=2$ 围成图形的面积.

5. 求由曲线 $y=\mathrm{e}^x$，$y=\mathrm{e}$ 及 y 轴围成图形的面积.

6. 求曲线 $y=\ln x$ 在区间 $[1,\sqrt{3}]$ 上的弧长.

7. 已知某产品总产量的变化率是时间 t(单位：年)的函数 $f(t)=2t+5$，$t\geqslant 0$，求第一个五年和第二个五年的总产量.

8. 某有机肥生产厂生产 x 吨有机肥时的边际成本为 $C'(x)=30+\frac{1}{10}x$，固定成本为 900 元，边际收益为 $R'(x)=500+\frac{1}{5}x$，求

(1) 生产 100 吨有机肥的总成本和总收益；

(2) 生产 100 吨后再生产 100 吨有机肥的总成本.

9. 某企业生产 x 单位产品时的边际成本为 $C'(x)=350-60x+3x^2$(元/单位)，固定成本为 300 元，边际收益为 $R'(x)=410-3x$(元/单位)，求产量为多少时获得利润最大？最大利润是多少？

学习指导

一、知识点总结

1. 定积分的定义

通过求曲边梯形的面积，采用“分割、近似代替、求和、取极限”四个步骤，归纳为一个特殊的和式的极限，引入定积分的概念，即

$$\int_a^b f(x)\mathrm{d}x = \lim_{\lambda \to 0}\sum_{i=1}^{n} f(\xi_i)\Delta x_i$$

定积分值是一个确定的常数，它只与被积函数 $f(x)$ 和积分区间 $[a,b]$ 有关，而与积分变量所用的符号无关.

2. 定积分的几何意义

定积分 $\int_a^b f(x)\mathrm{d}x$ 在几何上表示由直线 $x=a$，$x=b(a\neq b)$，$y=0$（x 轴）和曲线 $y=f(x)$ 所围成的图形的面积的代数和.

3. 定积分的性质

(1) 被积函数中的常数因子可直接提到积分号前面.

(2) 有限个函数的代数和的积分等于它们积分的代数和.

(3) 若在区间 $[a,b]$ 上 $f(x)\equiv 1$，则 $\int_a^b 1\mathrm{d}x = \int_a^b \mathrm{d}x = b-a$

(4)（积分对区间的可加性）对任意点 c，都有下式成立

$$\int_a^b f(x)\mathrm{d}x = \int_a^c f(x)\mathrm{d}x + \int_c^b f(x)\mathrm{d}x$$

(5)（比较性）如果在区间 $[a,b]$ 上，$f(x)\leqslant g(x)$，则

$$\int_a^b f(x)\mathrm{d}x \leqslant \int_a^b g(x)\mathrm{d}x$$

(6)（估值定理）若函数 $f(x)$ 在 $[a,b]$ 上的最大值与最小值分别为 M 和 m，则

$$m(b-a)\leqslant \int_a^b f(x)\mathrm{d}x \leqslant M(b-a)$$

(7)（积分中值定理）若函数 $f(x)$ 在区间 $[a,b]$ 上连续，则在 $[a,b]$ 上至少存在一点 ξ，使得

$$\int_a^b f(x)\mathrm{d}x = f(\xi)(b-a)\quad(a\leqslant \xi \leqslant b)$$

4. 积分上限函数

若函数 $f(x)$ 在区间 $[a,b]$ 上连续，则积分上限函数

$$\Phi(x) = \int_a^x f(t)\mathrm{d}t$$

在区间$[a,b]$上可导,且其导函数为

$$\Phi'(x)=\frac{\mathrm{d}}{\mathrm{d}x}\int_a^x f(t)\mathrm{d}t=f(x)(a\leqslant x\leqslant b)$$

5. 微积分基本定理(牛顿 - 莱布尼茨公式)

设函数分 $f(x)$ 在$[a,b]$上连续,若 $F(x)$ 是 $f(x)$ 的任意一个原函数,则

$$\int_a^b f(x)\mathrm{d}x=F(b)-F(a)$$

6. 定积分的计算方法

(1) 利用牛顿 - 莱布尼茨公式直接计算;

(2) 运用换元积分法计算;

(3) 运用分部积分法计算.

7. 广义积分的计算

对于收敛的广义积分可直接利用定积分的各种方法进行计算.

8. 定积分的应用

(1) 求平面图形的面积

一般步骤:

① 描绘平面图形简图;

② 联立曲线方程,求出曲线与坐标轴及曲线间的交点坐标,从而确定积分区间$[a,b]$;

③ 确定上、下两条曲线的方程 $f(x)$、$g(x)$,写出积分表达式 $A=\int_a^b(f(x)-g(x))\mathrm{d}x$;

④ 计算定积分求出面积值,并给出结论.

(2) 平面直角坐标系下平面曲线的弧长计算公式:$L=\int_a^b\sqrt{1+(y')^2}\,\mathrm{d}x$

(3) 定积分在经济学上的应用

① 利用定积分求原经济函数问题

② 利用定积分变化率求总量问题

③ 利用总积分求经济函数的最值问题

二、主要题型及解题方法技巧

1. 积分上限函数的导数

若定积分的上限是 x 的函数,则利用复合函数求导方法求导;

若定积分的下限是x 的函数,则先把定积分的下限转变为上限,然后利用复合函数求导方法求导;

若定积分的上限、下限都是x 的函数,则利用定积分对区间的可加性将该定

积分转化成两个定积分的和，其中一个是积分上限 x 的函数，另一个是积分下限 x 的函数，二者都可化为积分上限函数来求导.

2. 利用牛顿-莱布尼茨公式计算定积分的步骤

(1) 求出被积函数 $f(x)$ 在 $[a,b]$ 上的一个原函数 $F(x)$；

(2) 将积分上限 b、下限 a 分别代入原函数 $F(x)$，求 $F(b)$、$F(a)$；

(3) 计算出差值 $F(b)-F(a)$，即为定积分 $\int_a^b f(x)\mathrm{d}x$ 的值.

3. 定积分的换元积分法

用换元积分法计算定积分，若引入新的变量，则需求出新变量的积分限，这样求得关于新变量的原函数后不必回代，直接将新的积分限代入计算即可.

4. 其他方法技巧

(1) 在计算定积分时，除应用牛顿-莱布尼茨公式、换元积分法、分部积分法计算定积分外，还可利用定积分的几何意义、被积函数的奇偶性(对称区间上的定积分)来计算.

(2) 绝对值函数的定积分的计算：先去掉绝对值，再利用积分区间的可加性进行计算.

定积分计算要根据被积函数的特点灵活运用积分方法. 在具体问题中，常常是多种方法综合使用，针对不同的问题采用不同的积分方法. 因此，应通过多做习题来积累经验，熟悉技巧，才能熟练掌握.

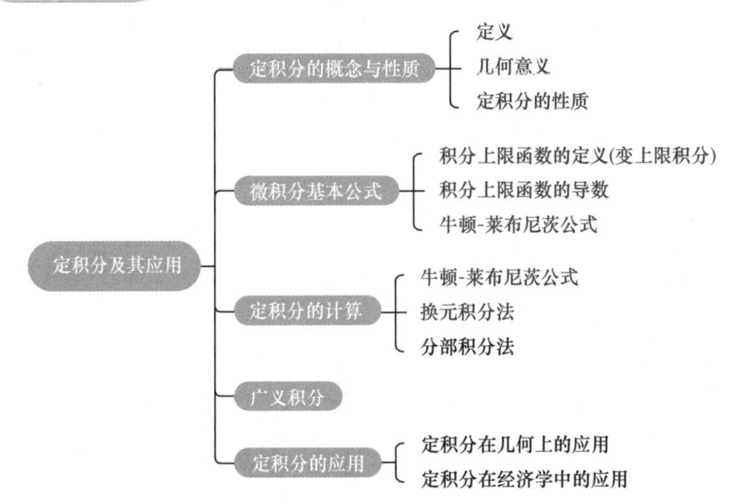

习题五

一、单项选择题

1. 定积分$\int_a^b f(x)\mathrm{d}x$ 的值取决于(　　).

(A) 积分区间$[a,b]$与积分变量 x

(B) 被积函数 $f(x)$ 与积分区间$[a,b]$

(C) 被积函数 $f(x)$

(D) 积分区间$[a,b]$

2. 定积分$\int_a^b f(x)\mathrm{d}x$ 是(　　).

(A) 任意常数　　(B) 确定常数

(C) 函数　　(D) 无法确定

3. 设函数 $f(x)=x^3+x$，则$\int_{-2}^{2} f(x)\mathrm{d}x=$(　　).

(A)0　　(B)8

(C)$\int_0^2 f(x)\mathrm{d}x$　　(D)$2\int_0^2 f(x)\mathrm{d}x$

4. 设函数 $\Phi(x)=\int_0^x \sin t^2\mathrm{d}t$，则 $\Phi'(x)=$(　　).

(A)$\sin x^2$　　(B)$\cos x^2$

(C)$2x\sin x^2$　　(D)$2x\cos x^2$

5. $(\int_0^3 \mathrm{e}^{(3x+1)}\mathrm{d}x)'=$(　　).

(A)0　　(B)1

(C)e^{3x+1}　　(D)π

6. 设$\int_0^x f(t)\mathrm{d}t=\ln(1+x^2)$，则 $f(x)=$(　　).

(A) $\dfrac{1}{1+x^2}$　　(B)$2x$

(C) $\dfrac{2x}{1+x^2}$　　(D) $\dfrac{x}{1+x^2}$

二、判断题

1. 定积分$\int_a^b f(x)\mathrm{d}x$ 是一个任意常数.　　(　　)

2. 定积分$\int_a^b f(x)\mathrm{d}x$ 的几何意义是由曲线 $y=f(x)$，直线 $x=a$，$x=b(a\neq$

b)及 x 轴所围成的曲边梯形的面积. ( )

3. $\int_{-1}^{1}\sin x\,dx=0$. ( )

4. $\int_{-\pi}^{\pi}x^3\,dx=0$. ( )

5. $\int_{0}^{1}\sqrt{1-x^2}\,dx=\frac{\pi}{4}$. ( )

6. 偶函数在关于原点对称的区间上的定积分值为零. ( )

7. 若 $y=f(x)$ 在$[a,b]$上连续,则$\int_a^b f(x)dx=\int_a^b f(t)dt$. ( )

8. $\int_a^b (f(x)+g(x))dx=\int_a^b f(x)dx+\int_a^b g(x)dx$. ( )

9. $\int_0^{\frac{\pi}{2}}\sin x\,dx=0$. ( )

10. $\int_a^b u\,dv=u\cdot v\Big|_a^b-\int_a^b v\,du$. ( )

三、计算下列定积分

(1) $\int_0^1(x^2+2x-1)dx$

(2) $\int_9^{16}\frac{(\sqrt{x}-1)(\sqrt{x}+1)}{\sqrt{x}}dx$

(3) $\int_0^1 x^2(\sqrt{x}+1)dx$

(4) $\int_{-2}^{0}\frac{1}{x^2+2x+2}dx$

(5) $\int_0^1 x\mathrm{e}^{-\frac{x^2}{2}}dx$

(6) $\int_1^{\mathrm{e}^2}\frac{1}{x\sqrt{1+\ln x}}dx$

(7) $\int_0^{\ln 2}\sqrt{\mathrm{e}^x-1}\,dx$

(8) $\int_0^2 x^2\sqrt{4-x^2}\,dx$

(9) $\int_0^1 x^2\mathrm{e}^{-x}dx$

(10) $\int_{-1}^{1}\frac{\tan x}{\sin^2 x+1}dx$

(11) $\int_1^{\mathrm{e}}(\ln x)^2dx$

(12) $\int_0^{\frac{\pi}{4}}\frac{x}{1+\cos 2x}dx$

(13) $\int_0^{\frac{\pi}{2}}\frac{x+\sin x}{1+\cos x}dx$

(14) $\int_0^{\frac{\pi}{2}}\mathrm{e}^{-x}\cos x\,dx$

四、计算下列广义积分

(1) $\int_0^{+\infty}\frac{dx}{x^2+4x+8}$;

(2) $\int_1^{+\infty}\frac{\arctan x}{x^2}dx$

五、计算下列各题

1. 设 $f(x)$ 在$[a,b]$上连续,且$\int_a^b f(x)dx=1$,求$\int_a^b f(a+b-x)dx$.

2. 求曲线 $y=x^2$ 与 $y=2x$ 所围图形的面积.

3. 求抛物线 $y^2=4x$ 及其在点(1,2)处的法线所围成的平面图形的面积.

4. 已知某商品月产量是 x 个单位，总费用的变化率是 $f(x)=0.2x+5$(元/单位)，如不进行生产，需缴纳场地等其他费用 2 000 元.

(1) 求总费用 $F(x)$；

(2) 若这种商品的销售价格为每单位 105 元，并假设商品全部销售完毕，求总利润 $L(x)$；

(3) 这种商品的月产量是多少单位时，才能获得最大利润？

5. 某地观察夏季绿肥生长量 y(kg/day) 关于生长天数 t 的变化率为 $y'=N_0Ke^{Kt}(15\leqslant t\leqslant 50)$，求从 $t=20$ 天到 $t=30$ 天时间的绿肥生长量(已知 $N_0=15.5$ kg，$K=0.074$).

参考答案

思考与练习 1.1

1.(1)× (2)× (3)√ (4)× (5)× (6)√ (7)× (8)×
(9)× (10)×

2.(1)(0,3] (2)(2,3] (3)(0,1) ∪ (1,4] (4)$\left(\frac{1}{2},1\right)$ ∪ (1,6]
(5)$\left[-\sqrt{2},\sqrt{2}\right]$ (6)R

3.略

思考与练习 1.2

1.略

2.图象略,$\lim\limits_{x\to3^+}f(x)=5$,$\lim\limits_{x\to3^-}f(x)=9$

3.$\lim\limits_{x\to0^+}f(x)=1$,$\lim\limits_{x\to0^-}f(x)=1$ $\lim\limits_{x\to0}f(x)=1$

$\lim\limits_{x\to0^+}\phi(x)=1$,$\lim\limits_{x\to0^-}\phi(x)=-1$ $\lim\limits_{x\to0}\phi(x)$ 不存在

思考与练习 1.3

1.(1)× (2)× (3)× (4)× (5)√ (6)× (7)√ (8)×
(9)× (10)√

2.(1)无穷小 (2)无穷小 (3)无穷大 (4)无穷大
(5)既不为无穷小也不为无穷大 (6)无穷小

3.(1)0 (2)0 (3)0 (4)0

思考与练习 1.4

1.(1)102 (2)1 (3)∞ (4)4 (5)$\frac{5}{4}$

2.(1)21 (2)5 (3)$\frac{1}{3}$ (4)$\frac{1}{2}$ (5)3 (6)$\frac{1}{4}$ (7)$\frac{4}{5}$ (8)$\frac{m}{n}$ (9)$\frac{1}{2}$
(10)1 (11)$\frac{3}{4}$ (12)0 (13)$\frac{1}{2}$ (14)-2 (15)$\frac{2\sqrt{2}}{3}$ (16)$\frac{1}{4}$

3.-3

4.$a=1,b=-1$

思考与练习 1.5

1.(1)× (2)× (3)× (4)√ (5)× (6)× (7)√

2.(1)e^{-2} (2)e^{-3} (3)e^{3} (4)e^{-1}

思考与练习 1.6

1.(1)$\lim\limits_{x \to x_0} f(x)=f(x_0)$
(2)$f(x_0)$存在、$\lim\limits_{x \to x_0} f(x)$存在、$\lim\limits_{x \to x_0} f(x)=f(x_0)$
(3)间断

2.间断,连续区间(0,1),(1,2)

3.连续

4.略

5.(1)$x=1$为可去间断点,$x=2$为第二类间断点
(2)$x=1$为跳跃间断点

6.(1)$k=1$或$k=0$ (2)$k=2$

习题一

1.填空题

(1) 定义域相同、对应法则相同

(2) 常数函数、幂函数、指数函数、对数函数、三角函数、反三角函数

(3) 无穷小量

(4)$(0,1)\cup(1,4]$

(5)e^{-1}

(6) $\frac{1}{2}$

(7)0

(8)3

(9) 间断

(10) 求极限、求导数、求不定积分、求定积分

2.判断题

(1)√ (2)√ (3)× (4)√ (5)× (6)× (7)× (8)×

(9)√ (10)√

3.(1) $\frac{3}{5}$ (2) $\frac{4}{5}$ (3) $\frac{1}{6}$ (4) $\frac{3}{2}$ (5)0 (6)0 (7)e^{-6} (8)∞

4.(1) 不连续 (2) 证明略

5.一年期收益多,多 0.35%

6.$y=130\times700+(1000-700)\times130\times90\%$

7.(1)$p=\begin{cases}90 & 0<x\leqslant100\\ 90-\dfrac{x-100}{100} & 100<x\leqslant1600\end{cases}$

(2)$l=\begin{cases}30x & 0<x\leqslant100\\ (30-\dfrac{x-100}{100})x & 100<x\leqslant1600\end{cases}$

(3)21000

8.$\lim\limits_{t\to\infty}p(t)=20$

9.$\lim\limits_{t\to\infty}Q(t)=0$

10.略

思考与练习 2.1

1.(1)× (2)√ (3)√ (4)× (5)× (6)√

2.(1)$y'=-\frac{1}{(1+x)^2}$;$y'\Big|_{x=1}=-\frac{1}{4}$　(2)$y'=3x^2$;$y'\Big|_{x=0}=0$

3.切线方程:$y=5x-7$;法线方程:$x+5y-17=0$

4.(1) 切线方程:$y=2x-1$;法线方程:$x+2y-3=0$

(2) 切线方程:$x-4y+4=0$;法线方程:$4x+y-18=0$

5.$k_{x=0}=4$;$k_{x=1}=0$

6.$k_{x=2}=-\frac{1}{2}$

思考与练习 2.2

1.(1)$y'=1$　(2)$y'=2x$　(3)$y'=0$　(4)$y'=0$　(5)$y'=-\frac{1}{x^2}$

(6)$y'=\frac{1}{2\sqrt{x}}$　(7)$y'=-\frac{1}{2}x^{-\frac{3}{2}}$　(8)$y'=\frac{3}{2}x^{\frac{1}{2}}$　(9)$y'=\frac{1}{x\ln 10}$

(10)$y'=-\sin x$　(11)$y'=2^x\ln 2$　(12)$y'=\frac{1}{1+x^2}$

(13)$y'=\frac{1}{x\ln 0.5}$　(14)$y'=\frac{3}{2}x^{\frac{1}{2}}$　(15)$y'=0.8x^{-0.2}$

(16)$y'=\frac{1}{\sqrt{1-x^2}}$　(17)$y'=\frac{-2}{x^3}$　(18)$y'=\sec x\cdot\tan x$

(19)$y'=-\frac{1}{2}x^{-\frac{3}{2}}$　(20)$y'=\left(\frac{2}{3}\right)^x\ln\frac{2}{3}$　(21)$y'=\mathrm{e}x^{\mathrm{e}-1}$

(22)$y'=\frac{5}{4}x^{\frac{1}{4}}$　(23)$y'=\frac{1}{x}$　(24)$y'=\frac{1}{x\ln 2}$

2.(1)$y'=\frac{5}{2}x^{\frac{3}{2}}$　(2)$y'=-2x$

(3)$y'=2x-4$　(4)$y'=2$

(5)$y'=x^2-1$　(6)$y'=2x+1$

(7)$y'=x^2+x+1$　(8)$y'=a$

(9)$y'=-1+2x-3x^2$　(10)$y'=4x^3-21x^2+4x$

(11)$y'=15x^2-15x^4$　(12)$y'=-8x^{-3}-8$

(13)$y'=-x^{-5}+x^{-4}-x^{-3}+x^{-2}$　(14)$y'=3x^2+2x+1$

(15)$y'=-\frac{1}{x^2}+5\cos x$　(16)$y'=\cos x-x\sin x$

(17) $y'=\frac{17}{(3x+1)^2}$ (18) $y'=\frac{9}{2}x^{-\frac{5}{2}}-\frac{2}{x^2}$

(19) $y'=1+\frac{1}{2\sqrt{x}}$ (20) $y'=-\frac{1}{2}x^{-\frac{3}{2}}-\frac{1}{2\sqrt{x}}$

(21) $y'=2^x\ln2\ln x+\frac{2^x}{x}$ (22) $y'=\frac{\cos x-\sin x}{e^x}$

3. $R'=CM-M^2$

思考与练习 2.3

1. 略

2. (1) $y'=-14(3-2x)^6$ (2) $y'=2\sin\left(\frac{\pi}{3}-2x\right)$

(3) $y'=-2\cos x\cdot\sin x$ (4) $y'=5x^4\cos x^5$

(5) $y'=-2x\sec^2(1-x^2)$ (6) $y'=\frac{-2}{3-2x}$

(7) $y'=\frac{1}{2\sqrt{x-x^2}}$ (8) $y'=\frac{2x}{1+x^4}$

(9) $y'=\frac{3\ln^2x}{x}$ (10) $y'=-x(1+x^2)^{-\frac{3}{2}}$

(11) $y'=20\sin^4 4x\cos 4x$ (12) $y'=-\cos(\cos x)\sin x$

(13) $y'=c^{\sin x}\cdot\cos x$ (14) $y'=2^{x^2-2x}\cdot(2x-2)\ln2$

(15) $y'=\frac{5\sec^2 5x}{2\sqrt{\tan 5x}}$ (16) $y'=\csc x$

3. $\frac{du_c}{dt}=\frac{E}{RC}\cdot e^{-\frac{t}{RC}}$.

思考与练习 2.4

1. (1) $y''=12(x+3)^2$ (2) $y''=2x-1$ (3) $y''=-\frac{1}{x^2}$

(4) $y''=2$ (5) $y''=e^{-x}$ (6) $y''=\frac{1}{(1+x^2)^2}$

2. (1) $7x-4y-2=0$ (2) $3x-4y-25=0$

*(3) $y=2x$

思考与练习 2.5

1. $dy\Big|_{\substack{x=2\\ \Delta x=-0.01}} = f'(2)\cdot\Delta x = -0.11$

2. (1) $dy=\frac{1}{2\sqrt{x}}dx$　(2) $dy=-e^{-x}dx$　(3) $dy=\frac{-3}{2-3x}dx$

(4) $dy=\frac{x}{\sqrt{x^2+3}}dx$　(5) $dy=(1+\ln x)dx$　(6) $dy=(2x-2)dx$

(7) $dy=\frac{3}{2}\sqrt{x}\,dx$　(8) $dy=\frac{1}{4}x^{-\frac{3}{2}}dx$　(9) $dy=3\sin^2 x\cos x\,dx$

(10) $dy=\frac{x^2-2x^2\ln x-1}{x\ln^2 x}dx$

3. (1) $\frac{1}{2}x^2+C$　(2) $\sin x+C$　(3) $-\cos x+C$　(4) x^2+C

(5) $\ln x+C$　(6) $-\frac{1}{x}+C$　(7) $\tan x+C$　(8) $-2x+C$

(9) $\frac{1}{3}x^3+C$　(10) $\frac{1}{4}x^4+C$　(11) $\frac{1}{\alpha+1}x^{\alpha+1}+C$　(12) $\frac{2}{3}x^{\frac{3}{2}}+C$

(13) $\arctan x+C$ (14) $2\sqrt{x}+C$　(15) $-e^{-x}+C$　(16) $\ln(x+1)+C$

4. $20\pi\,cm^3$

习题二

一、(1)D　(2)D　(3)C　(4)B　(5)D　(6)A　(7)D　(8)D　(9)B　(10)D

二、(1)√　(2)√　(3)√　(4)×　(5)×　(6)×　(7)×　(8)×　(9)√　(10)×

三、1. (1) $y'=4(2x-3)$　(2) $y'=\frac{2x\ln x-x}{\ln^2 x}$

(3) $y'=e^x+\sin x+x\cos x$　(4) $y'=\frac{3}{2}\sqrt{x}+1+x^{-\frac{3}{2}}$

(5) $y'=\frac{-2}{5-2x}$　(6) $y'=\frac{-1}{\sqrt{1-2x}}$

(7) $y'=-e^{-x}$　(8) $y'=\frac{2x}{1+x^4}$

2. (1) $dy=\frac{-2x^2-2x-2}{(x^2-1)^2}dx$　(2) $dy=\left(2+\frac{1}{2}x^{-\frac{3}{2}}\right)dx$

(3) $dy=\left(1-\frac{3}{2}\sqrt{x}\right)dx$　(4) $dy=\left(\frac{3}{2}\sqrt{x}-\frac{1}{2\sqrt{x}}-\frac{1}{2}x^{-\frac{3}{2}}\right)dx$

(5) $dy=-5\cos^4 x\sin x\,dx$　(6) $dy=\frac{1}{2\sqrt{x-x^2}}dx$

四、1. $y=x-1$

2. 切线方程：$3x-y-2=0$；法线方程：$x+3y-4=0$

3. πcm^2

思考与练习 3.1

1. 不正确，不符合洛必达法则条件(3)

2. (1) $\frac{1}{2}$　(2) $\frac{1}{6}$　(3) $\frac{2}{3}$　(4) 0　(5) 0　(6) $\frac{5}{2}$　(7) $\frac{3}{2}$　(8) $\frac{1}{2}$

(9) $\frac{1}{2}$　(10) -1　(11) $\frac{1}{2}$　(12) $-\frac{1}{2}$　(13) $\frac{1}{6}$　(14) 0

思考与练习 3.2

1. (1) 在 $(0,+\infty)$ 上单调递增，在 $(-\infty,0)$ 上单调递减；

(2) 在 $(-\infty,+\infty)$ 上单调递减；

(3) 在 $\left(0,\frac{1}{2}\right)$ 上单调递减，在 $\left(\frac{1}{2},+\infty\right)$ 上单调递增.

2. (1) 无极值；

(2) 在 $x=0$ 处取得极小值 0，在 $x=2$ 处取得极大值 $4e^{-4}$；

(3) 在 $x=1$ 处取得极大值 0，在 $x=2$ 处取得极小值 -1；

(4) 在 $x=\frac{1}{\sqrt[3]{2}}$ 处取得极小值 $\frac{3}{2}\sqrt[3]{2}$.

3. 增长；

4. 血压是单调减少的；

5. 汽车的速度是 80 千米 / 小时，发动机的效率最大，最大效率是 40.96；

6. D 点应选在距离 A 点 15 km 处；

7. 该商店应将售价定为 25 元卖出，才能获得最大利润，最大利润是 450 元；

8. 房租定为 350 元可获得最大收入；

9. 以 10% 的年利率贷出能使商行获利最大.

思考与练习 3.3

1.(1)√ (2)× (3)√ (4)√ (5)×

2.(1)$(0,e^{-\frac{3}{2}})$内是凸的,$(e^{-\frac{3}{2}},+\infty)$内是凹的,拐点为$\left(e^{-\frac{3}{2}},-\frac{3}{2}e^{-3}\right)$

(2) 拐点:$\left(\pm\frac{\sqrt{3}}{3},\frac{4}{3}\right)$,凹区间:$\left(-\infty,-\frac{\sqrt{3}}{3}\right)$,$\left(\frac{\sqrt{3}}{3},+\infty\right)$凸区间:$\left(-\frac{\sqrt{3}}{3},\frac{\sqrt{3}}{3}\right)$

(3) 拐点:$(\pm 1,\ln 2)$,凹区间:$(-1,1)$,凸区间:$(-\infty,-1)$,$(1,+\infty)$

(4) 拐点:$\left(\frac{5}{3},\frac{20}{27}\right)$,凹区间:$\left(\frac{5}{3},+\infty\right)$,凸区间:$\left(-\infty,\frac{5}{3}\right)$

思考与练习 3.4

1.1176 元、24 元和 0.4 元

2.边际需求函数$Q'(p)=-\frac{3200\cdot\ln 2}{4^p}$,$Q'(3)=-50\ln 2$

3.(1)199 (2)生产 10000 件产品时最大为 100 万.

4.(1)边际收益函数$R'(q)=100-2q$

边际成本函数$C'(q)=111-14q+q^2$

边际利润函数$L'(q)=-q^2+12q-11$

(2)略

5.该商行生产 3 千升乳酸酪时获得利润最大.

思考与练习 3.5

1.(1)× (2)√ (3)√ (4)× (5)√ (6)√ (7)√ (8)√ (9)× (10)×

2.(1)$E_d=\frac{-p}{24-p}$

(2)$E_d=-0.33\%$,当$p=6$时,价格上涨 1%,需求下降 0.33%

(3)增加. 增加 0.667%

习题三

一、(1)B (2)B (3)D (4)A (5)C (6)D (7)D (8)D (9)D

(10)C　(11)B　(12)D　(13)A　(14)A

二、(1)×　(2)×　(3)×　(4)√　(5)×　(6)√　(7)×　(8)×

三、(1) $\frac{1}{2}$　(2) $+\infty$　(3) $\frac{m}{n}a^{m-n}$　(4) $-\frac{\sqrt{2}}{4}$　(5) $+\infty$　(6)0　(7)0

(8) $\frac{1}{3}$　(9)1　(10)3　(11)1　(12)1

四、(1) 函数在 $(-\infty,0)$ 上单调递减，在 $(0,+\infty)$ 上单调递增，在 $x=0$ 处取得极小值 0，无极大值.

(2) 函数在 $(-\infty,0)$ 和 $(1,+\infty)$ 上单调递增，在 $(0,1)$ 上单调递减，在 $x=0$ 处取得极大值 0，在 $x=1$ 处取得极小值 $-\frac{1}{2}$.

五、曲线在 $(-\infty,1)$ 上是凹的，在 $(1,+\infty)$ 上是凸的，拐点是 $(1,3)$.

六、切去的小正方形的边长为 10cm 时，才能使得剩下的铁皮折成的无盖盒子的容积最大，最大为 18000cm^3

七、P 点位于距离炼油厂 $(10-\sqrt{5})$ km 处时，使管道铺设费用最低.

思考与练习 4.1

1.略　2.略　3.略

4.(1) $\frac{2}{7}x^{\frac{7}{2}}+C$

(2) $\frac{1}{4}x^4+3\cos x+2x+C$

(3) $-\frac{1}{x}-3\sin x+2\ln|x|+C$

(4) $\frac{6}{13}x^{\frac{13}{6}}-\frac{6}{7}x^{\frac{7}{6}}+C$

(5) $\frac{3^x e^x}{1+\ln 3}+C$

(6) $\frac{3^x}{5^x(\ln 3-\ln 5)}+C$

(7) $\frac{5^x}{\ln 5}+\tan x+C$

(8) $\frac{10^{2x}-10^{-2x}}{2\ln 10}-2x+C$

(9) $\sec x-\tan x+C$

(10) $-\frac{1}{x}+\arctan x+C$

(11) $\arctan x+\ln|x|+C$

(12) $\frac{1}{3}x^3-x+2\arctan x+C$

(13) $\frac{1}{2}x^2-\arctan x+C$

(14) $\frac{1}{2}x-\frac{1}{2}\sin x+C$

(15) $-\cot x-2x+C$

(16) $\tan x-\cot x+C$

(17) $\sin x+\cos x+C$

(18) $-\cot x-\tan x+C$

5. $y=\frac{1}{3}x^3+2$

6. $i(t)=t^2-0.01t^3+2$

7. (1) $v=gt \quad s=\frac{1}{2}gt^2$ (2) $200g$

8. $C(x)=50\sqrt{x}+7x+800$

9. $R(x)=ax-\frac{1}{2}bx^2$

10. 12 万人

11. 8 ppm

12. 1.5 km

思考与练习 4.2

1. 略

2. (1) $\frac{1}{10}(2x+5)^5+C$ (2) $\frac{2}{9}(3x-2)^{\frac{3}{2}}+C$

(3) $-\frac{1}{2}\ln|1-2x|+C$ (4) $\frac{1}{5}\sin(5x-2)+C$

(5) $\frac{1}{2}e^{2x}+C$ (6) $\frac{1}{2}\ln(1+x^2)+C$

(7) $2\sin\sqrt{x}+C$ (8) $\frac{1}{3}\ln^3x+C$

(9) $\ln(e^x+1)+C$ (10) $\frac{1}{a}\arctan\frac{x}{a}+C$

(11) $\frac{1}{6}\arctan\frac{2}{3}x+C$ (12) $\frac{1}{3}\sin^3x+C$

(13) $\frac{1}{2}x-\frac{1}{4}\sin 2x+C$ (14) $\frac{1}{3}\cos^3x-\cos x+C$

(15) $\frac{1}{3}\ln\left|\frac{x-2}{x+1}\right|+C$ (16) $\frac{\sqrt{2}}{2}\arctan\frac{x+1}{\sqrt{2}}+C$

3. (1) $\frac{3}{2}\sqrt[3]{x^2}-3\sqrt[3]{x}+3\ln|1+\sqrt[3]{x}|+C$

(2) $\frac{6}{7}x\sqrt[6]{x}-\frac{6}{5}\sqrt[6]{x^5}+2\sqrt{x}-6\sqrt[6]{x}+6\arctan\sqrt[6]{x}+C$

(3) $2\ln(1+\sqrt{x})+C$

(4)$6(\sqrt[6]{x}-\arctan\sqrt[6]{x})+C$

4. $v=\frac{10}{1+2t}-9.7$

5. $2(t+1)^{\frac{3}{2}}+48$

思考与练习 4.3

(1)$-x\cos x+\sin x+C$

(2)$x^2\sin x+2x\cos x-2\sin x+C$

(3)$(x^2-2x+2)e^x+C$

(4) $\frac{1}{3}x^3\left(\ln x-\frac{1}{3}\right)+C$

(5)$2\sqrt{x}(\ln x-2)+C$

(6)$-(x+1)e^{-x}+C$

(7)$x\arcsin x+\sqrt{1-x^2}+C$

(8)$2(\sin\sqrt{x}-\sqrt{x}\cos\sqrt{x})+C$

习题四

一、(1)C (2)D (3)C (4)C (5)D (6)B (7)B (8)A (9)C (10)B (11)C (12)C (13)B

二、(1)√ (2)× (3)√ (4)× (5)× (6)× (7)× (8)× (9)√

三、(1)$e^x-x^3+\ln|x|+C$

(2)$x^2-x+\frac{1}{x}+C$

(3) $\frac{5}{3}\sin x-x+2\arctan x+C$

(4) $\frac{1}{3}\sin x^3+C$

(5)$e^x-\sin x-\cos x+C$

(6)$2\arctan x-x+C$

(7) $\frac{1}{2}\sin(2x+1)+C$

(8) $\frac{1}{22}(2x+5)^{11}+C$

(9) $\frac{1}{3}\sin^3 x+C$

(10) $\frac{2}{3}(\sqrt{3x}-\ln(1+\sqrt{3x}))+C$

(11)$e^{2x}\left(\frac{1}{2}x-\frac{1}{4}\right)+C$

(12)$(x+1)\ln(x+1)-x+C$

(13) $\frac{1}{12}\ln\left|\frac{2x-3}{2x+3}\right|+C$

(14) $(3\sqrt[3]{x^2}-2\sqrt[3]{x}+2)e^{\sqrt[3]{x}}+C$

四、$(x+1)e^{-x}+C$

五、$Q(t)=68t^2+20t$

六、9987.5

七、当销售单价为 10 元 / 件时，总利润最大为 240 元.

八、1cm^2

思考与练习 5.1

1.(1) 略

(2) 定积分的结果是一个确定的常数，而不定积分的结果是一簇函数；通过后面将要学习的牛顿-莱布尼茨公式可以知道，如果想计算定积分，必须要先求出不定积分，再代入上限与下限.

2.(1) $\int_{1}^{2}(x+1)\mathrm{d}x=2.5$　　(2) $\int_{-1}^{1}|x|\mathrm{d}x=1$

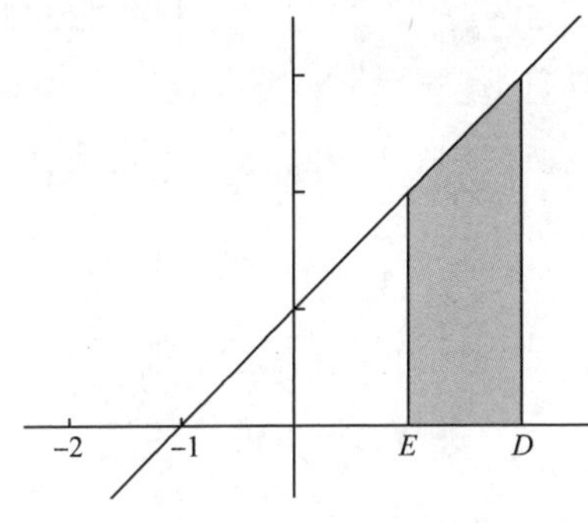

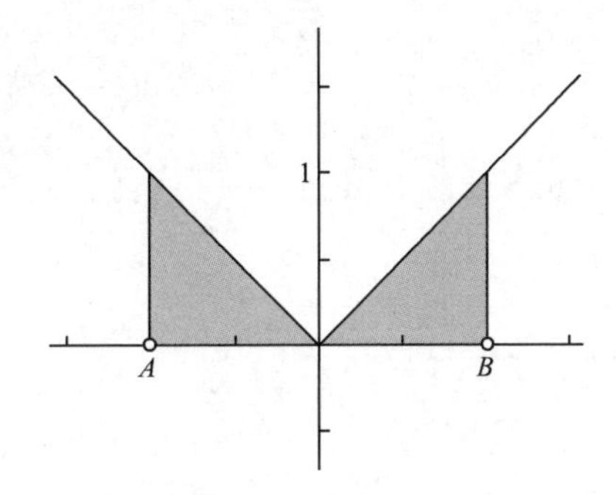

(3) $\int_{-\pi}^{\pi}\sin x\,\mathrm{d}x=0$　　(4) $\int_{-a}^{a}\sqrt{a^{2}-x^{2}}\,\mathrm{d}x=\frac{1}{2}\pi a^{2}$

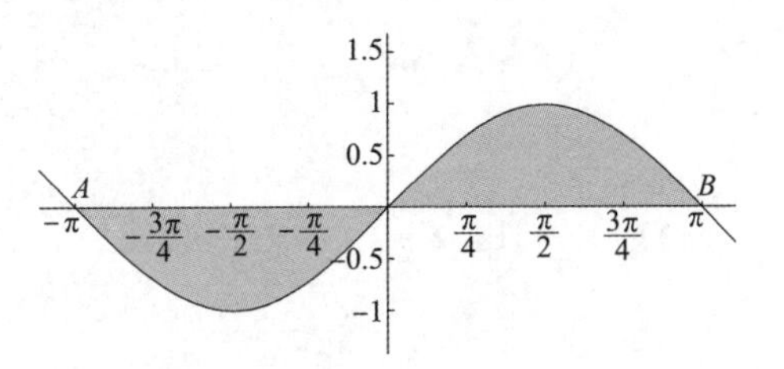

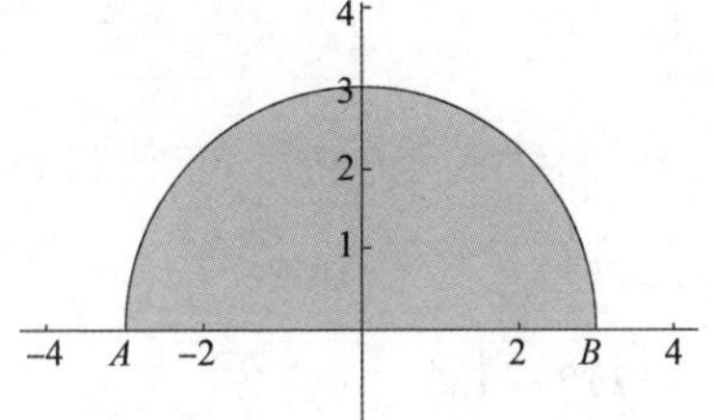

3.(1) $\int_{0}^{1}x^{2}\mathrm{d}x>\int_{0}^{1}x^{3}\mathrm{d}x$　　(2) $\int_{1}^{2}\ln x\,\mathrm{d}x>\int_{1}^{2}\ln^{2}x\,\mathrm{d}x$

(3) $\int_{0}^{\frac{\pi}{2}}\sin x\,\mathrm{d}x>\int_{0}^{\frac{\pi}{2}}\sin^{2}x\,\mathrm{d}x$　　(4) $\int_{0}^{1}\mathrm{e}^{x}\,\mathrm{d}x>\int_{0}^{1}(x+1)\,\mathrm{d}x$

4. $\pi\leqslant\int_{\frac{\pi}{4}}^{\frac{5\pi}{4}}(1+\sin^{2}x)\,\mathrm{d}x\leqslant 2\pi$

思考与练习 5.2

1.(1) 被积函数连续

(2) $\int f(x)\mathrm{d}x$ 为不定积分，$\int_{a}^{b}f(x)\mathrm{d}x$ 为定积分，$\int_{a}^{x}f(x)\mathrm{d}x$ 为变上限积分

函数

2.(1)$\cos(x^2-1)$　　(2)$\sqrt{1+x^2}$

(3)$-x^2\sin2x$　　(4)$3x^2\sin x^6-2x\sin x^4$

3.(1) $\frac{1}{3}$　(2) $\frac{1}{2}$

4.(1)-2　(2)6　(3) $\frac{271}{6}$　(4) $\frac{5}{6}$　(5) $\frac{\pi}{12}$　(6)1　(7)$e-\frac{3}{2}$　(8)3

(9) $\frac{1}{2}$　(10)2

5.$\Delta I=\int_5^{10}(4t-0.6t^2)dt=(2t^2-0.2t^3)\big|_5^{10}=-25$

6.$S=\int_0^5 2t^2dt=\frac{250}{3}$

7.$S=\int_0^{10}(10-t)dt=50$

8.$R(x)=78x-x^2$

9.(1) $R(50)=9987.5$,平均收益为 199.75

(2)$\Delta R=\int_{100}^{200}\left(200-\frac{Q}{100}\right)dQ=19850$,平均收益为 198.5

思考与练习 5.3

1.注意换元必换限,不要粗心。

2.(1) $\frac{1}{2}$　(2)ln2　(3) $1-\frac{\pi}{4}$　(4)1　(5)$\ln\frac{1+e}{2}$　(6)3ln3

(7)$2-\ln3$　(8)4π

3.(1)1　(2) $\frac{e^2+1}{4}$　(3) $\frac{\pi^2}{4}-2$　(4)$e-2$　(5)2　(6) $\frac{\pi}{4}-\frac{\ln2}{2}$

(7)$2\ln(2+\sqrt{5})-\sqrt{5}+1$　(8) $\frac{1}{2}e^{\frac{\pi}{2}}+\frac{1}{2}$

4.300.

5.$0.002\times(17^{\frac{3}{2}}-2^{\frac{3}{2}})$

6.$3+\frac{0.03}{\pi}$

思考与练习 5.4

1.广义积分为积分上限或者下限为无穷大,或者上下限同为无穷大的定积分，做题过程与定积分相同，但是最后需要求极限.

2.(1) 收敛 (2) 发散 (3) 收敛 (4) 发散

3.375000 人

思考与练习 5.5

1.略；

2.4；

3.$\frac{1}{3}$；

4.$\frac{9}{2}$；

5.1；

6.$l=\int_1^{\sqrt{3}}\sqrt{1+\frac{1}{x^2}}\,dx \xrightarrow{u=\sqrt{x^2+1}} \int_{\sqrt{2}}^{2}\frac{u^2}{u^2-1}du$

$=\int_{\sqrt{2}}^{2}\left(1+\frac{1}{2}\left(\frac{1}{u-1}-\frac{1}{u+1}\right)\right)du=\left(u+\frac{1}{2}\ln\left|\frac{u-1}{u+1}\right|\right)\Big|_{\sqrt{2}}^{2}$

$=2-\sqrt{2}-\frac{1}{2}\ln(9-6\sqrt{2})$

7.50、100；

8.(1)$C(100)=3500$；$R(100)=51000$； (2)4500

9.20 单位；$L_{\max}=\int_0^{20}(60+57x-3x^2)\,dx=4600$

习题五

一、(1)B (2)B (3)A (4)A (5)A 6)C

二、(1)× (2)× (3)√ (4)√ (5)√ (6)× (7)√ (8)√ (9)× (10)√

三、(1) $\frac{1}{3}$ (2) $\frac{68}{3}$ (3) $\frac{13}{21}$ (4) $\frac{\pi}{2}$ (5)$1-e^{-\frac{1}{2}}$ (6)$2\sqrt{3}-2$ (7)$2-\frac{\pi}{2}$ (8)π (9)$2-\frac{5}{e}$ (10)0 (11)$e-2$ (12) $\frac{1}{8}(\pi-\ln 4)$ (13) $\frac{\pi}{2}$ (14) $\frac{1}{2}(1+e^{-\frac{\pi}{2}})$

四、(1) $\frac{\pi}{8}$； (2) $\frac{1}{4}(\pi+\ln 4)$

五、1.1；

2. $\frac{4}{3}$；

3. $\frac{64}{3}$

4.(1)$F(x)=0.1x^2+5x+2000$

(2)$L(x)=100x-0.1x^2-2000$

(3) 月产量是 500 单位时获得最大利润

5. 74.623

参考文献

[1] 盛祥耀.高等数学(上册)(第三版).北京:高等教育出版社,2004.

[2] 赵树嫄.经济应用数学基础(一):微积分(第三版).北京:中国人民大学出版社,2007.

[3] 李心灿.高等数学应用205例.北京:高等教育出版社,1997.

[4] 任禾元.经济应用数学.北京:中国人民大学出版社,2014.

[5] 刘继杰,李少文.工科应用数学(上册)(第二版).北京:高等教育出版社,2016.

[6] 曹爱民.经济应用数学.北京:北京师范大学出版社,2018.

[7] 曾庆柏.应用高等数学(第二版).北京:高等教育出版社,2014.

[8] 李秀芬,王法珂.经济数学基础——微积分.北京:人民邮电出版社,2013.

[9] 卓春英,王国栋.应用高等数学.上海:上海交通大学出版社,2014.

[10] 王国栋,卓春英.应用高等数学实验训练与自评集.上海:上海交通大学出版社,2015.

[11] 夏德昌,高玉静,杨燕飞.高等数学——理工版习题全解指南.北京:北京理工大学出版社,2016.

[12] 同济大学数学系.高等数学 第七版 上册.北京:高等教育出版社,2014.

[13] 王帅.高等数学(上).上海:同济大学出版社,2014.

[14] 傅秀莲.高等数学(微积分).上海:同济大学出版社,2015.

[15] Finney,Demana,Waits,Kennedy. Calculus graphical, numerical, algebraic. Scott Foresman-Addison Wesley,1999.

[16] 占翔,郭晓金,廖凯. 高等应用数学(上册). 武汉:华中师范大学出版社,2014.

[17] 郑玫,胡春健,胡先富. 高等数学(经管类)(上册). 北京:高等教育出版社,2014.

[18] 武术胜,郭秀清. 高等数学(工科类). 武汉:武汉大学出版社,2014.

[19] 刘严. 新编高等数学(理工类)(第七版). 大连:大连理工大学出版社,2014.

[20] 邢春峰. 应用数学基础(经管类) 北京:人民邮电出版社,2011.

[21] 季霏. 经济数学. 北京:北京邮电大学出版社,2012.

[22] 光峰. 高等数学简明教程学习指导与练习. 北京:北京邮电大学出版社,2012.

[23] 丁勇,田德宇. 高等数学. 武汉:武汉大学出版社,2014.

[24] 刘振兴,郑新卿,王瑞红. 武汉:武汉大学出版社,2014.

附 录

附录一 MATLAB 简介

MATLAB 作为线性系统的一种分析和仿真工具，是理工科大学生应该掌握的技术工具，它作为一种编程语言和可视化工具，可解决工程、科学计算和数学学科中许多问题。

1. 工作界面介绍

开机执行程序用鼠标双击 matlab 图标 

即可打开 matlab 系统，工作界面如图 1 所示，包含四个区域，分别是：

（1）当前工作目录：matlab 运行文件时的工作目录；

（2）工作空间窗口：工作空间是 matlab 用于存储各种变量和运算结果的内存空间。在命令窗口中输入的变量、运行文件建立的变量、调用函数返回的计算结果等，都将被存储在工作空间中，直到使用了 clear 命令清除工作空间或关闭 matlab 系统为止；

(3) 命令历史窗口:记录已经运行过的命令、函数、表达式等信息,可以进行命令历史的查找、检查等工作。如要清除,选择 Edit 中的 clear command history 选项;

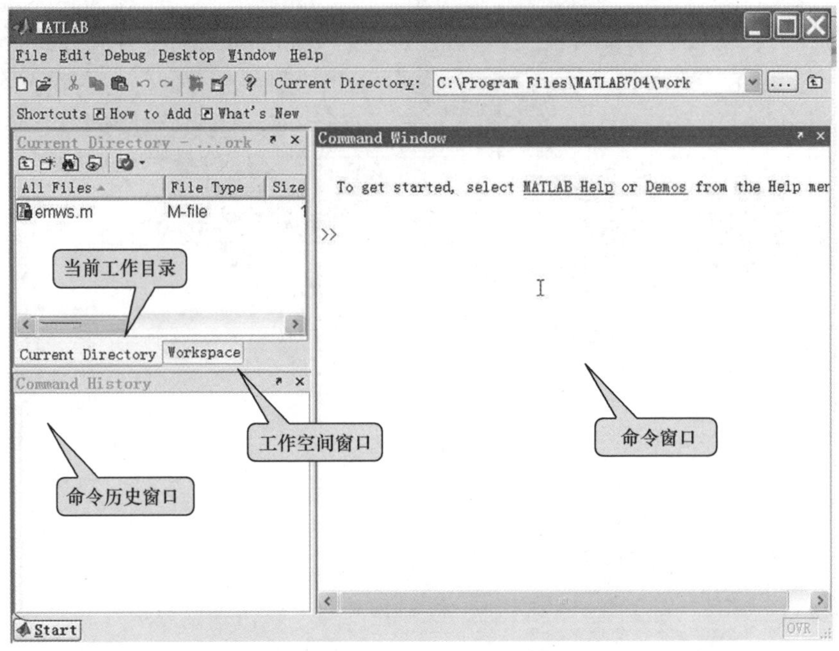

图 1

(4) 命令窗口:用于输入 matlab 命令键、函数、矩阵、表达式等信息,并显示除图形以外的所有计算结果,是 matlab 的主要交互窗口。

与 Windows 的窗口界面类似,工作页面有菜单项 File、Edit、Options、Windows、Help 等项可以选择。如图 2 所示.

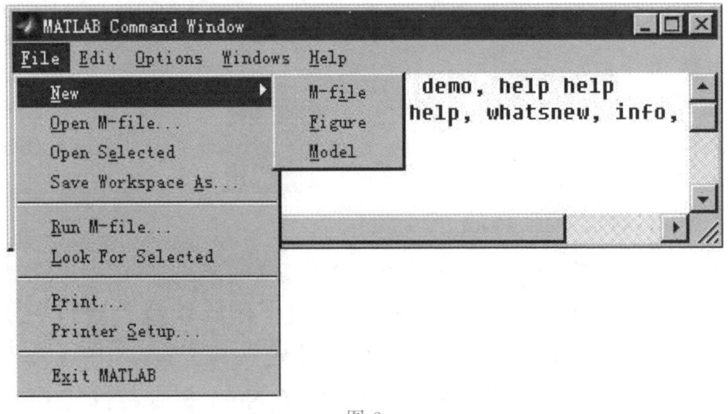

图 2

2. 常用运算命令

常用运算命令如表 1 所示

表 1 **常用运算命令**

运算命令名	功能
min	求最小值
max	求最大值
sum	求和
roots	求多项式的根
polyval	求给定点多项式的值
计算极限	limit(f,x,a)：计算极限 limit(f,a)：当默认变量趋向于 a 时的极限 limit(f)：计算 a = 0 时的极限 limit(f,x,a,'right')：计算右极限 limit(f,x,a,'left')：计算左极限
计算导数	g = diff(f,v)：求符号表达式 f 关于 v 的导数 g = diff(f)：求符号表达式 f 关于默认变量的导数 g = diff(f,v,n)：求 f 关于 v 的 n 阶导数
计算积分	int(f,v,a,b)：计算定积分 int(f,a,b)：计算关于默认变量的定积分 int(f,v)：计算不定积分 int(f)：计算关于默认变量的不定积分

例 1 求 a＝S^3＋2S^2＋3S＋4 根.

在 matlab 系统窗口输入命令符：

```
a = [1 2 3 4];
roots(a)
```

单击 Save 或 保存，单击运行 ，在命令窗口输出结果：

```
ans =
-1.6506
-0.1747 + 1.5469i
-0.1747 - 1.5469i
```

或在命令窗口直接输入命令符：

```
roots([1 2 3 4])
```

然后回车；在命令窗口输出结果：

```
ans =
-1.6506
-0.1747 + 1.5469i
-0.1747 - 1.5469i
```

例 2 计算 $L=\lim\limits_{h\to 0}\dfrac{\ln(x+h)-\ln(x)}{h}$.

在 matlab 系统窗口输入命令符:syms x h n;

```
L = limit((log(x+h) - log(x))/h,h,0)
```

单击 Save 或 保存,单击运行 ,在命令窗口即可输出结果:

```
L = 1/x
```

例 3 计算导数 $y=\sin x+3x^2$.

在 matlab 系统窗口输入命令符:syms x;

```
f = sin(x) + 3 * x^2;
g = diff(f,x)
```

单击 Save 或 保存,单击运行 ,在命令窗口即可输出结果:

```
g = cos(x) + 6 * x
```

例 4 计算 $I=\int\dfrac{x^2+1}{(x^2-2x+2)^2}\mathrm{d}x$.

在 matlab 系统窗口输入命令符:syms x;

```
f = (x^2+1)/(x^2-2*x+2)^2;
I = int(f,x)
```

单击 Save 或 保存,单击运行 ,在命令窗口即可输出结果:

```
I = 3/2 * atan(x-1) + 1/4 * (2 * x-6)/(x^2-2 * x+2)
```

附录二 常用数学公式

平方立方关系

(1)$a^2-b^2=(a+b)(a-b)$

(2)$(a+b)^2=a^2+2ab+b^2$

(3)$(a-b)^2=a^2-2ab+b^2$

(4)$a^3+b^3=(a+b)(a^2-ab+b^2)$

(5)$a^3-b^3=(a-b)(a^2+ab+b^2)$

(6)$(a+b)^3=a^3+3a^2b+3ab^2+b^3$

(7)$(a-b)^3=a^3-3a^2b+3ab^2-b^3$

(8)$(a+b+c)^2=a^2+b^2+c^2+2ab+2bc+2ca$

根式的性质

(1)$(\sqrt[n]{a})^n=a$.

(2) 当 n 为奇数时,$\sqrt[n]{a^n}=a$;

当 n 为偶数时,$\sqrt[n]{a^n}=|a|=\begin{cases}a, a\geqslant 0\\ -a, a<0\end{cases}$.

有理指数幂的运算性质

(1)$a^r\cdot a^s=a^{r+s}(a>0,r,s\in Q)$.

(2)$(a^r)^s=a^{rs}(a>0,r,s\in Q)$.

(3)$(ab)^r=a^rb^r(a>0,b>0,r\in Q)$.

注:上述有理数指数幂的运算性质,对于无理数指数幂都适用.

指数式与对数式的互化式

$\log_a N=b\Leftrightarrow a^b=N(a>0,a\neq 1,N>0)$.

对数的换底公式

$\log_a N=\dfrac{\log_m N}{\log_m a}$ $(a>0$,且 $a\neq 1,m>0$,且 $m\neq 1,N>0)$.

推论$\log_{a^m}b^n=\dfrac{n}{m}\log_a b(a>0$,且 $a>1,m,n>0$,且 $m\neq 1,n\neq 1,N>0)$.

对数的四则运算法则

若 $a>0,a\neq 1,M>0,N>0$,则

(1)$\log_a(MN)=\log_a M+\log_a N$;

(2)$\log_a\dfrac{M}{N}=\log_a M-\log_a N$;

(3)$\log_a M^n=n\log_a M(n\in \mathbf{R})$.

和角与差角公式

$\sin(\alpha\pm\beta)=\sin\alpha\cos\beta\pm\cos\alpha\sin\beta$;

$\cos(\alpha\pm\beta)=\cos\alpha\cos\beta\mp\sin\alpha\sin\beta$;

$\tan(\alpha\pm\beta)=\dfrac{\tan\alpha\pm\tan\beta}{1\mp\tan\alpha\tan\beta}$.

倒数关系

$\sin x\cdot\csc x=1$ $\tan x\cdot\cot x=1$ $\cos x\cdot\sec x=1$

商的关系

$\tan x=\dfrac{\sin x}{\cos x}$ $\cot x=\dfrac{\cos x}{\sin x}$

平方关系

$\sin^2 x+\cos^2 x=1$ $\tan^2 x+1=\sec^2 x$ $\cot^2 x+1=\csc^2 x$

倍角公式

$\sin 2x = 2\sin x \cos x$

$\cos 2x = 2\cos^2 x - 1 = 1 - 2\sin^2 x = \cos^2 x - \sin^2 x$

$\tan 2x = \dfrac{2\tan x}{1 - \tan^2 x}$

降幂公式

$\sin^2 \dfrac{x}{2} = \dfrac{1 - \cos x}{2}$　　$\cos^2 \dfrac{x}{2} = \dfrac{1 + \cos x}{2}$

$\tan^2 \dfrac{x}{2} = \dfrac{1 - \cos x}{1 + \cos x}$　　$\tan \dfrac{x}{2} = \dfrac{1 - \cos x}{\sin x} = \dfrac{\sin x}{1 + \cos x}$

特殊角的三角函数值

弧度 θ	0	$\frac{\pi}{6}$	$\frac{\pi}{4}$	$\frac{\pi}{3}$	$\frac{\pi}{2}$	π	$\frac{3\pi}{2}$	2π
θ 的角度	0°	30°	45°	60°	90°	180°	270°	360°
$\sin\theta$	0	$\frac{1}{2}$	$\frac{\sqrt{2}}{2}$	$\frac{\sqrt{3}}{2}$	1	0	-1	0
$\cos\theta$	1	$\frac{\sqrt{3}}{2}$	$\frac{\sqrt{2}}{2}$	$\frac{1}{2}$	0	-1	0	1
$\tan\theta$	0	$\frac{1}{\sqrt{3}}$	1	$\sqrt{3}$	不存在	0	不存在	0
$\cot\theta$	不存在	$\sqrt{3}$	1	$\frac{1}{\sqrt{3}}$	0	不存在	0	不存在

和差化积公式

$\sin\alpha + \sin\beta = 2\sin\dfrac{\alpha+\beta}{2}\cos\dfrac{\alpha-\beta}{2}$

$\sin\alpha - \sin\beta = 2\cos\dfrac{\alpha+\beta}{2}\sin\dfrac{\alpha-\beta}{2}$

$\cos\alpha + \cos\beta = 2\cos\dfrac{\alpha+\beta}{2}\cos\dfrac{\alpha-\beta}{2}$

$\cos\alpha - \cos\beta = -2\sin\dfrac{\alpha+\beta}{2}\sin\dfrac{\alpha-\beta}{2}$